中国经济文库·应用经济学精品系列（二）

劳承玉
张　序　◎著

水能资源有偿使用制度研究

A Study on Payment Utilization System of Hydropower Resources

中国经济出版社
CHINA ECONOMIC PUBLISHING HOUSE
北京

图书在版编目（CIP）数据

水能资源有偿使用制度研究/劳承玉，张序著

北京：中国经济出版社，2013.6

ISBN 978-7-5136-2239-4

Ⅰ.①水… Ⅱ.①劳… ②张… Ⅲ.①水资源—资源保护—研究—中国 Ⅳ.①TV213.4

中国版本图书馆 CIP 数据核字（2012）第 316496 号

责任编辑　葛　晶
责任审读　霍宏涛
责任印制　张江虹
封面设计　华子图文

出版发行　中国经济出版社
印 刷 者　北京市昌平区新兴胶印厂
经 销 者　各地新华书店
开　　本　710mm×1000mm　1/16
印　　张　17
字　　数　262 千字
版　　次　2013 年 6 月第 1 版
印　　次　2013 年 6 月第 1 次
书　　号　ISBN 978-7-5136-2239-4/F·9607
定　　价　42.00 元

中国经济出版社 **网址** www.economyph.com **社址** 北京市西城区百万庄北街 3 号 **邮编** 100037

本版图书如存在印装质量问题，请与本社发行中心联系调换（联系电话：010-68319116）

前　言

本书是国家社会科学基金项目“建立健全西部地区水能资源有偿使用制度研究”（批准号08BJY058）的最终成果。

加快开发利用水能资源是有效增加清洁能源供应、优化能源结构、保障能源安全、实现可持续发展的重要举措。《中华人民共和国国民经济和社会发展第十二个五年规划纲要》提出，推动能源生产和利用方式变革，构建安全、稳定、经济、清洁的现代能源产业体系，并明确“十二五”期间我国能源建设的重点之一是，在做好生态保护和移民安置的前提下积极发展水电。建设金沙江、雅砻江、大渡河等重点流域的大型水电站，开工建设水电1.2亿千瓦。这一目标的确立意味着我国水电建设将在“十一五”末已建成的2.16亿千瓦规模基础上，其后5年平均每年开工建设2400万千瓦，相当于每年1座三峡水电站。水电开发的高速推进，对我国水能资源开发管理制度改革提出了十分迫切的要求，其中建立健全水能资源有偿使用制度是核心内容。

长期以来，由于不合理的资源配置方式和管理制度，导致围绕水能资源开发的各种社会经济矛盾凸显，特别是移民安置、生态环境、资源收益分配等方面的问题十分突出。水能资源开发涉及中央政府、地方政府、水电企业、移民、当地群众等多方的利益博弈与冲突，西部许多大型水电工程还涉及跨省、市、县政府财政税收利益，农村集体土地使用利益，生态与环保利益，以及企业股东利益，移民的不动产利益等多方面的利益平衡关系，涉及民族地区经济社会、传统文化、宗教习俗的特殊性等复杂问题。目前由水电企业无偿获得水能资源开发使用权的方式，难以协调好上述各方面矛盾关系。水电收益获取与损失补偿的利益平衡，需要相关各方协调解决，更需要通过水能资源有偿使用制度的构建来实现。一方面，通过市场配置资源方式，提高水能资源开发效率，规范水能资源开发市场秩序，制止“跑马圈水”和权力寻租；另一方面，通过发挥财政对资源收益的调节作用，更好地解决水电开发面临的生态保护、移民安置问题，实现水能资源开发中经济、社会、生态环境的协调发展和可持续发展。

本书旨在填补我国水能资源有偿使用理论研究方面的空缺，构建水能资源产权制度体系、水能资源财税制度体系、水能资源价值评估体系的理论框架和资源价款评估模型，澄清在水资源、水能资源、水力资源等概念方面的误区。书中的许多观点具有一定的理论创新性。

本书提出，水能资源竞争性与水资源公益性的结合，成为私人产权与公有产权结合的基础，混合产权的制度创新可以有效解决效益与公益的统一。我国水能资源产权配置中，应顺应混合产权的演变趋势，以建立混合产权制度作为建立健全水能资源有偿使用制度的产权改革路径。

水能资源有偿使用的财税制度体系由水能资源费、水能资源价款、水能资源税三项相互配套的税费征收制度构成，要形成与国家能源资源有偿使用制度相呼应，与资源管理的税费制度相衔接，能够充分体现水能资源经济租的完整制度体系。同时要兼顾制度改革成本，形成合理的资源收益分配机制。

水能资源价值评估不同于资源价款评估，两者分别适用不同的评估模型和方法。在水能资源价款即开发权价值评估中，既要以水能资源价值为依据，充分维护资源所有者的资产权益，避免国有资产流失，又要综合考虑影响水能资源价值发挥的各方面因素和不确定性风险，切实保障投资者能够获得合理的投资收益。本书对我国已建、在建和待建的20座特大型水电站的水能资源开发权价值进行了评估，对不同系数下的水能资源价款及其对水电站总投资、总收益的影响进行了测算分析，具有较强的可操作性和决策参考价值。

本书作者先后对我国水能资源开发的重点流域大渡河、雅砻江干流及宝兴河、革什扎河、木里河等重要支流开发情况进行了大量实地调研，并选择西部部分省、州、市水能资源开发权有偿出让典型案例进行剖析，探讨了水能资源有偿使用制度试点的地方性法规、具体措施和存在问题。本项目研究过程中，得到了国家发改委能源研究所高世宪研究员、中国水利水电科学研究院游进军高级工程师、中国水电顾问集团成都勘测设计研究院罗洋涛高级工程师、华能宝兴河电力股份有限公司侯小林主任的大力支持和协助，四川省经济发展研究院王小刚研究员、四川省社会科学院盛毅研究员、西南财经大学陈健生教授,为本书的修改完善提供了宝贵的意见,在此致以衷心感谢。本书参考引用了许多著作、文献,在此对相关作者表示诚挚的感谢,我们已尽可能详细予以注明,可能存在的疏漏,请予以谅解。

本书作者劳承玉、张序均为四川省社会科学院研究员,从事经济学、管理学研究近三十年。由于水能资源有偿使用制度是一个新的研究领域,本书存在的不足甚至谬误难以避免。我们希望以此抛砖引玉,推动水能资源有偿使用的理论研究和制度创新,对我国经济社会发展起到积极的作用。

目录
CONTENTS

第一章　引　论

第一节　研究背景 …… 1

一、"西电东送"工程与国家可再生能源发展战略 …… 2

二、自然资源有偿使用研究概述 …… 5

三、我国自然资源有偿使用制度的演变 …… 7

四、我国水能资源有偿使用制度的缺失 …… 9

第二节　研究意义 …… 10

一、有利于维护水能资源开发地区的合理权益 …… 10

二、有利于理顺水电价格机制，促进水能资源的科学、有序、合理开发 …… 10

三、有利于平衡和协调各方利益，促进社会和谐 …… 11

四、有利于实现水电开发外部成本"内部化" …… 12

第三节　研究基本思路 …… 13

第二章　水能资源有偿使用理论基础

第一节　相关概念梳理与辨析 …… 15

一、水资源与水能资源 …… 15

二、水力资源与水能资源 …… 17

三、水能资源的属性 …… 19

第二节　理论支撑 …… 24
一、资源价值理论 …… 24
二、经济地租（资源租）理论 …… 26
三、自然资源最优耗竭理论 …… 28
四、边际机会成本理论 …… 29
五、外部性理论与资源产权理论 …… 29
六、帕累托标准与卡尔多—希克斯改进 …… 31
第三节　国内外研究概述 …… 32
一、国外研究现状 …… 32
二、国内研究现状 …… 35

第三章　国外水能资源的开发管理
第一节　美国、加拿大水能资源开发程度辨析 …… 39
第二节　美国水能资源开发管理的特点 …… 43
一、水电开发集中于三大流域 …… 43
二、水电开发与流域经济社会发展目标高度融合 …… 44
三、州水权法律下的水资源管理 …… 47
第三节　部分国家的水电开发许可证与收费制度 …… 48
一、美国的水电许可证制度 …… 48
二、挪威的水电开发许可证和审批条件 …… 50
三、瑞士的水能资源费征收制度 …… 52
四、巴西的水电开发特许权拍卖 …… 52
五、尼泊尔的水电项目特许费及其分享政策 …… 54

第四章　我国水能资源开发面临的现实困境
第一节　流域垄断开发与竞争活力的“马歇尔困境” …… 55
一、西部地区水能资源的垄断性开发格局 …… 56
二、现阶段水能资源的主要开发模式及其利弊 …… 58
三、水电投资体制市场化改革面临新问题 …… 59

第二节 水电低价与水能资源失价 …………………………………… 62
一、水电定价与水能资源价值的关系……………………………………… 63
二、扭曲的电价形成机制…………………………………………………… 66
三、“标杆电价”失去“标杆” ……………………………………………… 70
第三节 企业成本、社会成本与生态成本………………………………… 72
一、水电与火电的成本比较………………………………………………… 72
二、水电开发的企业成本结构……………………………………………… 73
三、水电的社会成本和生态成本补偿……………………………………… 75

第五章 东部水能资源开发权有偿出让的实践探索

第一节 水能资源拍卖“第一槌” ……………………………………… 85
一、浙江省水能资源开发权有偿出让的历程……………………………… 85
二、市场化配置水能资源政策实施要点…………………………………… 87
第二节 水能资源开发权有偿出让的主要方式 …………………………… 88
一、开发权招标、拍卖与协议出让………………………………………… 88
二、水电项目打包拍卖……………………………………………………… 89
三、混合投资方式…………………………………………………………… 89
第三节 水能资源有偿出让制度探索中存在的主要问题 ………………… 90
一、水能资源价款过低或过高……………………………………………… 90
二、贸然出让个别不具备开发条件的水能资源点………………………… 91
三、水能资源价款的收支管理制度有待健全……………………………… 91
第四节 示范与启示 …………………………………………………………… 91
一、示范效应………………………………………………………………… 92
二、几点启示………………………………………………………………… 93

第六章 西部水能资源有偿使用案例研究

第一节 部分省市试点方案比较 ……………………………………………… 95
一、开发权出让底价实行分级设定………………………………………… 96
二、水能资源有偿出让规模和范围有所突破……………………………… 96
三、一次性资源价款与长期补偿费相结合………………………………… 97

四、对有偿出让的水能资源使用权设置年限…………………… 98
五、明确了水能资源价款的分配办法………………………… 98
六、规定水能资源价款的使用范围…………………………… 98
第二节　凉山州水能资源开发权有偿出让案例 ………………… 99
一、水能资源成为当地经济发展的“第一资源” ………… 100
二、坚持水能资源开发模式创新和利益分配机制创新 ……… 101
三、实行水能资源开发权“折价入股” …………………… 103
四、水能资源开发权出让底价的制定 ……………………… 107
五、需进一步研究解决的问题 ……………………………… 108

第七章　健全水能资源有偿使用产权制度的基本路径

第一节　制度变迁的路径依赖 ………………………………… 113
第二节　水能资源有偿使用的产权制度路径 ………………… 115
一、水能资源国有制是国家取得财产收益的必然要求 ……… 116
二、用益物权奠定了水能资源使用权有偿获得的法律地位 … 117
三、水能资源产权关系存在的主要问题 …………………… 118
四、水能资源产权制度改革路径 …………………………… 125
第三节　完善水能资源有偿使用制度法律体系 ……………… 129

第八章　水能资源有偿使用财税制度框架设计

第一节　自然资源有偿使用的财税制度路径 ………………… 133
一、资源税 ………………………………………………… 133
二、资源费 ………………………………………………… 137
三、资源价款 ……………………………………………… 142
四、特别收益金（暴利税） ………………………………… 143
第二节　资源有偿使用财税制度缺失现状 …………………… 144
一、水能资源有偿使用制度设计迟缓………………………… 144
二、水力发电的资源费征收标准过低 ……………………… 145
三、存在免费使用水能资源现象 …………………………… 146
四、大型水能资源开发权仍完全无偿化取得 ……………… 146

第三节 建立水能资源价款征收制度 …………………………… 147
一、借鉴矿产资源权利金制度 ………………………………… 148
二、在西部率先开征水能资源价款 …………………………… 149
三、合理评估水能资源资产价值 ……………………………… 150
第四节 开征水能资源费 ……………………………………… 150
第五节 按累进税率制设计水能资源税 ……………………… 151

第九章 水能资源开发权价值评估

第一节 影响水能资源价值评估的主要因素 …………………… 155
一、开发目标 ……………………………………………………… 156
二、容量规模（设计能力） ……………………………………… 157
三、水电站特征参数 ……………………………………………… 157
四、发电成本（单位电能投资） ………………………………… 158
五、替代能源价格 ………………………………………………… 158
第二节 水能资源价值模型与测算方法 ……………………… 159
一、再生产理论模型 ……………………………………………… 159
二、替代措施法 …………………………………………………… 160
三、资产收益评估法 ……………………………………………… 161
第三节 水能资源开发权出让价格评估 ……………………… 162
一、预期收益法 …………………………………………………… 163
二、回归模型法 …………………………………………………… 164
三、替代成本法 …………………………………………………… 165
四、市场评估法 …………………………………………………… 169
第四节 不同评估法特点比较 ………………………………… 172
一、适用条件与特点 ……………………………………………… 172
二、小结 …………………………………………………………… 173

第十章 建立健全水能资源有偿使用制度的时机与配套改革

第一节 推进水能资源有偿使用制度的时机抉择 ……………… 175
一、综合考虑物价涨跌形势与宏观经济运行“拐点” ……… 176

二、把握水电上网电价上调的契机 ………………………………… 179
第二节 相关领域的配套改革 ………………………………………… 183
一、电力体制改革 ……………………………………………… 184
二、电价形成机制改革 ………………………………………… 191
三、建立公共资源收益全民共享机制 ………………………… 195

结 论

一、发挥市场配置资源作用，调整资源收益分配关系 ……… 199
二、完善水能资源有偿使用的财税制度体系 ……………… 199
三、加快推进相关配套改革措施 …………………………… 201

附录 中央和地方水能资源有偿使用制度的主要法律法规

附 1 取水许可和水资源费征收管理条例 ………………………… 203
附 2 水资源费征收使用管理办法 ……………………………… 214
附 3 国家发展改革委、财政部、水利部 关于中央直属和跨省水利工程水资源费征收标准及有关问题的通知 ………………… 219
附 4 贵州省水能资源使用权有偿出让办法 ………………………… 220
附 5 河北省水能资源开发利用管理规定 ………………………… 226
附 6 浙江省水电资源开发使用权出让管理暂行办法 ……………… 229
附 7 吉林省水能资源开发利用权有偿出让若干规定 ……………… 231
附 8 湖南省人民政府办公厅 关于加强水能资源开发利用管理工作的意见 ………………………………………………… 234
附 9 重庆市水电开发权出让实施细则 ………………………… 236
附 10 关于加强广西水能资源统一管理的暂行规定 ……………… 240
附 11 四川省建立水电资源有偿使用和补偿机制试点方案 ……… 242
附 12 四川省凉山彝族自治州 关于进一步加快中小水电资源开发的实施细则 ……………………………………………… 247

参考文献 ……………………………………………………………… 251
索 引 ………………………………………………………………… 257

第一章 引 论

水能资源是一种自然资源，是人类可以开发利用的河流水体动力势能。本书所研究的水能资源，是指作为常规能源在开发上具有技术可行性、经济合理性的水电资源。

水能资源有偿使用制度是指政府将国有水能资源的开发使用权授予国有企业或民营企业，并收取相应资源税费的法律、法规和政策，属于我国自然资源管理的基本制度，包括三大体系：产权法律体系、财税征收体系、价值评估体系。

西部地区是我国水能资源最丰富的地区，云、贵、川、藏等西部12个省（自治区、直辖市）集中了全国水能资源总量的81.46%，特别是西南地区的四川、云南、西藏3省区，集中了全国水能技术可开发量的60%以上，[①]大中小水电开发点齐全，是未来10年我国水能资源大举开发的主战场。因此，本书以西部地区水能资源有偿使用制度为重点，结合东中部省份在水能资源有偿使用方式上的探索进行研究。

第一节 研究背景

开发利用可再生能源是保护环境、应对气候变化的重要措施。水电是目前技术成熟和最具有经济性的可再生能源，居我国可再生能源发展首位。国家《可再生能源发展"十二五"规划》报告提出，优先开发水能资源丰富、分布集中的河流，建设十个千万千瓦级大型水电基地。重点推进金沙江中下

---

① 数据来源于2005年11月《中华人民共和国水力资源复查成果总报告》。

游、雅砻江、大渡河、澜沧江中下游、黄河上游、雅鲁藏布江中游等流域(河段)水电开发,启动金沙江上游、澜沧江上游、怒江等流域水电开发工作。[①]"十二五"期间,我国常规水电开发将以每年平均动工2400万千瓦的规模增长,相当于每年1座三峡水电站的规模。[②] 水电建设的高速推进,要求我们研究制定适应社会主义市场经济体制的新型水能资源开发管理制度,加快建立反映市场供求和资源稀缺程度、体现生态价值和代际补偿的水能资源有偿使用制度和生态补偿制度。

一、"西电东送"工程与国家可再生能源发展战略

"西电东送"是国家实施西部大开发战略的标志性工程,《中华人民共和国国民经济和社会发展第十二个五年规划纲要》报告中,再次提出加强能源输送通道建设,进一步扩大西电东送规模。[③]

我国能源资源时空分布特点以及经济发展对能源需求的极度不平衡性,客观上决定了"西电东送"能源战略格局的必然性。"西电东送"战略的核心内容是,开发贵州、云南、广西、四川、内蒙古、山西、陕西等西部省区的电力资源,将其输送到电力紧缺的广东、上海、江苏、浙江和京、津、唐地区,使西部丰富的水能资源和煤炭优势转化为经济优势,在为西部提供开发短缺资金的同时,为东部地区提供清洁、优质、可靠、廉价的电力,实现能源效益的最大化,促进东、西部地区经济共同发展。

(一)未来十年水能资源开发的主战场

根据"西电东送"战略规划,我国将建设北、中、南三条电力通道,形成从黄河上游和山西向华北、山东送电的北部通道;从长江上游干支流、金沙江、三峡向华中、华东送电的中部通道;以及从贵州、云南向广东送电的南部通道。

强大的电力通道建设必然需要骨干电源点开发作为支撑,其中水电占有很大份额。西部12省市集中了全国81%的水能资源,特别是西南地区的云、贵、川、渝、藏5省区,水能资源占全国的2/3,具有集中开发和规模外送

① 可再生能源发展"十二五"规划[R]. 发改能源[2012]1207号。

② 三峡水电站初期装机规模为1820万千瓦,加上地下电站装机规模420万千瓦,以及自备电源10万千瓦,全部总装机容量为2250万千瓦。

③ 中华人民共和国国民经济和社会发展第十二个五年规划纲要[R]. 北京:人民出版社,2011:34-36.

的良好条件。而四川、云南的水电处于“西电东送”的中部通道,众多的西南大中型水电站构成了“西电东送”中部通道上强大的未来电力输出点,成为国家“西电东送”的重要组成部分。

根据2012年颁布的《可再生能源发展“十二五”规划》,到2020年全国水电装机容量将达到4.2亿千瓦,其中常规水电装机容量将达到3.5亿千瓦。[①] 而截至2010年底,全国已开发水电装机容量2.16亿千瓦,距离2020年的3.5亿千瓦目标还差近40%,其余1.34亿千瓦急待开发的水能资源,大多位于四川、云南、贵州等西南省区境内的金沙江、雅砻江、大渡河、澜沧江等流域。为此,国家“十二五”规划纲要提出:“在做好生态保护和移民安置的前提下积极发展水电,重点推进西南地区大型水电站建设,因地制宜开发中小河流水能资源”。[②] 无疑,西部地区特别是西南地区将成为我国水能资源开发的主战场。未来5~10年,是西部水能资源开发的关键期和战略机遇期,也是我们探索建立健全水能资源有偿使用制度的关键期和最佳试点期。

(二)水能资源作为可再生能源资源的价值凸显

近年来,伴随着我国工业化、城市化的快速推进,经济发展面临着越来越大的资源环境压力,支撑我国工业化的优质能源资源严重短缺,以煤炭为主的能源结构对气候环境带来了不可逆转的危害。煤炭燃烧可产生20多种污染物,其中燃煤火电产生的废气污染高居各大工业榜首,大气中二氧化硫排放量的52.8%、氮氧化物排放量的65.1%、工业烟尘排放量的36.2%均来自于燃煤火电,[③]火电厂排放的二氧化硫和氮氧化合物还是造成酸雨的主要原因,煤烟型污染成为我国大气污染的主要特征。尽管我国人均排放量小于西方经济发达国家,但总量上已成全球二氧化硫第一大排放国和二氧化碳第二大排放国,二氧化硫和二氧化碳的排放量均占全球排放量14%左

---

① 数据来源于国家发展改革委. 可再生能源发展“十二五”规划[R]. 发改能源[2012]1207号。

② 中华人民共和国国民经济和社会发展第十二个五年规划纲要[R]. 北京:人民出版社,2011:34.

③ 中华人民共和国环境保护部. 2010年环境统计年报[R]. 中华人民共和国环境保护部官方网站 http://zls.mep.gov.cn/hjtj/nb/2010tjnb/.

右,对大气环境造成了直接危害。[①] 随着全球经济一体化的发展,环境问题已经成为影响未来世界格局以及国家发展和安全的重要因素。对此,作为一个负责任的大国,我国政府在 2009 年哥本哈根会议上向世界承诺,到 2020 年单位国内生产总值二氧化碳排放量将比 2005 年下降 40% ~45% ,并作为约束性指标纳入国民经济和社会发展中长期规划,制定相应的国内统计、监测、考核办法。[②] 通过大力发展可再生能源、积极推进核电建设等行动,到 2020 年我国非化石能源占一次能源消费的比重达到 15% 左右。

大力发展可再生能源是降低化石能源比重的根本途径。而我国风能、太阳能、生物质能等可再生能源的开发尚处于起步阶段,受到各种因素制约,短期内难以大规模开发使用。唯有水能资源开发历史悠久、技术成熟稳定、开发规模大,水电最可能成为替代落后燃煤火电的常规性能源。因此,水能资源的加快开发,是国家经济社会发展战略性部署,是大力发展可再生能源,降低燃煤火电比重,优化调整能源结构,缓解资源环境压力的现实选择,总之,是实现 2020 年我国单位国内生产总值二氧化碳排放环境目标的战略需要。

由于煤价持续上涨等原因,近年火电生产企业普遍亏损,而水电企业则普遍盈利,随着电价的不断上调,水能资源的经济价值日益凸显。据中国电力企业联合会发布的《电力监管年度报告 2011》,中央五大发电集团 2011 年电力业务亏损达到 151. 17 亿元,同比负增长 348. 32% 。同期水电类上市公司发布的年度报告则显示,水电企业 2011 年整体盈利,其中长江电力、中国水电、葛洲坝、川投能源、桂冠电力全年分别实现利润总额 101. 04 亿元、49. 87 亿元、22. 65 亿元、4. 28 亿元、4. 04 亿元。显然,水能资源的巨大价值是水电企业盈利的重要保障。西部水能资源开发市场出现的“跑马圈水”、分割争夺开发权的激烈竞争,正是对水能资源稀缺性和价值增值的现实反映。

在火电成本居高难下的压力下, 5. 12 汶川大地震发生后,西部丰富的

① 据国家环保部官员赵华林介绍,我国污染物排放总量居高不下,二氧化硫排放量位于世界第一。据世界能源委员会统计,我国二氧化碳排放量仅次于美国,居世界第二位,占全球总排放量的 13. 5%。参见章轲. 节能减排一票否决地方落实面临挑战[N]. 第一财经日报,2007 - 11 - 26(2).

② 参见温家宝总理 2009 年 12 月 18 日在哥本哈根气候变化会议领导人会议上的讲话“凝聚共识加强合作推进应对气候变化历史进程”. 中华人民共和国中央人民政府网,http://www. gov. cn/ldhd/2009 - 12/19/content_1491149. htm.

水能资源依然吸引各大电力巨头竞相角逐。在特大地震发生后仅一个多月，中国华电集团就宣布，未来5年内将斥资135亿元在四川凉山彝族自治州的木里河流域新建4座水电站，开创了四川震后首个大型水电项目。[①] 紧随其后，大唐集团旗下桂冠电力发布公告称，收购了位于凉山州的两家水电公司。而中国水利水电建设集团公司则与四川阿坝藏族羌族自治州政府签订了阿坝州水电开发战略合作协议书，双方拟投入200亿元共同开发阿坝州的小金川流域及脚木足流域，建设9座总装机容量约200万千瓦的水电站，其中首批电站将在3～5年内投运并入国家电网发电。与此同时，电力巨头华能与国电也在四川几大流域布局水电，华能的水电项目主要集中在涪江、嘉陵江流域，而国电则主导开发大渡河流域。

（三）无偿分配水能资源有损公平和效率

面对激烈的水能资源市场竞争局面，如何公平公正公开配置水能资源，成为考验各级水能资源管理部门决策能力的一道难题。如果仅仅依靠过去一贯的行政性无偿划拨手段来分配水能资源，将难以避免“暗箱操作”和官员寻租腐败行为，难以保证水能资源配置的效率性，从而损害社会公平和资源开发效率。

由于长期以来不合理的资源观念和体制政策的存在，使得近年来西部地区水能资源开发引发的各种社会矛盾十分突出。作为国家西部大开发标志的“西电东送”工程，众多大中型水能电源点开发建设的强力推进，在为西部发展注入大量开发资金、加快落后地区工业化的同时，也带来了大量移民和生态环保等外部性问题，而“水能资源无价”与“水电低价”的普遍现实制约着这些问题的根本解决。中央国有企业对大江大河水能资源开发权的无偿垄断，是社会资源分配的极大不公。因此构建水能资源有偿使用制度，加快政策探索和试点，不仅能够提高水能资源利用效率，促进国家能源结构和产业结构优化调整，而且有利于缓解社会矛盾和生态压力，带动资源开发地经济社会发展。

二、自然资源有偿使用研究概述

水能资源有偿使用制度是自然资源有偿使用制度的一部分，与其他类

---

① 詹铃．火电企业深陷亏损四大电力巨头入川布局水电[N]．21世纪经济报道，2008－6－26.

型的自然资源有偿使用制度具有许多共性,因此我们需要以自然资源有偿使用制度的研究作为起点。

自然资源有偿使用制度是指国家采取行政法律手段使开发利用自然资源的机构支付相应费用的一整套制度,包括对这些费用的管理和使用制度。在长达30多年的计划经济时期,我国对国有自然资源一直采用行政无偿划拨给国有企业开发使用的方式,自然资源的开发和利用是无偿的,同时也是低效率的,导致自然资源过度消耗和浪费。

对自然资源有偿使用制度的理论探索,始于我国经济体制改革之初,在传统计划经济体制向中国特色社会主义市场经济体制转型过渡期,面临着对自然资源管理制度的改革,即对过去大量按计划分配,供国有企业无偿占有、使用的自然资源进行优化配置,以提高资源使用效率,这就必然运用从"无偿"变"有偿"的市场化手段。

国内资源经济学界对自然资源有偿使用问题的研究,最初主要是针对计划经济时期自然资源无偿使用造成的低效、浪费等政策失误进行理论反思,阐述社会主义市场经济体制对自然资源实行有偿使用的必然要求。之后研究重点逐步深化为自然资源的价值属性、自然资源的定价理论研究方面,其中研究成果影响最大的是曾任中国常驻联合国环境规划署(UNEP)副代表、国务院发展研究中心技术经济研究部部长的李金昌。李金昌(1995)提出,长期以来,我国理论界囿于劳动价值论关于"没有劳动参与的自然资源没有价值"的观念束缚,忽视自然资源的固有价值,导致现实经济中"产品高价,原料低价,资源无价"现象普遍存在。成金华、吴巧生(2004)认为,在我国资源产品的价格构成中,既没有反映自然资源本身所赋有的价值,也没有体现发现、培育自然资源的费用,更没有显示自然资源稀缺性对价格水平的决定作用,还不计资源占用费和资源耗竭补偿费。资源品价格构成不完全,导致价格与价值严重背离。

针对劳动价值论中自然资源价值的缺失问题,许多学者围绕自然资源的价值和价格问题进行理论思考,提出了自然资源的多种价值、自然资源的综合价值等观点。如徐嵩龄(1995)认为,自然资源具有存在价值、经济价值和环境价值;陈助军、丁勇(2005)认为,自然资源的价值主要体现在自然资源的天然价值、附加的人工价值以及稀缺价值;白玮、郝晋珉(2005)认为,资源的全部价值由经济价值、社会价值和生态价值三部分构成;沈大军(1999)

通过对水资源价值内涵的分析,将水资源价值描述为一个包含产权价值、稀缺价值和劳动价值的价值体系。

既然自然资源具有天然价值,那么现实中任何企业和个人对自然资源的占有和使用的经济行为就必须付费(交租)。李金昌提出,要改变国有资源资产无偿使用与行政性分配的情况,应当先行建立和推广资源有偿使用制度,包括评估资源,确定费率或税率,依法征收等环节,并逐步扩大和提高收费范围与额度,划清各级政府征收范围。对自然资源价值理论的研究,为资源有偿使用价格量化提供了依据。随后,理论界的研究逐步深化为自然资源定价理论和方法。许多学者基于市场经济价格理论,提出了自然资源的各种定价模型,如影子价格模型、边际机会成本模型、效益换算定价模型、李金昌模型等。

由于自然资源种类纷繁,不同资源定价模型、资源有偿使用的制度设计必然存在差异。水能资源开发作为自然资源有偿使用制度推进的一个新领域,其理论研究基础还十分薄弱。

三、我国自然资源有偿使用制度的演变

从 20 世纪 80 年代中期开始,我国着手进行自然资源有偿使用制度的实践探索,先后对不可再生的矿产资源开征了资源税、资源补偿费、资源使用费、资源价款等,并对可再生的水资源开征了水资源费。

从我国自然资源有偿使用的制度演进来看,主要包括以下几个方面。

一是资源税的征收和制度完善。从 1984 年 10 月开始,我国依据《中华人民共和国资源税条例(草案)》,对石油、天然气、煤炭、金属矿产品和其他非金属矿产品征收资源税,并历经 1993 年、2011 年两次修改,从 2011 年 11 月开始按新的《中华人民共和国资源税暂行条例》对七种矿产品全面征收资源税。期间,资源税的征收税率(税额)不断提高,从最初的只针对销售利润率超过 12% 的部分优质矿资源生产企业征收,发展到对所有矿产资源生产者“普遍征收”。资源税征收方式也进行了调整,从按照资源品销量实行“从量定额”征收方式,发展为对石油、天然气等部分矿产资源按销售价格实行“从价定率”征收,与其他资源的“从量定额”征收方式并存,资源税的征收幅度整体上有了较大提高。

二是资源费的征收和管理制度。根据国务院令 150 号《矿产资源补偿费征收管理规定》,我国从 1994 年 4 月 1 日开始征收“矿产资源补偿费”。

1998 年国务院相继颁布了《矿产资源勘查区块登记管理办法》《矿产资源开采登记管理办法》《探矿权采矿权转让管理办法》三个配套法规，将矿业权的有偿取得制度具体化。1999 年又颁布了《探矿权采矿权使用费和价款管理办法》，其中明确规定了矿产资源使用费的具体征收对象和收取标准。

三是资源价款的征收和管理。1999 年财政部、国土资源部联合颁布《探矿权采矿权使用费和价款管理办法》，其中明确了矿产资源价款的征收对象和收取标准。2006 年财政部、国土资源部、中国人民银行联合发出《关于探矿权采矿权价款收入管理有关事项的通知》，进一步明确资源价款收入的管理和分成比例问题，即中央与地方按中央 20%、地方 80% 分成。同年，国务院批复财政部、国土资源部、国家发展改革委联合发布“关于深化煤炭资源有偿使用制度改革试点的实施方案”，该方案选择山西省等 8 个煤炭主产省（区）进行煤炭资源有偿使用制度改革试点，改革的核心内容是严格实行煤炭资源探矿权、采矿权有偿取得制度。该制度规定：“试点省（区）出让新设煤炭资源探矿权、采矿权，除特别规定的以外，一律以招标、拍卖、挂牌等市场竞争方式有偿取得”。同时强调：“本实施方案发布之日前企业无偿占有属于国家出资探明的煤炭探矿权和无偿取得的采矿权，均应进行清理，并在严格依据国家有关规定对剩余资源储量评估作价后，缴纳探矿权、采矿权价款”，至此，建立煤炭资源有偿使用制度的大幕全面拉开。

对自然资源实行有偿开发、有偿使用，近年已经逐渐上升为国家战略性经济政策和法律制度。如 2006 年《中华人民共和国国民经济和社会发展第十一个五年规划纲要》提出：“实行有限开发、有序开发、有偿开发，加强对各种自然资源的保护和管理”，同时要求“完善取水许可和水资源有偿使用制度”，“健全矿产资源有偿占用制度和矿山环境恢复补偿机制”，以及“经营性基础设施用地实行有偿使用，完善经营性用地招标拍卖挂牌出让和非经营性用地公开供地制度”等。2007 年颁布的《中华人民共和国物权法》第三编第十章第一百一十九条规定：国家实行自然资源有偿使用制度。到 2011 年《中华人民共和国国民经济和社会发展第十二个五年规划纲要》进一步明确：“建立健全能够灵活反映市场供求关系、资源稀缺程度和环境损害成本的资源性产品价格形成机制，促进结构调整、资源节约和环境保护……按照价、税、费、租联动机制，适当提高资源税税负”。2012 年中共十八大报告再次强调：“深化资源性产品价格和税费改革，建立反映市场供求和资源稀缺程度、体现生态价值和代际补偿的资源有偿使用制度和生态补偿制度”。这些战略性方针政策的确定，为建立健全我国自然资源有偿使用制度提供了支撑和保障。

四、我国水能资源有偿使用制度的缺失

目前我国的自然资源有偿使用财税制度体系包括四大制度因子或税费项目，即资源税、资源补偿费、矿业权使用费、矿业权价款，具有税费并存的特点，几乎涵盖了矿产资源的有偿取得、有偿占有和使用、有偿转让各个环节。

相比之下，可再生性自然资源有偿使用制度建立要迟缓许多。2002 年修订的《中华人民共和国水法》中，首次明确“国家对水资源依法实行取水许可制度和有偿使用制度”。然而，直到 2006 年、2008 年国家才陆续颁布《取水许可和水资源费征收管理条例》《水资源费征收使用管理办法》两个配套法规，对水资源费的征收主体、征收对象以及水资源费的归属和使用进行了明确规定。

如果说水资源有偿使用制度的推出滞后有基于水资源公共产品属性以及我国存在大量中低收入群体的现实考量，那么，对于已经进入市场化的水能资源，既没有水能资源税制度设计，也没有开发权出让的资源价款法规，甚至在 2008 年前对跨省区的大型水电站的水资源费也是象征性或减免性的，这与税费并存的矿产资源有偿使用制度完全不可比拟。新修订的《中华人民共和国水法》明确提出：“国家对水资源依法实行取水许可制度和有偿使用制度”，但其中对水能资源有偿使用几乎没有任何特别规定。而《取水许可和水资源费征收管理条例》以及《水资源费征收使用管理办法》，这两个配套法规仅在“水资源费的缴纳数额”条款中，原则性规定了“水力发电用水”的水资源费“可以根据取水口所在地水资源费标准和实际发电量确定”，并没有具体区分水电站取水与其他水利工程取水的性质差别。

在水能资源日益稀缺、资源价值飙升的背景下，正是由于水能资源有偿使用制度设计的欠缺，一方面导致水能资源开发中“跑马圈水”、无序开发、“权力寻租”等现象大量出现，另一方面低价水电又使水电移民安置和生态环保等负外部性问题难以妥善解决，不能实现对资源、环境和受损移民群体利益的充分补偿。

第二节 研究意义

对水能资源的有偿使用制度的研究，一方面，旨在弥补现阶段我国水能资源有偿使用理论研究的缺失，另一方面，更为重要的是为解决日益突出的水电开发矛盾提供政策思路。因此加快西部地区水能资源有偿使用制度研究，具有现实紧迫性和应用价值。

一、有利于维护水能资源开发地区的合理权益

我国水电价格水平长期偏低，水电企业对电网公司的销售电价即上网电价远远低于火电。从沪深股市上市公司情况看，水电类上市公司平均上网电价为0.302元/度，而同期火电类上市公司平均上网电价为0.418元/度，高出水电40%。[①] 三峡水电的上网电价为0.25元/千瓦时，龙羊峡等早期水电站的电价低至0.12元/千瓦时，水电大省四川执行多年的水电标杆上网电价为0.288元/千瓦时（含税价），扣除17%的增值税后仅为0.246元/千瓦时，而同期全国火电的上网电价普遍在0.4~0.5元/千瓦时之间。显然，如此低廉的水电价格根本无法反映水电的真实成本和价值。水电低价是水能资源无价导致的，也是长期以牺牲水电资源输出地的现实利益（移民利益）和长远利益（环境保护）为代价换取的，给资源开发地区留下了社会和生态环境方面的隐患，这些高昂的代价被水电低价所掩盖。此外，低价水电还将西部水电输出地应得的一部分资源租、税收利益同时转移到了东部输入地，这既不公平也不合理。对水能资源实行有偿使用，有利于扭转西部水电价格偏低的局面，维护水能资源开发地区的移民群众利益和生态环境利益。

二、有利于理顺水电价格机制，促进水能资源的科学、有序、合理开发

我国现行水电价格的决定依据是企业单位电能的个别生产成本，主要是历史投资额，并没有包括资源的稀缺成本、环境损害成本。西部大江大河水能资源开发权的取得目前完全是无偿的，水资源的使用价格也十分低廉。

① 王元京，魏文彪．未来我国水电建设应立足于国内资本[N]．中国证券报，2007-10-24.

随着我国投资体制改革的深入,对资源性产品定价提出了市场化的要求,因此,建立健全水能资源有偿使用制度,改变目前无偿或廉价使用水能资源的状况已势在必行。通过明确水能资源的资产属性,对水能开发权采取公开招标拍卖出让方式,建立起能够反映水能资源稀缺程度、市场供求关系和环境治理成本的价格形成机制,有利于规范水能开发进入门槛,制止"跑马圈水"、官员权力寻租等现象,有效促进水能资源的科学、有序、合理开发。

三、有利于平衡和协调各方利益,促进社会和谐

水能资源开发涉及多重利益群体和区域利益关系,如开发商与当地居民、水电公司与地方政府,淹没影响区与移民迁入区、界河两岸不同行政区、水电输出地与输入地、企业注册地与生产地等。不同群体、不同区域在水能资源开发过程中的损失与收益关系需要平衡,利益分配需要调整。

在目前的开发模式下,由水电开发商主导整个水能资源开发进程,并产生以下六类相互关联的利益群体。①开发商:通过无偿取得水能资源开发权,进行水电投资开发,无偿或廉价使用水能资源,[1]从中获得水能资源收益和投资收益;②地方政府:通过提供配套服务,获得资源开发的营业税、投产后的部分增值税和部分企业所得税(后两大税种均为国税,地方政府分别享有25%、40%的分成)及其附加税费;[2]③库区移民:承受背井离乡或在本地后靠搬迁至更高海拔区生活的代价,为此获得一定的经济补偿,主要是淹没区的土地、住房基本生活补偿,以及移民后期生活扶持补助(20年内每人每年600元);④水电输出地居民:无偿承受工程建设过程中道路损坏、工地扬尘、施工噪声,以及引水河段干涸、森林绿地受损、鱼类资源减少的影响;⑤邻近区域:接收库区移民迁入,采取调整耕地、开荒等方式挤压当地居民环境容量,在迁出地与迁入地之间平衡有限的移民补偿费,并据此在不同层级和相同层级的行政区(县级以上)之间调节地方税收分成;⑥水电输入地区:以低于火电30%~40%的价格获得水电这种廉价清洁能源,并间接无偿获

---

① 2008年国家才明确将中央直属水电纳入水资源费征收范围,2009年颁布中央直属和跨省水利工程水资源费征收标准为每度电0.003~0.008元,按此测算水资源成本也仅占电站平均发电收益的1%~2.7%。

② 根据我国企业所得税法,税收按企业注册地缴纳。而许多水电企业尤其是水电巨头的注册地并不在水能资源开发地,从而产生税收与税源地分离,导致水能资源开发地区无法获得这部分企业所得税的现象。

得节能减排环境效益。

对上述六大群体之间的损益关系进行分析不难发现，水能资源开发所带来的收益和成本支付是不对等的。开发商无偿获得水能资源并获取投资收益，电网公司获得廉价水电带来的巨大利润，而受电地区（即水电输入地区）获得了大量廉价电力，并免费获得了水电替代火电带来的低碳环境效益。相比之下，水电输出地区（生产地区）的地方政府获得了水电开发过程中产生的税收，但要承担开发过程中的社会成本和环境成本，而移民要承担为电力建设背井离乡重建家园的义务，对他们的经济损失补偿有限，更谈不上精神上的赔偿，社会补偿和生态环境补偿机制还远未建立，对库区移民、生态环境的补偿严重不足，这就不难理解为什么水能资源开发会受到那么大阻力和社会质疑，为什么水电移民会酿成大规模的群体性事件进而影响社会和谐稳定。当地一些群众称水电开发中“企业得大头，政府得小头，老乡没搞头”，正是对这种资源损益不平衡的现实反映。

水电开发涉及开发企业、中央政府与地方政府、移民等多方面的利益冲突与博弈，西部许多特大型水电工程还涉及界河两岸跨省（区）、市（州）、县政府财政税收利益，以及农村集体土地使用利益、环境保护利益、企业股东利益、移民的不动产利益等多方面的复杂利益平衡关系。发生在大渡河干流的瀑布沟电站移民群体性事件，作为一个反面案例，说明水电开发由水电公司无偿获得水能资源使用权，并主导水电资源的开发模式，难以协调好各方利益关系。特别是在西部少数民族地区，因涉及民族、宗教等敏感问题，更需要从维护民族团结、构建和谐社会的高度妥善处理。水电收益获取与损失补偿利益平衡的实现，需要中央政府、地方政府、水电开发企业、电网公司等多方面的协力共济，更需要从资源有偿使用的制度构建方面来完善。

实行水能资源有偿使用，才能体现国家对自然资源的所有权和管理权，促进资源的合理开发利用，维护资源所在地人民和受资源开发影响群众的权益。而目前水能资源的资产属性、资源成本构成、水能资产的管理理念尚未建立，作为水资源管理机构的各级水利部门对水能资源的管理存在明显缺位和越位，其对区域水能资源资产的收益权以及与此相应的资源有偿使用问题，在水电开发实践中遭遇困境。

四、有利于实现水电开发外部成本“内部化”

西部水电开发建设造成的河谷区耕地淹没损失、移民后期生产生活扶持、河流生态环境和生物多样性的改变、少数民族部分特色文化资源的影响等问题，构成了水电开发的负外部性，这些外部成本仅靠水电公司有限的补偿资金是不够的，遗留问题最终要靠政府买单。

水能资源属于国家所有，也就是全体公民包括当地居民所有，资源收益理应由全体国民分享，并对为资源开发付出代价的区域和群体进行经济补偿。而由国有电力企业无偿获得开发权垄断经营的方式，不能有效平衡各方利益矛盾，地方政府与电力巨头讨价还价的协调方式也并非长久之策。调整水能资源开发利益群体的关系，建立移民、水电企业、水电输出地区、水电输入地区之间的合理利益共享机制，需要首先建立水能资源有偿使用制度。

目前地方政府包括水资源行政主管部门都无权擅自制定资源税费制度。因此，要调整水能资源开发的利益关系，必须从国家层面尽快确立水能资源有偿使用制度。通过建立健全水能资源有偿使用制度，将水能资源租（水能资源开发权出让价款、水能资源税费）引入水电成本，使水电的社会成本一定程度上转化为企业的内部成本，增加资源所在地政府的财政收入，并以水能资源有偿使用税费建立移民、生态补偿基金，实现对库区移民、生态、流域水环境的长效补偿，从而更好地解决水电开发过程中的移民问题和水资源保护等生态环境问题，形成可持续发展的水电开发机制。

从完善社会主义市场经济体制的改革进程看，我国的经济体制改革过去主要集中在竞争性行业，对垄断性行业的改革比较滞后，还存在生产要素价格“双轨制”，垄断国企长期无偿获得并使用国有自然资源的状况没有根本改变，“建立健全资源有偿使用制度和生态补偿机制”的目标远未实现，合理的资源性产品价格机制长期没有形成，成为新时期我国经济体制改革攻坚面临的一大难题。因此，加快水能资源有偿使用制度的理论研究和实践探索，是我国经济体制市场化改革深化的一部分，是转变经济发展方式、优化调整经济结构、缓解资源环境压力的迫切要求。

第三节 研究基本思路

本书拟从三个层次对西部水能资源有偿使用制度展开研究。

在理论层次上，一是对涉及的水资源、水力资源、水能资源三个概念，从内涵关联与外延异同上进行解析，以避免概念不清导致无谓的理论争执和现实误判，并结合我国水能资源现状，分析水能资源的基本属性；二是对构成水能资源有偿使用的理论基础，如资源价值理论、资源租理论、自然资源最优耗竭理论、边际机会成本理论、外部性理论、资源产权论等进行系统性疏理；三是研究水能资源有偿使用的产权制度创新和资源财税体系。

在现实层次上，本书一是对美国、加拿大、挪威等国外"资深"水电大国的水能资源开发管理及有偿使用制度进行研究，提出可供借鉴的理念和思路；二是对国内部分省市推行的水能资源开发权有偿出让实践进行调研、分析，并力图从理论上进行概括。

在理论与现实结合的层面，本书的研究重点围绕以下方面展开。(1)现实困境：对我国水能资源开发面临的各方面矛盾和利益冲突进行深入分析，如流域开发与竞争活力的"马歇尔困境"、水能资源无价与持续上涨的电价反差、水电生产低成本与社会生态高成本的反差等，以寻找"制度突围"的路径。(2)时机抉择：对我国水能资源有偿使用制度试点推出的时机进行分析，包括我国"西电东送"及可再生能源加快发展的机遇、电力市场化改革机遇、水电价格机制调整机遇等。对物价上涨、电力市场供求紧张等影响水能资源有偿使用制度推出的制约因素进行现实考量和评估，提出需要在资源税费设计方面留有余地。(3)基本路径：包括水能资源产权制度创新路径、水能资源有偿使用的财税制度路径、水能资源开发权价格评估模型、开发权出让方式。(4)制度架构：包括水能资源开发权出让价款、水能资源费、水能资源税三大税费制度设计，水能资源产权制度，水能资源管理制度。(5)配套改革：包括以打破行业垄断为目标的电力体制改革，电力价格形成机制改革，以及资源收益全民共享机制的建立等相关配套改革。

第二章　水能资源有偿使用理论基础

第一节　相关概念梳理与辨析

一、水资源与水能资源

国内有关水资源有偿使用的理论和实践论述较多，而对与水资源密切相关的水能资源有偿使用制度却鲜有研究，实践中甚至将水资源有偿使用与水能资源有偿使用混为一谈。因此，有必要厘清两种不同资源概念的内涵与外延，以及它们之间的关系，才能相应制定更具有针对性的水能资源管理制度。

水能资源与水资源是内涵不同、外延交叉的两个概念。人们通常注意到水能资源与水资源之间存在密切关系，但容易忽视两者在质和量上存在的区别。尽管作为能够产生经济价值以提高人类当前和未来福利的资源，无论是水资源，还是水能资源，其内涵界定都比广泛存在于自然界的"水"严格得多。

关于水资源的定义，国内外有多种提法，如《大不列颠百科全书》对水资源的定义是："自然界存在的无论何种形态（气态、液态、固态）但能够为人们所利用的水"；[①]联合国教科文组织和世界气象组织（WMO）1977 年提出："作为资源的水应当是可供利用或有可能被利用，具有足够数量和可用质量，并可适合某地水需要而长期供应的水源"。《中国大百科全书》指出："水

① The New Encyclopedia Britannica, volume 12, 15th edition, Encyclopedia Britannica, Inc. 1994, p. 518. 转引自裴丽萍．可交易水权研究[M]．北京：中国社会科学出版社，2008.

资源是地球表层可供人类利用的水，包括水量（质量）、水域和水能资源，一般指每年可更新的水量资源。"①《中华人民共和国水法》（2002 年修订，以下简称《水法》）第二条规定："本法所称水资源，包括地表水和地下水"。② 上述水资源定义从不同角度阐述了水资源的内涵和外延。从内涵看，水资源既指足够的稳定水量，也指可用的水质，这种界定排除了严重污染的水体、难以处理或处理成本高昂的海水等，突出了水资源的"可供利用或有可能被利用"特性，反映了水资源概念的动态性。从水资源外延的界定看，广义的水资源包括水量（质量）资源、水域资源和水能资源、"地表水和地下水"，而狭义的水资源仅指可更新的水量资源，甚至外延更小的"可适合某地水需要而长期供应的水源"。

水能资源的内涵是指天然流动的河流所蕴藏的能用于水力发电的能量资源，它源于河流，是对河流水资源部分水头落差和水量的开发利用，因此水能资源是水资源功能的一部分，与水资源存在密切关系。《中国大百科全书》所定义的水资源概念在外延上包含水能资源。《水法》对此虽没有明确界定，但在"水资源规划"和"水资源开发利用"章节中都单独阐述了"水力发电""开发利用水能资源"，提出"国家鼓励开发、利用水能资源。在水能丰富的河流，应当有计划地进行多目标梯级开发"。③ 这表明在我国，水能资源开发属于水资源开发利用的一种方式，服从于水资源法律法规的统一管理。

但是，水能资源与水资源存在着一些本质的内涵区别。如联合国将水资源定义为"可适合某地水需要而长期供应的水源"，这一概念应未包括水能资源。《中华人民共和国可再生能源法》将水能资源列为一种可再生能源，也表明水资源与水能资源具有不同属性。水能资源与水资源的内涵差异还体现在数量和质量上。水能资源的数量不仅与水量有关，还取决于河床高差产生的"水头"落差，水能资源的质量更取决于坝址条件：高山峡谷段 V 型河道、两江汇流河段、淹没影响范围相对较小等，往往是单位装机投资小、发电效益高的理想电站枢纽地。

水能资源与水资源在概念上存在的本质差别，使水资源的管理政策、管

---

① 中国大百科全书·大气科学·海洋科学·水文科学[M]. 北京：中国大百科全书出版社，1987.

② 如无特别说明，本课题研究所引用的条款均出自 2002 年新修订的《中华人民共和国水法》。

③ 《中华人民共和国水法》第三章第二十六条。

理制度不可能完全覆盖水能资源，而必须根据水能资源的具体特点，进行专门的制度设计。

二、水力资源与水能资源

那么，水力资源是否等同于水能资源呢？我们认为，对水力资源与水能资源的概念界定也十分重要。

水力资源，顾名思义是指蕴含动力势能的一切水体能量资源，而水能资源应是仅指天然流动的河流所蕴藏的能用于水力发电的能量资源。根据内涵与外延相反的逻辑原理，水力资源的内涵小于水能资源，其外延大于水能资源。水力资源的外延包括：河流水能、潮汐水能、波浪能等各种以位能、压能和动能形式储存于水体中的能量资源，其中包括水能资源，而水能资源的外延是指水坝资源、水域资源和水体资源。①

长期以来，在管理层面上，我国对水力资源与水能资源、水电资源的概念是没有严格区分的，往往将用于水力发电的水资源统称为水电资源、水力资源或水能资源。② 如最新的《水力资源复查成果总报告》提出："我国常规能源资源以煤炭和水力资源为主，水力资源仅次于煤炭，居十分重要的地位。"在此，水力资源是作为与煤炭资源相提并论的一种常规能源。历次资源普查中均称之为"水力资源"，而《水法》第二十六条称其为"水能资源"，《中华人民共和国可再生能源法》也称其为"水能资源"，可见水力资源与水能资源经常作为同一概念替换使用。

无疑，水力资源与水能资源存在着密切关联。然而，"水力资源"有"理论蕴藏量""技术可开发量""经济可开发量"之分，《水法》所指的水能资源实际上是水力资源中的"经济可开发量"，它是水力资源"技术可开发量"的一部分，因此"技术可开发量"是水能资源的理论值，只有"经济可开发量"才是我国可再生能源发展中可以开发利用的水能资源量，它包括已经开发、正在开发和尚待开发的部分，除此而外的"水力资源"均不应纳入水能资源之列。显然，水力资源包括水能资源，但又不局限于水能资源，如农村用于磨坊、水车的动力，顺水行船利用的流水动力等，都属于水力资源，却不属于水能资源。更进一步来说，水电只是水力资源开发的一种方式而非唯一方式。

---

① 潘田明．水能资源管理制度创新的思考和研究[J]．中国水能及电气化，2009(4)．

② 侯京民．水能资源管理存在的问题和政策建议[J]．水利经济，2008(2):40.

“水力资源”中相当一部分是现在和将来都不会或者不需要作为能源电力资源的，以人类的技术水平，不可能开发利用所有的水力资源，或者即使可以开发，也因成本高昂不具有经济价值。而更为重要的是，河流是生命的载体，一些山川瀑布的生态价值、景观价值或许远高于水电，因此完全没有必要把所有的水力资源都作为能源资源。

水能资源是一种常规能源资源，是指人类在经济上值得开发、在技术上可以利用的水体能量资源，是水力资源中的“经济可开发量”或“技术可开发量”部分。所谓“经济可开发”“技术可开发”概念是动态的、相对的，它们不仅与技术因素有关，更重要的评估因素还取决于人类对能源资源的稀缺价值判断以及河流生态价值观变化。在能源资源足够丰富、人们更看重河流生态价值和景观价值的地区，如果电力价格基本稳定在较低水平，那么需要开发为水电的水能资源数量就会较少，水能资源量即“经济可开发量”必然较小；而在能源资源严重短缺、电力价格高涨的地区，“经济可开发量”必然随之增加，原来不具有开发价值的水力资源会被纳入水能资源中，河流生态价值将让位于水电经济价值，必然会大量开发利用水力资源。也就是说，替代能源价格的变化以及河流生态价值观的变化，都可能改变水力资源的“经济可开发量”评估基准，从而改变水能资源的数量。

就一国而言，水能资源受到技术开发成本、移民成本、生态成本多种社会经济因素制约，其数量是动态变化的。而水力资源量除受勘测技术条件、气候条件长期影响略有小幅波动外，其数量是基本恒定的。新中国成立后一共进行了四次水力资源调查，其中2005年复查成果中，水力资源理论蕴藏量仅略微增加了6.7%，[①]而水能资源的技术可开发量较1980年的第三次调查大幅增加了43.1%，经济可开发量则是从无到有的新增数据，[②]这种变化反映了我国对水能资源认识理念的重大转变。

为了突出水能资源的能源资源属性，我们认为，有必要将水能资源从水力资源概念中单列出来。这样的区分非常必要，可以避免把水能资源概念扩大到所有的江河流域，进而避免造成资源过度开发。既然“水力资源”并

① 全国水力资源复查成果在京发布，总量世界第一[EB/OL]. 新华网 http://news.xinhuanet.com/fortune/2005-11/29/content_3849920.htm.

② 刘薇. 全国水力资源复查：水力资源开发容量增四成[EB/OL]. 新华网 http://news.xinhuanet.com/politics/2005-11/26/content_3837229.htm.

非是经济意义上的能源资源,就不能以“水力资源”的理论蕴藏量来衡量一国水能资源是否丰富,不能以此作为衡量一国水能资源开发程度的基数,更不能混用“水力资源”与“水能资源”概念对各国水能资源开发程度作出比较,否则就会得出一些荒谬的结论。

根据2005年公布的第四次全国水力资源普查数据,我国的水力资源理论蕴藏量为6.94亿千瓦,经济可开发量即水能资源量为4.02亿千瓦。2010年我国水电装机突破2亿千瓦,[①]稳居世界第一,超过美国水电装机容量1倍以上,我国水能资源的开发程度实际上已经达到50%,而不是37%,更不是29%。[②] 如果2020年实现3.5亿千瓦水电装机规模,届时我国的水能资源开发程度将达到87%,成为世界上水能资源开发程度最高的国家之一。

此外,“水能资源”是经济学研究的经济资源范畴,而“水力资源”是水文学、水力学的研究对象,属于自然科学研究范畴。许多国家包括美国并没有“水力资源”(Waterpower Resources)方面的权威数据,只有“水能资源”(Hydropower Resources)或“水电资源”(Hydroelectric Resources)数据,或许正是由于“水力资源”并非是经济意义上的能源资源,而“水能资源”(或水电资源)才是常规能源资源。

综上,本书的研究对象是作为水电开发对象的“水能资源”,而非一般意义上泛指的“水力资源”。在研究中我们把水能资源与水电资源视为同一概念交替使用,而对涉及的“水力资源”加以界定说明。因此,本书所称水能资源或水电资源,是指技术上可以开发、经济上有必要开发为电力的那部分河流能量资源。

三、水能资源的属性

水能资源属于可再生能源资源,与其他常规能源资源相比,我国水能资源具有稀缺性、分布不平衡性、整体性、垄断性四大特点。

(一)稀缺性

与水资源的稀缺性一样,水能资源的稀缺性正受到越来越多的关注。相对于人类对清洁能源的永恒需求而言,水能资源是绝对稀缺性资源。作

---

① 高云才.能源局:全国水电装机总量突破2亿千瓦居世界第一[N].人民日报,2010-8-22.

② 以5.4亿千瓦的水力资源技术可开发量为基数,则已开发的水能资源量占37%;而以6.94亿千瓦的水力资源理论蕴藏量为基数,已建成的水电装机仅占28.8%。

为重要的经济资源,水能资源的数量和分布都较水资源更加有限。并不是所有的水资源、水力资源都能作为水能资源,只有具备足够的水量,同时还必须具备足够的动力势能(水头落差),并与相应的坝址资源相匹配的水力资源,才可能成为有开发价值的、具有经济意义的水能资源,因此水能资源比水力资源在数量上要少得多。根据2005年11月发布的全国第四次水力资源调查结果,我国水力资源理论蕴藏量为6.94亿千瓦,技术可开发量为5.42亿千瓦,经济可开发装机容量为4.02亿千瓦,水能资源(按经济可开发量)仅占水力资源理论蕴藏量的57.9%。如果再考虑到生态环保等因素而必须放弃的部分河段,则实际可开发的水能资源还要少得多。国内有专家提出,水能资源开发量不应超过技术可开发量的65%~70%,[①]按照这个原则,我国水能资源可开发量仅为3.5~3.8亿千瓦。

(二)分布不平衡性

我国是水能资源大国,水能资源可开发量和已开发量、在建水电工程开发量均居世界首位,但在地域分布上极不平衡。水能资源的分布不仅取决于水资源量的分布,还取决于河流水文落差的分布态势,水能资源量与该河段的水量和落差成正比。其中,"水量"是指"水流量",即河流的多年平均流量,单位为每秒立方米(m^3/s),其流速大小也受到河段落差的影响。通常情况下,由于沿途接纳大量支流汇入,流域水量分布具有从上游向中下游逐渐增加的特点,而河段落差却呈现出由上游向中下游减小的变化趋势。总体来看,大江大河的上、中游高山峡谷河段往往是水能资源最丰富的地区。我国的自然地理条件客观上导致了水能资源分布区域的不平衡,表现在以下几方面。

一是水能资源西部多、东部少,形成与经济资源分布错位的格局。按技术可开发装机容量统计,我国经济相对落后的西部云、贵、川、藏等12个省(自治区、直辖市)水能资源约占全国总量的81.46%,特别是西南地区云、贵、川、渝、藏5省市(区)就占66.70%。[②] 而经济发达、用电负荷集中的东部辽、京、浙、沪、粤等11个省(直辖市)仅占4.88%。水能资源最丰富的3省(区)为:四川第一、西藏第二、云南第三,分别占全国技术可开发量的22%、

---

① 中国水利水电科学研究院高季章提出,参照多数发达国家的情况,充分考虑中国的人口和土地压力、生态环境的制约因素,技术可开发水电资源开发65%~70%是可行的。

② 数据来源于《中华人民共和国水力资源复查成果总报告》,2005年11月。

20%和19%(见表2－1)。

二是水能资源集中分布在大江大河干流,主要富集于金沙江干流中下游、澜沧江干流云南段、雅砻江干流中下游、大渡河干流、怒江干流下游、黄河干流上游及中游北干流、南盘江红水河干流、乌江干流等大型水电基地(见图2－2),其总装机容量约占全国技术可开发量的50.9%,特别是地处西南的我国最大水电基地——金沙江干流总装机规模超过6000万千瓦。这些河流水能资源集中,有利于实现流域梯级、滚动开发,有利于建成大型水电基地,以充分发挥水能资源的规模效益实施"西电东送"。

三是大型水电站装机容量比重大,全国技术可开发水电站中,装机容量30万千瓦及以上的大型水电站装机容量和年发电量的比重均达到72%左右,其中装机容量100万千瓦及以上的特大型水电站装机容量及年发电量的比重均超过50%,而这些特大型水电站绝大多数分布在西南地区。

表2－1 我国的水能资源量及其地区分布

	技术可开发量		经济可开发量	
	MW	占比(%)	MW	占比(%)
西南地区	361279.8	66.7	236748.1	58.9
华北地区	8396.2	1.6	7793.6	1.9
东北地区	15044.7	2.8	13998.1	3.5
华东地区	22982.5	4.2	21542	5.4
华南地区	25075.7	4.6	24164.3	6.0
华中地区	50442	9.3	49432.1	12.3
西北地区	58412.9	10.8	48118.6	12.0
合　计	541640.0	100	401795.0	100

注:表中数据根据水电水力规划设计总院《中国水力资源复查成果汇总表》整理计算。根据流域特点,西南地区包括云、贵、川、渝、藏五省(市、区),广西水能资源归入华南地区,内蒙古水能资源归入华北地区。下图同。

(三)整体性

整体性是水能资源与水资源密切关联的属性。在自然界,水资源系统往往包含有多个水体(江河、湖泊、地下水)和工程单元(水电站、水库、闸坝),河流水资源具有饮用、灌溉、航运、生态、发电以及为城乡供水等多重功能。水能资源开发在许多时候应当兼顾防洪、灌溉、航运、供水、养殖、休闲(漂流、垂钓、观光)、生态、水资源保护等多方面的需要,其建设管理和安全

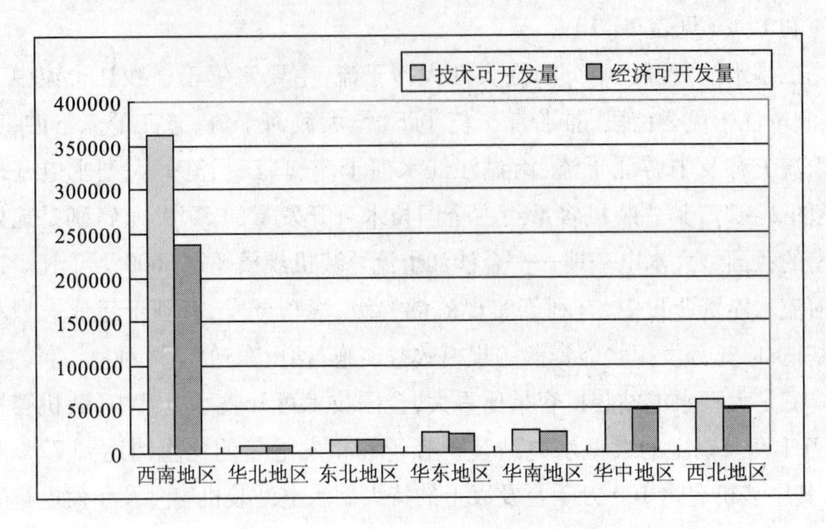

图 2－1　我国水能资源的区域分布

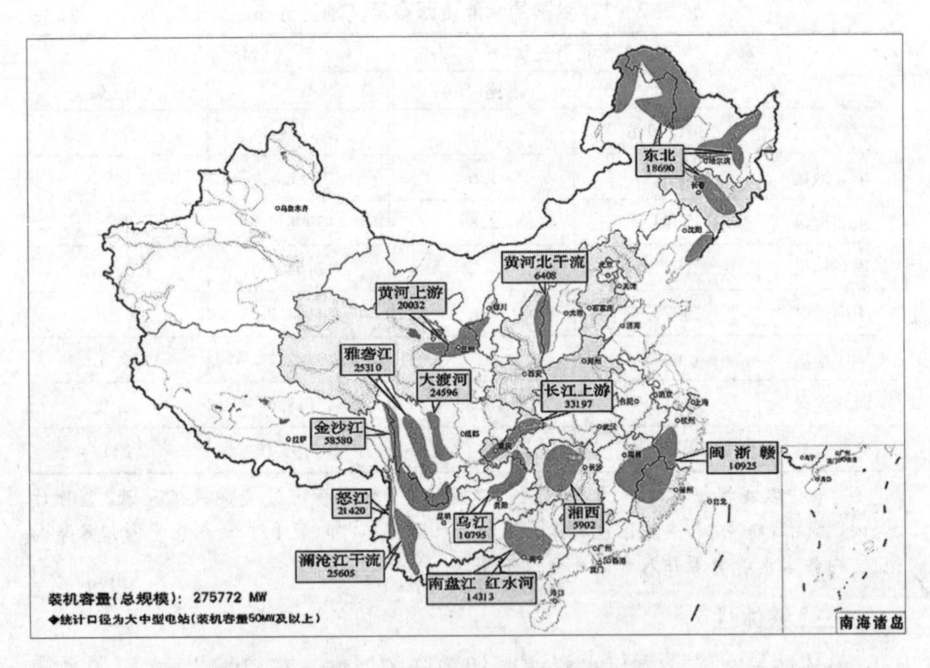

图 2－2　十三大水电基地分布示意图

运行直接关系公共利益。水资源系统构成了紧密的生态整体关系，河流、水库、湖泊和地下水之间以及河流的上下游、干支流一脉相承、紧密相连，多目标开发和综合利用给整个流域的经济、社会、生态环境带来综合性影响。因此，水能资源开发利用作为水资源开发利用的一部分，应当遵循流域综合规划，有计划地实现多目标综合开发。

在通常情况下，流域水资源可以实行多目标综合开发。但在具体流域河段，一些利用方式之间存在明显冲突，如在水资源量有限的枯水期，水电站蓄水或引水对河段其他水资源利用方式（如灌溉、供水）会产生较大影响；调水工程与高坝电站往往难以兼顾，要满足水资源的调出量需求，就不能同时满足水力发电量的需求。因此，合理的水能资源开发方案应服从流域整体规划方案，统筹兼顾上中下游各区域的经济社会生态效益，实现流域综合开发与协调发展。

（四）垄断性

自然的河流属于公共物品，具有非排他性，但流域河段一旦交给“经济人”进行水能开发就进入非公共物品的范畴。[①] 在本课题中，我们的研究对象主要是进入水电市场开发、为水电开发商所争夺和垄断的水能资源，也就是水能资源资产，因此如无特别说明，本书中所称的水能资源，即指这种具有垄断排他性的水能资源资产。

一方面，水能资源开发改变了河流的自然特性和利益格局，影响了他人对河流的消费，使被开发河流（段）变成了排他性的非公共物品。另一方面，开发商一旦拥有一个水能开发点，其他开发商便自然被排斥，发电之外其他形式的商业开发（如漂流、养殖）也被排斥或无法进行。引水式电站从河道引水后还会形成河流的减水、脱水河段，坝式电站上游回水形成河道型水库，淹没村庄、耕地等，对邻近上游段其他水电站产生自然排他性。电站坝址与地质条件、山体形状密切相关，因此坝址本身就是稀缺资源，加上流域规划的限定，水能资源便衍生转化为排他性、独占性和垄断性的资源资产。[②] 这种从公共物品的水资源到非公共物品的水能资源之间的转换需要合理的制度安排，开发者由此产生的垄断收益应归属于资源所有者以及权益受损者。

① 叶舟．技术与制度——水能资源开发的机理研究[M]．北京：中国水利水电出版社，2007．

② 劳承玉，张序．水能资源应有偿使用[N]．光明日报，2009－4－8．

第二节 理论支撑

综合经济学界的现有理论成果，对水能资源有偿使用制度研究构成支撑的理论基础包括：资源价值理论、资源租理论、资源最优耗竭理论、外部性理论和资源产权理论等。[①]

一、资源价值理论

自然资源为人类提供直接的生活资料、生产资料，并为人类提供赖以生存的环境空间，对于人类而言，自然资源具有价值似乎是毫无疑问的。然而，长期以来我国经济学家根据劳动价值论对商品价值的基本判断，认为天然存在的自然资源不是劳动产品，因为没有人类的劳动物化在其中，虽然有用，却没有经济价值。马克思曾明确表示："一个物可以是使用价值而不是价值。在这个物并不是由于劳动而对人有用的情况下就是这样。例如，空气、处女地、天然草地、野生林木，等等。"[②]显然，在马克思劳动价值论的价值定义中，自然资源只具有使用价值而无价值。这是导致我国自然资源无价、长期无偿使用的理论根源。在劳动价值理论中，自然资源的价值是缺失的（罗丽艳，2004）。劳动价值概念的本质在于它体现着人与人之间的关系，只有在考察人与人之间的关系时它才是唯一的决定因素。一旦转而考察人与物的关系，劳动就不再是唯一决定这种关系的因素了，同时必须考虑到物和自然方面的因素对这种关系的作用（刘骏民、李宝伟，2001）。对于自然资源价值的认识与利用，体现了典型的人与自然关系，因此，自然资源的价值不属于劳动价值理论所要解释的范畴。李金昌等（1990）提出，自然资源再生产过程是自然再生产过程和社会再生产过程的结合。按照生产价值理论，只考虑社会再生产过程，而不考虑自然再生产过程，这是不对的。[③]

（一）多元价值论

自然资源的多样性、多功能性决定自然资源价值具有多元性。无论从哲学价值、生态价值，还是经济价值的角度，天然存在的自然资源都是有价

① 参见劳承玉《自然资源开发与区域经济发展》第五章第一节，本书进行了补充完善。

② 马克思．资本论第一卷[M]．北京：人民出版社，2004.

③ 李金昌，仲伟志．资源产业论[M]．北京：中国环境科学出版社，1990.

值的，这种价值取决于自然资源对人类的有用性、稀缺性和开发利用条件。

国内许多学者提出了自然资源的多元价值论或综合价值论学说，认为自然资源具有存在价值、经济价值和环境价值（徐嵩龄，1995），自然资源的价值主要体现在自然资源所具有的天然价值、附加的人工价值以及稀缺价值（丁勇、李秀萍等，2005）。自然资源价值包括两个部分：一是自然资源再生产过程所决定的资源本身的价值；二是社会对自然资源进行的人财物投入的价值。因此对自然资源的定价，应当兼顾自然资源再生产过程和社会再生产过程两个方面（李金昌等，1990）。通过对水资源价值内涵的分析，沈大军（1999）提出水资源价值包含产权价值、稀缺价值和劳动价值体系。白玮、郝晋珉（2005）认为，资源的全部价值由经济价值、社会价值和生态价值三部分构成。

（二）效用价值论

效用价值论又称为主观价值论，它从物品满足人的欲望能力或人对物品效用的主观心理评价角度来解释价值及其形成过程。所谓效用是指物品满足人的需要的属性。效用价值论认为，一切物品的价值都来自它的效用，即它对于人的需求是有用之物，因此价值是人们对物品的主观评价。人们获得效用不一定非要通过生产，效用可以通过大自然的赐予获得，而且人们的主观感觉也是效用的一个源泉。只要人们的某种欲望或需要得到了满足，人们就获得了某种效用。效用还以物品的稀缺性为条件，如空气尽管对人类效用很大，但由于供给充足，人们不认为其经济价值大。效用与稀缺性结合，直接影响物品价值的大小。

在效用价值论基础上发展起来的边际效用价值理论，是现代西方经济学重要的价值理论。边际效用大小是衡量价值量的尺度，所谓边际效用是指人们所消费的某种商品中，满足人的最后的亦即最小欲望的那一单位商品所带来的效用。物品的价值量正是由边际效用决定的。

根据效用价值论，效用和稀缺性是价值形成的充分必要条件。水能资源用于发电，满足了人类社会持续增长的电力需求，具有很强的效用性，并且，水能资源的时空分布极不均衡，在形成条件上和数量上都具有很大的不确定性和随机性，能够作为发电资产的水能资源点是企业争相“圈占”的稀缺性资源，因此水能资源具有经济价值，可以通过开发商愿意为其支付的资源价格来体现。

水能资源的价值取决于两个因素,第一是效用大小,第二是短缺程度。当人们对水资源的认识还停留在"取之不尽,用之不竭"时,会出现"水资源无价""水能资源无价"的观点,认为对水能资源可以像对空气一样免费使用。而当能源短缺,电力供给不足时,水能资源的效用增大,成为稀缺的可再生能源资源,资源价值必然增大。水能资源价值取决于水能资源的"效用"大小。在资源竞争市场上,不同开发商可能基于各种主客观因素,对同一个水能资源开发点的效用价值得出不同的评估结论,从而产生不同的价格支付意愿,这是水能资源反向选择性的一种表现。

二、经济地租(资源租)理论

经济地租即资源租是自然资源价值的价格体现,马克思的《资本论》对地租有深入的论述,现代西方经济学理论对经济地租也进行了较多研究。

(一)马克思地租理论

马克思以劳动价值论和平均利润理论为基础,批判地吸收了李嘉图等人的古典地租理论,创立了马克思主义的地租理论。

所谓地租就是土地所有者凭借土地所有权而获得的收入,这是不同社会形态地租的共同点。马克思指出:"不论地租有什么独特的形式,它的一切类型有一个共同点:地租的占有是土地所有权借以实现的经济形式。"一切形式的地租,都是土地所有权实现自身、获取增值的形式。

地租分为绝对地租和级差地租两种。以土地的租金为例,绝对地租是任何土地都必须交纳的那部分地租,以体现土地所有者的财产收益权,因此,与绝对地租相关联的是资源的所有权。而级差地租是指由于生产条件较好所出现的超额利润。马克思认为,级差地租是不同土地或同一土地上由于土地肥力、相对位置或开发程度不同而形成的差别地租。在马克思的地租理论中,将级差地租分为级差地租Ⅰ和级差地租Ⅱ。级差地租Ⅰ是指等量资本投在不同等级的等量土地上所产生的个别生产价格与调节市场价格、垄断市场价格之间的差额,而级差地租Ⅱ指等量的资本连续追加在同一土地上,导致土地生产率不同而产生的级差收益。

地租的概念并不局限于"土地",可以泛指一切自然资源,"凡是自然力能被垄断并保证使用它的产业家得到超额利润的地方(不论瀑布、富饶的矿山、生产鱼类的水域,还是位置有利的建筑地段),那些因对地球的一部分享有权利而成为这种自然物所有者的人,就会以地租形式,从执行职能的资本那里把这种超额利润夺走"①。也就是说，地租与资源的垄断有关，凡是被垄断的资源都能够为资源的使用者带来超额利润，这部分超额利润的归属不是资源的使用者而是资源的所有者。与农民为使用土地支付地租一样，资源使用者需要向资源所有者缴纳租金，即经济地租（economic rent）或资源租，它是资源所有者凭借资源的所有权获得的经济收入，因此经济地租理论运用十分广泛。

根据马克思地租理论，水能资源存在着绝对地租和级差地租，即水能资源所有权人可以凭借水能资源权益获取水能资源租金，租值就是水能资源价值量大小的体现。由水能资源所有权产生的资源租属于绝对地租，而由水能资源点（电源点）坝址条件、水头大小所产生的租金差异，属于级差地租。水能资源的价值量就是绝对地租与级差地租之和。

（二）西方经济学地租理论

保罗·A. 萨缪尔森（P. A. Samuelson）认为，地租是为使用土地付出的代价；土地供给数量是固定的，地租量完全取决于土地需求者之间的竞争。他还认为，可以利用地租和生产要素的价格来分配稀缺的资源，而不收取地租会造成缺乏效率的以及不适当的使用方法。② 萨缪尔森的地租理论主要研究土地和其他自然资源的租金如何通过市场供求得以决定，其内容包括地租概念、地租的决定因素、地租与成本、地租与生产率。

萨缪尔森还用经济地租表示任何供给弹性不足的生产要素的报酬，他认为，土地并非唯一的、其报酬可称为经济地租的生产要素。地租决定于土地的供求关系所形成的均衡价格。由于土地供给缺乏弹性，需求就成为唯一决定因素，地租完全取决于土地需求者支付的竞争性价格。利用地租来分配资源，不仅可延缓资源的枯竭，而且也可以寻求在产量已定的情况下，生产成本最低的生产方式。

约瑟夫·斯蒂格利茨（Joseph Stiglitz，1996）认为，自然资源具有经济地租，关键特征是它的供给无弹性。不仅土地资源不会因为较高的地租大量增加供给，而且其他要素资源也具有相同的无弹性特征。因此，经济地租的大小完全由需求决定。③ 也就是说，自然资源的稀缺性是决定资源租存在，

---

① 方大左.《资本论》引读（第3卷）. 北京：中央编译出版社，1999：871.

② P. A. 萨缪尔森等. 经济学[M]. 北京：中国发展出版社，1992年第12版，第5编第27章。

③ ［美］斯蒂格利茨. 经济学（第十二版）[M]. 北京：中国人民大学出版社，1996：274.

以及租值大小的根本。

根据资源租理论,资源所有者向资源使用者收取经济地租,是实现资源所有权中的财产收益权的根本途径,既包括绝对地租,也包括级差地租。因此资源租的收缴与资源使用者是否盈利无关,凡是占有、使用了能够获取收益的属于国有的自然资源,均应缴纳资源租。如我国第二代资源税[①]的征收采取"普遍征收、级差调节"方式就是对资源绝对地租和级差地租的体现。在自然资源国有化的前提下,资源所有权的经济权益是通过资源租来实现的,表现为资源占有、使用、转让的有偿性,即资源开发权出让价款、资源税、资源费。

三、自然资源最优耗竭理论

美国著名经济学家、诺贝尔经济学奖获得者罗伯特·索洛(Robert M. Solow)提出,为使社会从一种资源存量中获得的收益净现值最大,资源(品)的价格不应与资源(品)边际成本相等,而应等于边际生产成本和这种资源未开采时的影子价格之和。资源的影子价格或资源净价格,便是资源权利金或稀缺资源租,只有当资源品的价格等于资源品边际生产成本和资源影子价格之和时,才能使不可再生的自然资源得到优化利用。这一研究结论被称为资源最优耗竭的第一个条件,即最优开发条件,[②]它阐明了自然资源合理开发与资源产品合理定价的关系。

哈罗德·霍特林(Harold Hotelling,1931)研究了资源存量的时间配置问题,即资源租和资源费与社会平均利率的关系,提出了被称之为资源最优耗竭的第二个条件:随着时间的推移,资源租须以利率相同的比率增长,即资源稀缺租的增长率应等于社会长期利率。当社会利率提高时,会促进资源耗用加快;反之,当社会利率降低时,则有利于减少资源的流失而起到保护资源的作用。这一资源最优耗竭条件被称为霍特林定理而广泛引用。[③] 其

---

① 1984年9月国务院发布的《中华人民共和国资源税条例(草案)》中,资源税按超率累进税率计算,对销售利润率为12%和12%以下的免征资源税,这一体现资源级差收益原则的资源税条例被理论界称为我国的"第一代资源税";而1994年后实施的《中华人民共和国资源税暂行条例》,对所有开采资源的单位和个人实行"普遍征收,级差调节",这一既体现资源绝对地租也体现级差地租原则的资源税条例被称为"第二代资源税"。

② 转引自封志明.资源科学导论[M].北京:科学出版社,2004.

③ Hotelling H. The Economics of Exhaustible Resources [J]. The Journal of Political Economy, Vol. 39, No. 2, 1931.

实质是自然资源的合理有限开发和保护条件，涉及资源租和资源费的合理调整。

四、边际机会成本理论

机会成本的概念由新古典经济学派提出。用机会成本确定自然资源价格，意味着将资源本身价值由原来的开发利润计入开发成本，同时未来所牺牲的收益也要计入成本。在无市场价格的情况下，用机会成本来间接计算资源价格，是通常采用的办法，因此机会成本理论被广泛用于自然资源定价模型（章铮，1996），其中边际机会成本（Marginal Opportunity Cost，MOC）理论模型是较为流行的一种。

MOC 理论认为，自然资源的消耗使用包括三种边际机会成本，即边际生产成本（MPC）、边际使用者成本（MUC）和边际外部成本（MEC）。边际生产成本是指开发利用一单位稀缺自然资源投入的直接费用，边际使用者成本是指用某种方式开发利用自然资源时所放弃的以其他方式利用同一个自然资源可能获取的收益。或者，由于资源的有限性，某一群体（或个体）对资源的使用意味着其他群体（或个体）对资源的使用权力丧失，从而给这些群体（个体）带来损失。而边际外部成本是指利用某一自然资源时给他人以及外部环境造成的没有得到相应补偿的损失部分，包括目前或将来的损失，也包括各种外部环境成本。边际机会成本可以用以下公式表示：

$$MOC = MPC + MUC + MEC$$

自然资源的价格相当于其边际机会成本，而边际机会成本是利用一个单位某种自然资源的全部成本。因此，自然资源的边际成本不仅包括生产者的财务成本，合理的利润，也要包括开发自然资源对社会、环境、他人造成的损失，并反映自然资源的稀缺程度变化影响。

MOC 理论还认为，资源的机会成本 MOC 表示由社会所承担的消耗一种自然资源的全部费用，在理论上应是使用者为资源消耗行为所付出的价格 P，当一种资源的价格小于 MOC 时，会刺激这种资源过度开发使用，而当一种资源的价格大于 MOC 时，则有利于抑制资源消耗。按照这一理论，资源品的价格必然大于其边际生产成本，等于边际生产成本加这种资源未开采时的影子价格之和，而初始资源的影子价格，就是稀缺资源租。

五、外部性理论与资源产权理论

外部性理论由马歇尔、庇古等人创立。所谓外部性（Externalities），是指私人成本或收益与社会成本或收益的不一致，即市场价格不能准确反映所有边际成本或收益。当私人成本高于社会成本而不能得到补偿时，将产生正外部性，即溢出效应；反之，当私人成本低于社会成本时，则为负外部性。斯蒂格利茨认为，外部性之所以出现，是由于个人或厂商的一种行为直接影响到他人，却没能给予支付或得到补偿。即这个人或厂商没有承担其行为的全部后果。因此外部性可以看作是价格制度运行不完善的事例。[①] 正外部性的典型事例如：上游居民种树、保护水土，使下游居民的用水得到保障，在没有补偿的情况下，社会收益大于私人收益；而负外部性的典型事例如：上游过度引水发电，造成河流出现减水、脱水段，大量水生鱼类生物面临灭绝威胁，对下游居民取水、灌溉造成不利影响。

自然资源开发生产过程中所产生的负外部性有多种表现。其一是，微观企业盈利目标与国家资源战略目标存在差异，如节约资源与扩大再生产的目标差异等，这种目标的不一致是经常存在的；二是资源开发生产过程中造成对周围环境、对居民利益的损害；三是资源企业通过开发出售不可再生的自然资源盈利，造成耗竭性资源代际分配失衡问题，此外，还存在因企业垄断资源造成对公平的损害等。由于这些负外部性的存在，使垄断资源的企业在开发利用资源的过程中，所支付的私人成本小于社会成本，即厂商存在额外收益。

市场对具有负外部性的产品会出现供给过量，而对具有正外部性的产品会供给不足，从而导致“市场失灵”。因此，对于外部性问题需要政府通过一定的资源管理政策手段进行调节。通常的调节方式有两种，一是通过征收资源环境税费，将边际外部成本加入到边际私人成本之中，实现外部成本内部化，通过提高制造负外部性的私人成本来反映资源生产活动对社会造成的边际损失，如环境污染等，这种解决外部性的调节税被称为“庇古税”或环境税。另一种调节方式是进行资源产权配置，通过产权交易使外部成本内部化，这就是著名的科斯定理。美国芝加哥大学法学院教授、诺贝尔经济学奖得主科斯(R. Coase)1960 年发表的《社会成本问题》提出，一旦产权设计适当，市场可以在没有政府干预的情况下解决外部性问题。

科斯认为，自然资源大多是没有明确产权边界的“共享资源”，如公共水

---

① [美]斯蒂格利茨．经济学[M]．北京：中国人民大学出版社，1996：138.

域、公共用地、大气层等。这些共享资源的特征是,每个人都可以使用这种资源而不能排斥他人使用的权利,于是每个人都会争相使用免费资源,致使共享资源利用过度,加速耗竭,从而产生“公地的悲剧”。如过度放牧的草地、过度捕捞的公共渔场、过度砍伐的森林等。因此资源开发利用的外部性通常都与共享资源的非排他性有关。科斯提出,如果界定资源产权,例如把公共渔场的捕捞权或者公共草场的放牧权授给某个人的话,那么这个人就会有足够的激励制定有效的捕鱼或放牧规则,这时外部性就会消失。因为获得产权的人不仅会考虑短期利益,而且还会考虑长期利益,他向其他使用者索取的费用或作出的规定将有利于确保资源不被过度使用或耗竭。

水能资源开发既具有正外部性,也具有负外部性。在正外部性方面,政府通过制定能源政策、信贷政策给予了大量扶持,这当然是需要的。对于负外部性的解决,也制定了相应的移民政策、环保政策加以规避,然而现实中的实施效果并不理想。对于水能资源开发过程中产生的负外部性,必须更多地运用市场化手段来解决。其中最重要的,一是征收水能资源税费,二是按照产权理论,对水能资源产权进行市场化配置。这两项政策,都可以通过水能资源有偿使用制度来实现。

六、帕累托标准与卡尔多—希克斯改进

帕累托标准(Pareto Criterion)是福利经济学中的重要标准,由意大利经济学家维弗雷多·帕累托提出,其主要内容是,如果从一种社会状态到另一种社会状态的变化,至少使一个人的福利增加,而同时又没有使任何人的福利减少,那么这种变化就是好的,是社会所希望的,这种变化也称为“帕累托改进”,即向帕累托最优(效率)状态的改进。

然而,帕累托标准往往是一种理想追求,现实中普遍存在的情况是一部分人福利增加会使另一部分人福利减少。经济社会中某些人(群体)的自利行为免不了会损害另一些人的利益。对此,英国经济学家卡尔多和希克斯提出,假如某种变革可以使收益者的收益大于受损者的损失,那么总的利益还是增大了。如果受到损失的人可以被完全补偿,而其他人的福利比原来有所提高,那么这种政策仍然是一种好的改进。这一检验标准称为卡尔多—希克斯标准(Kaldor - Hicks Criterion),也称为“卡尔多—希克斯改进”。

按照帕累托的标准,只要有任何一个人受损,整个社会变革就无法进行;但是按照卡尔多—希克斯标准,如果能使整个社会的收益增大,变革还

是可以进行的，无非是确定适当的补偿方案问题。因此，如果存在着“卡尔多—希克斯改进”机会的话，就必须使其中的利益受损者得到应得的补偿。此时，只要实行了必要的补偿，就可以在不损害他人利益的前提下创造出新的利益，所以它本质上仍然是一种“帕累托改进”。

在水能资源的开发及水电站运行过程中，难免会使一部分人的福利受到损失，如产生大量非自愿移民，当地群众取水难度增加，淹没区清库导致大量林木被伐、生态环境受损，五年以上的长时期施工导致当地道路严重破损、交通拥堵、尘土飞扬、噪声污染。但水能资源的开发是对可再生能源资源的利用，从全球整体来看，可以替代、缓解人类对煤炭、石油等耗竭性资源的过度依赖，并因此减少温室气体排放，使人类居住的地球环境得到有效保护。从区域整体来看，能生产大量的清洁能源，促进经济社会的可持续发展。因此水能资源的开发大多都符合卡尔多—希克斯标准，即整体收益大于局部损失，但需要权衡利弊，以水能资源开发的收益来对局部受损环境、局部受损人群进行补偿。而水电收益无非通过电价和电量体现，无价的水能资源、过低的水电价格都无法实现充分补偿，因此短期内的当务之急是在西部地区先行建立水能资源有偿使用制度，长期对策则是建立水电价格的市场调节机制。只有全面实现水能资源的有偿使用，才能建立起能够反映能源市场供求和资源稀缺状况的电价市场化机制。

第三节　国内外研究概述

一、国外研究现状

西方经济学体系中，自然资源由市场机制来进行配置，水能资源的有偿使用是一件理所当然的事情，有关文献均从自然资源经济租的角度来看待水能资源有偿使用。总体来看，国外研究水能资源有偿使用制度的专门性成果较少。

马克·斯托弗和戴安·利尔（Mark R. Stover, Diane Lear, 2003）执笔、由美国国家水电协会（National Hydropower Association, NHA）提交的《第三届水论坛——国家报告》，对美国水能资源开发和管理制度进行了较为详细的阐述，包括美国联邦政府对水电项目的规定、对非联邦政府水电项目的规定、大坝安全与公共安全、联邦能源监管委员会（FERC）对水电的规划管理等，其中最重要的制度就是美国的水电开发许可证制度,涉及美国水能资源开发中的资源环境补偿、保证金收取等一系列水能资源有偿使用方面的法律规定。[①] 美国许多州的法律规定,水资源与土地所有权紧密相连,水权是土地所有权的一个组成部分。因此美国联邦能源法(Federal Power Act)规定,由联邦能源监管委员会(FERC)负责向联邦土地上(或占用了联邦土地)的水电站收取土地使用费。2002 年美国总审计署在对 FERC 的水电站联邦土地使用费进行了为期 2 ~3 年的调查研究后形成了一份报告,报告中采用净收益法来测算水电站所在的联邦土地对水电价值的贡献。通过样本分析,FERC 所收取的费用不到其价值的 2% 。由此得出当前所收取的费用过低的结论,并要求 FERC 对该费用进行重新估算,形成一套更能反映联邦土地对水能价值的贡献的收费方案。[②]

米切尔·罗斯曼(Mitchell P. Rothman,2000)研究了水能资源租的评估与分摊问题。他在世界银行出版的研究报告(Measuring and Apportioning Rents from Hydroelectric Power Developments)中,概述了水能经济租的定量评估方法。罗斯曼提出的水能资源定量计算步骤和方法为:①对水电站发电和输送电的会计成本进行合理调整;②选择成本最低的可替代发电类型,并估算其发电的全部成本;③以两者的全部成本之差作为水电站的经济租值。④若存在竞争形成的市场电价,则可以直接估算水电经济租,即以市场电价减去水电全部成本便可得到水电资源的经济租值。报告还研究了有关界河水能资源所有权的国际法条例,提出开发界河水能资源的租值分配理论和原则,以及针对不同类型界河电站的租值分配方法。对于处于河流上下游的国家,按各自境内的发电水头占总发电水头的比例,对水电经济租进行分配;而对处于界河两岸的,由于无法明确区分水能资源的所有权,其水电经济租通常在两国间按五五比例进行分成。此外,由于流域的龙头水电站能够改善下游电站的来水特性,因此应当从下游电站的收益中获取一定的回报。[③]

---

① [美]Mark R. Stover,Diane Lear. 第三届水论坛国家报告——美国水电的开发[J]. 赵建达,杨梻译. 小水电,2005(4).

② FERC,Charges for Hydropower Projects' Use of Federal Land Need to Be Reassessed,2003.

③ Mitchell P. Rothman. Measuring and Apportioning Rents from Hydroelectric Power Developments [M]. World Bank,2000 -7.

戴维·吉利恩和让－弗朗索瓦·温(David Gilien, Jean－Francois Wen, 2000)估算了电力市场改革背景下的加拿大安大略省的水电经济租值问题，提出现行水能资源租的标准过低，政府应该提高征收标准，以获取这部分资源收益作为安大略的潜在税收来源。[①] 这一研究的背景是，加拿大各州对水电站利用水能资源发电征收额外经济租。如安大略省1998年电力法(Electricity Act 1998)明确规定，水电站除了缴纳正常的税费之外，还需要每年向财政部门缴纳一笔水资源租金(Water Rental Charges)，其数额等于每年电站售电总收入的9.5%。[②] 这部分水资源租金就是水能资源所有权者获得的资源收益，是水能资源有偿使用费用，虽然安大略省水力发电的水能资源租金占电站收入比例较高，但该国学者研究认为仍然偏低，应该大幅提高(甚至10倍以上)。

克里斯蒂安·安德森(Christian Andersen, 1992)对挪威的水能资源有偿使用形式进行介绍，挪威政府主要通过税收的形式向水电站收取水能资源租金，如特定的水电收入税、高税率的企业所得税、特许权税(General Excise Tax)以及资源地租税(Resource Rent Tax)等。埃里克·阿穆森和西格维·约塔(Eirik S. Amundsen, Sigve Tjotta, 1993)对市场化行业重组前后的挪威水电部门对比研究，构建了反映区域差异、发输配综合平衡的模型，来估算市场化后的水电租值。

西尔维娅·班菲、马西莫·菲利皮尼和阿德里安·缪勒(Silvia Banfi, Massimo Filippini, Adrian Mueller, 2005)结合欧洲电力市场化改革情况，按电站类型、装机规模分类估算各类电站的平均发电成本，以不同时段的市场电价为基础，定量计算了瑞士水电站在竞价条件下所能获取的经济租，并对市场现货电价波动给水电租值产生的影响进行了敏感性分析。[③]

巴西是水能资源开发程度较高的国家，近年该国通过竞标方式将众多水电大坝特许权以出售方式授予私营企业，同时收取高额的保证金。J. A. 索布里诺(2002)研究了巴西政府对私营水电公司实施的新管理制度，其中

---

① David Gilien, Jean－Francois Wen, Taxing Hydroelectricity in Ontario[J]. Canadian Public Policy, 2000, 26(1).

② 王左权．我国水电站水资源费定价机制研究[C]．华北电力大学2008年硕士学位论文。

③ Silvia Banfi, Massimo Filippini, Adrian Mueller, An Estimation of the Swiss Hydropower Rent[J]. Energy Policy, 2005, 927－937.

重点是针对私营水电公司在开发程序、水电特许权授予、竞标程序等方面的制度。①

戈帕尔·斯瓦科提·钦坦(Gopal Siwakoti' Chintan',2004)通过对尼泊尔境内两座水电大坝的案例研究认为,在与当地人群和受影响社区的利益分享方面,大型电力水坝项目存在着理念上和方法上的严重缺陷。尽管国际人权框架作为经济权和社会权已经存在了50余年,不少政府和大坝修建者仍然不愿意承认利益分享的理念和方法是关乎人权的重要因素。对此戈帕尔提出,在尚无大型水坝工程方面的专门条约或协议的情况下,世界大坝委员会的框架堪称最和谐的全球框架,很容易被接受,应代为发挥此类条约或协议的作用,直到有朝一日在这方面制定了具有法律约束力的国际公约。②

国外水能资源开发管理理念和水能资源有偿使用研究,为我国探索市场经济条件下建立健全水能资源的开发管理制度提供了可借鉴的思路。

二、国内研究现状

国内对自然资源有偿使用的理论研究较早,涉及水权研究、水资源有偿使用方面。但是对水能资源有偿使用制度方面的研究是从21世纪初才开始的,近年逐渐有所增多,研究内容包括:地方水能资源开发权有偿转让实践、水能资源价值理论、水能资源资产价值测算、水电站水资源费的定价机制、水能资源产权制度等。

叶舟(2002)最早研究水能资源开发权有偿转让制度问题,他针对水电市场发展最快的浙江省小水电开发中出现的各种矛盾冲突,运用新制度经济学理论,提出了进行资源产权配置,有偿出让水能资源使用权,使国有资源的所有权和使用权分离,并通过市场化资源配置使社会福利达到最大化的观点。浙江省于2002年在全国率先推行水能资源开发权有偿出让制度,这在我国水能资源的开发史上具有开创性意义。水利部将浙江省实行水能资源有偿出让制度的做法列入了《中国水力发电年鉴2001—2002》。

叶舟、马瑞(2006)对浙江省水能资源开发权有偿转让实践进行了系统

---

① [巴西]J. A. 索布里诺. 巴西实施新的私营水电方案[J]. 朱晓红译. 水利水电快报,2003(9).

② [尼泊尔]Gopal Siwakoti' Chintan'. 大型电力水坝项目利益分享的理念与方法:尼泊尔的经历[A]. 联合国水电与可持续发展论文集(2004).

性总结和理论探索。他们提出,市场经济条件下,即使是通过机会均等条件下的竞争而形成的垄断,垄断所造成的垄断价格和利润率高于完全竞争条件下的市场价格和平均利润率,因此有必要使高于社会平均利润的那部分“垄断利润”归于财政,这符合资源配置的补偿原则。水电资源通过市场配置,确定投资开发业主的同时,产生一个资源开发权转让价格,开发者按这个价格支付资源费,这个资源费就是政府资源配置补偿收入的一部分。另一方面,由于水能资源开发会影响当地居民对水资源这一公共物品的消费,如引水或跨流域引水在明显增加开发商经济效益的同时,造成了当地减脱水河段居民用水不方便,因此居民和开发商都需要一种制度来界定他们的权利和义务。在小水电资源开发作出集体选择后,投资者由于引水或跨流域引水造成居民用水不方便,就应在投资开发成本中增加库区和下游居民的补偿金,对受损居民进行经济上的补偿。在水能资源有偿出让的基础上,初步建立起以资源、经济、生态等“三大补偿机制”为核心的水能资源开发新模式。

在水能资源价值理论研究方面,国内学者形成了基本一致的观点。张瑞恒、侯瑞山(2003)提出,水资源地租的存在具有客观性,作为地租的一个独特形式或类型的水资源地租,其实质是水资源所有权借以实现的经济形式,即价值增值的形式。他们认为,水资源地租可分为级差地租、绝对地租和垄断地租三种类型。水资源地租理论的价值在于发挥其具有的三大经济社会功能,即产权运营功能、价格功能和利益调节功能,特别是在水资源经济运营机制上,为如何界定与处置租、费、税三者之间的界限和关系提供了基本依据。袁汝华、毛春梅等(2003)提出,为水能资源本身而支付资源地租,有利于加强水能资源的保护和科学管理,它应该是水能资源价格的主要组成部分。沈菊琴、万祖勇等(2008)研究认为,水能资源作为一项资产,可为持有主体带来经济收益,应当使用资产管理方法进行管理,以实现价值最大化。随着市场经济的建立和完善,水能资源走向市场成为必然,水能资产管理的科学化、系统化体系亟待建立。王左权(2008)提出,开发水能资源能够形成较大的“经济租”,这种“经济租”是大自然赋予的额外收益,资源开发者并不应该获取这部分租值,他们只应获得正常利润(资源回报率及企业家报酬),“经济租”的存在必然引发由谁享有以及如何分配的问题,而这将由不同经济制度下的产权制度来决定。

一些学者研究了水能资源的价值计量模型，提出了不同的评估计量方法。如袁汝华、毛春梅等提出了水能资源资产价值测算的“再生产模型法”和“替代措施法”，并运用替代措施法对黄河干流7座水电站水能资源价值进行测算。王左权（2008）对我国水电站水资源费定价机制进行研究，提出可用产品价格系数法、地租空间法两种方法，来测算水电站水资源费的征收标准，并运用地租空间法对我国部分省区的水力发电水资源费进行测算，以此作为调整不同省区水能资源租值征收标准的依据。

我国水能资源有偿使用制度目前还处于探索阶段，实践中出现各种问题在所难免，对于这些问题如何解决，部分学者进行了研究。袁俊、唐娅兰（2007）提出了水能资源招标拍卖中存在的违规及监管问题。他们认为，通过招标、拍卖等方式出让水能资源，打破了水能资源出让市场的垄断格局，促进了投资主体多元化，是科学、高效配置资源的最佳选择。但现实中存在着对招标、拍卖过程监督管理力度不够、招标拍卖不按法定程序操作等问题，影响了其最佳效果的实现。特别是凭关系、暗箱操作配置资源，或者不严格按照招标拍卖等市场竞争手段选择条件最适合的开发商，使不具备开发能力的单位和个人采取各种手段获取水能资源开发权后，又无力开发，造成资源浪费，严重影响了水能资源开发使用权的出让环境，损害了国家利益，扰乱了水能资源的出让市场。对此，必须通过加强立法、加强对水能资源招标拍卖的监督管理来规范市场，确保水能资源出让的合法性。沈菊琴、万祖勇（2008）针对国有水能资源资产流失状况提出，完善水能资产管理及核算体系，积极推进电力体制改革，引入市场机制拓宽融资渠道，建立健全水市场，保证水权的合法交易流通等措施，是实现水能资源资产化的重要途径。

高登奎、沈满洪（2010）从水能资源产权关系的角度，研究了水能资源产权租金的分解形式并提出，在产权变迁追逐效率的经济规律下，水能资源产权分解的必然结果是开发权出让金和水资源费并存，其本质是国有产权收益和外部性内部化的体现。由于清晰界定水堤址、水域和堤址高度差的产权属性相对比较容易，这部分产权属性必然进入私有产权状态，国有产权收益就表现为开发权有偿出让金；而难以界定的水体水量产权部分，会继续停留在国有产权状态，国有产权收益就表现为水资源费。在策略层面，它让市场自动选择较好的投资者而使开发权有偿出让金最大化，同时可借助水资源费来调节小水能资源点的开发数目，以达到有效协调经济效益、生态效益和社会效益的效果。

王远明（2010）研究了我国水能资源开发利用权的法律制度，认为我国的水能资源总体上处于无偿使用状态，“公地悲剧”现象频发。而水能资源开发利用正从计划经济条件下形成的基于行政命令的无偿划拨模式，转向市场经济条件下基于法律的有偿使用的市场化模式。国家《可再生能源法》对水能等可再生能源的开发利用引入了市场竞争机制，但未就水能开发利用权作出具体规定。现有国家级立法缺失和地方性立法有限发展的格局无法满足水能资源有效、有序、合理、公平开发和利用的需要。因此，水能资源开发利用权应当遵循有偿出让原则。水能资源开发利用权的内容，应当包括资源开发利用中出让方的权利和义务、资源开发利用中受让方的权利和义务等，构建和完善以水能资源开发利用权制度为基础与核心的水能资源管理制度体系和机制，为依法管理水能资源提供法律制度依据。

综上，国内外学者对水能资源价值理论、水能资源价值方面的初步研究，为进一步研究建立健全水能资源有偿使用制度提供了理论分析框架和基础。但是，当前对于水能资源有偿使用制度体系、我国现行水电站水资源费与水能资源租的关系，以及水资源费与水能资源价款的关系等方面的研究，还基本上是空白。而基于部分省区水能资源开发权市场化配置试点、资源招标拍卖实践的概括和探讨，也有待从实践层面上升到理论层面、从局部省市规范性文件上升到国家资源政策制度性层面，进行更为深入的研究，总之，需要在更高层面上规范水能资源有偿使用制度。

第三章 国外水能资源的开发管理

在中国2007年成为世界第一大水电生产国以前，加拿大、美国的水电发电量分别居于全球第一位、第二位，是水电开发历史悠久的国家。美国、加拿大等国的水电开发不仅技术成熟，更重要的是在水电管理方面积累了许多经验，包括一些先进的制度和理念，是非常值得我国在市场经济条件下制定水能资源管理制度借鉴的。

第一节 美国、加拿大水能资源开发程度辨析

美国国土面积937万平方公里，小于我国的960万平方公里。其水能资源主要分布在中西部地区，这与我国比较相似。然而美国从来没有官方的水能资源理论开发量数据，迄今比较公认的数据是由隶属于国防部的美国陆军工程师兵团（简称USACE）1979年提供的（贾金生，2010），该机构是美国最大的水能资源开发主体之一（其他两大主体分别是隶属于内务部的垦务局、田纳西流域管理局）。USACE研究认为，如果美国所有可以修建水坝的地方都修建水坝的话，那么装机容量可以达到512GW，即5.12亿千瓦。5.12亿千瓦这一数据也就被我国许多水电专家解读为美国的水能资源理论蕴藏量，[1]而美国的水能资源技术可开发容量仅为1.467亿千瓦，经济可开发容量为1.04亿千瓦，[2]分别占其水能资源理论开发量的28.7%和20%。

① 贾金生．国外水电发展概况及对我国水电的启示（二）[J]．中国水能及电气化，2010(4).

② 何学民．我所看到的美国水电——美国科罗拉多流域的水电资源管理思想[J]．四川水力发电，2006(5)：132.

相比之下,我国的6.94亿千瓦水力资源理论蕴藏量中,超过78%的资源都是技术可开发量,经济可开发量的比例也高达58%,超过4亿千瓦,是美国水电技术可开发装机和经济可开发装机容量的4倍。

通过对比上述两组数据,很自然会产生一个疑问,那就是,为什么在中美两国水能资源理论蕴藏量相差不太大的情况下,我国水能资源的技术可开发量和经济可开发量会高出美国400%?这其中的原因是很值得我们深入探究和思索的,美国的水能资源与我国的水力资源是同一概念吗?

我们不妨再对加拿大的水能资源量进行一番分析比较。加拿大国土面积991万平方公里,大于中国、美国的国土面积。加拿大素以地广人稀,各种自然资源极其丰富著称于世。根据我国水利部、水电局2007年组织的,由黑龙江水电局、新疆水电局、重庆水电中心参加的水电考察团对加拿大的考察报告,加拿大可开发的水电理论装机容量为1.63亿千瓦,技术可开发量年电量9810亿千瓦时,经济可开发量年电量5360亿千瓦时。① 另据《水电与大坝》2003年手册资料,加拿大水能资源理论蕴藏量年发电量为1332太瓦时,即13320亿千瓦时。② 相比之下,加拿大的水能资源理论蕴藏量不及中国水力资源理论蕴藏量60829亿千瓦时的22%,如果按理论装机容量,加拿大也仅为中国水力资源量的23.5%,不到中国的四分之一。以加拿大国土面积之大、水量资源之丰富,如此小的水能资源蕴藏量实在令人感到不可思议。难道是加拿大对水能资源的勘测技术不如中国先进或者详尽吗?或者是对水能资源蕴藏量的概念理解有所不同?这种与美国相同的水能资源反差情况进一步引起我们深思。

事实上,美国政府似乎也同样存在对这一问题的困惑。为了弄清楚美国到底有多少可开发的水能资源,1989年美国能源监管委员会组织进行了一次调查评估,得出的结论是,全国水电剩下的可开发资源装机量为7000万千瓦,而美国陆军工程师兵团的估计则高达58000万千瓦。面对如此大的分歧,美国能源部专门召开听证会进行讨论,结果各方一致认为,未被开发的

---

① 樊新中,程回洲等. 赴美国加拿大水能资源开发利用管理考察报告[J]. 中国水能及电气化,2008(4).

② TW·h、GW·h、MW·h以及KW·h均为发电量单位,分别表示太瓦时、吉瓦时、兆瓦时,以及千瓦时。1千瓦时即通常所称的1度电。其换算关系为:$1TW\cdot h=10^{3}GW\cdot h=10^{6}MW\cdot h=10^{9}KW\cdot h$,即1太瓦时等于10亿千瓦时,也就是10亿度电。

水能资源并没有一个合理的定义。[①] 显然,只有首先弄清楚"水能资源"的确切含义,在概念清楚的前提下,才能确定美国究竟还有多少水能资源可以开发利用。为此美国能源部专门召集美国工程师兵团、美国垦务局等机构进行查勘评估,并设计了一个简称为"HES"的评估软件,对所谓"可开发但未开发"的水能资源给出了具体的评判标准。这些标准包括:坝址是否在一个国家公园内,是否涉及国家草地,国家野生动物保护区或其他联邦土地,等等。涉及的上述因素越多,就越不可能开发,因而也就不能归入"水能资源"之列。1990 年美国公布的评估结果是,全国剩余的可开发但未开发的水能资源为 5290 万千瓦。美国对水能资源的评估过程高度公开透明,运用的评估软件和各种数据、处理方法都向社会公众进行了公布,任何一个有疑问的个人或团体都可以自行运用评估软件进行演算检验,提出不同看法,或做出评判。

然而,美国能源部对于全国 5290 万千瓦装机的水能资源剩余可开发量并不满意,于是从 1992 年开始不断进行修正,重点是将以前未纳入统计的 1MW(等于 1000 千瓦)以下的水电可开发容量进行了勘测统计。2004 年 4 月,美国能源部在其发布的报告《Water Energy Resource of the US with Emphasis on Low Head/Lower Power Resource DDE/ID—Ⅲ》中,公布了最新数据,美国水能的电力潜质为 30000 万千瓦,其中 4000 万千瓦已被装机容量为 8000 万千瓦的现有水电站开发,新型水电技术(波能发电、溪能发电等无坝发电技术)将开发 9000 万千瓦,剩下的 17000 万千瓦(占总量的 57%)则在开发以外——因用于航运、灌溉、供水、景观等而无法进行水电开发。在这个报告中,美国能源部显然对以前的水能资源概念进行了修订,将水能资源技术可开发量扩大到了以前几乎不考虑的中小河川径流能量,包括 1000 千瓦以下的水电、波能发电、溪能发电等,由此使美国的水能资源电力潜质达到 3 亿千瓦。显然,按照美国能源部这一新公布的数据,3 亿千瓦是美国水能资源的技术可开发量,其中 8000 万千瓦装机是已开发规模,因此美国的水能资源开发程度为 26.7%(按美国能源部说法仅 13.3%),并且也只有这 8000 万千瓦适合开发常规水电,而占美国技术可开发量 57% 的水能资源,都

---

① 何学民.我所看到的美国水电——美国科罗拉多流域的水电资源管理思想[J].四川水力发电,2006(5).

因各种经济社会因素不适合开发。

我国许多水电专家曾提出,美国的水电开发程度已超过了60%(水电装机容量/水电技术可开发量=9000/146700=61%),甚至80%以上(水电装机容量/水电经济可开发量=9000/104369=86%)。然而根据美国对水能资源外延的定义和2004年的新数据,我们可以判断,所谓的60%或86%水能资源开发程度是不成立的。

由此可见,对水能资源概念理解的不同,会导致结论的极大偏差。长期以来,我们一直是把陆地上河川径流的每一寸水头落差产生的水力资源都理解为水能资源或水电资源。[①] 然而美国、加拿大的水能资源概念并不是水力资源概念,或许根本就没有对技术上无法利用的水力资源量的勘测数据。准确地说,美国的水能资源是与我国的水力资源技术可开发量比较接近的概念,但它又是一个理论值,如美国能源部公布的30000万千瓦水能资源是"技术可开发量",其中的57%由于各种生态环境和经济因素都不适合开发水电,因此技术可开发量本身就是一个理论值,而水能资源的可开发量是指技术上可以开发、经济上具有开发价值、生态上又排除了影响鱼类生存环境和居民生产生活因而不适应开发的部分(通过政府和社会公众参与评估)。显然,水能资源不等于水力资源,水能资源的可开发量不等于水力资源的技术可开发量。因此,不能把水能资源、水电资源与水力资源画等号。这种概念上的模糊不清会误导实践,可能导致我国水能资源开发规模过大,如对流域每一寸水头采取"吸干榨尽"式的工程设计方案、水电站建设"齐头并进""遍地开花"等,就是把"水能资源"开发混同于"水力资源"开发产生的严重后果,把河流仅仅视为取之不尽的能源,可能导致流域水资源综合开发的失衡,进而危害河流水生态以及当地对水资源的其他利用方式。

---

① 这一观点可见于诸多水电专业杂志及业界有关专家的阐述,如《中国三峡建设杂志》2005年第6期发表的文章:报告成果彰显我国水利科技进步和对水电的新认识——就全国水力资源复查成果访水电水利规划设计总院副院长晏志勇。该文中,专家提出,水力资源是我国四大常规能源资源(煤炭、石油、天然气和水力)中很重要的组成部分。这次水力资源复查的范围是理论蕴藏量1万千瓦及以上的河流和单站装机容量500千瓦及以上的水电站。很显然,在此水力资源与水能资源、水电资源都是同一概念。

第二节　美国水能资源开发管理的特点

美国是世界水电技术的发源地。作为全球经济、科技最发达的国家，美国早在20世纪30年代水电开发技术和管理水平就已居于世界领先地位。[①] 根据美国国家水电协会（National Hydropower Association，NHA）2004年向第三届世界水论坛提交的报告，美国的水电装机容量约为90GW（9000万千瓦），2005年美国水电发电量3000亿千瓦时。占全国发电总量的7%，[②]而20世纪初这一比例曾高达40%。近年来由于环保因素影响以及水资源量减少，美国的水电发展处于平稳状态，水电装机基本稳定在占电力总装机的13%左右。

一、水电开发集中于三大流域

美国的水电资源开发主要集中在哥伦比亚河、科罗拉多河和田纳西河三大流域，特别是西北地区的哥伦比亚河流域。哥伦比亚河流域所在的华盛顿州、俄勒冈州、爱达荷州三州，流域面积占美国的7.2%，可开发水能资源却占37%。美国20世纪初曾在此地区大力开发水电，建立起了世界最大的水电系统——美国西北地区电网系统。位于哥伦比亚河流域的华盛顿州水电装机容量达2183万千瓦（1997年），水电年发电量781.62亿千瓦时，占全州总发电量的85.3%。爱达荷州、俄勒冈州水电占总发电量的比重也分别高达90%和80%。[③] 美国最大的水电站——大古力水电站（Grand Coulee）就位于哥伦比亚河上，该电站由美国垦务局1941年建成，装机容量649.4万千瓦，主要功能为发电、娱乐、航运、灌溉、渔业及野生动物栖息。而流经美国中西部的科罗拉多河流域，建有著名的胡佛水电站。

哥伦比亚河流域的29座水电大坝，均由美国工程师兵团、美国垦务局两家联邦政府机构共同开发，不仅具有洪水控制、灌溉功能，提供鱼类洄游设施、鱼类和野生物种的栖息地，而且具有发电、航运和娱乐等综合效益。大

---

① 何学民．我所看到的美国水电——美国哥伦比亚河流域的水电开发及其特点[J]．四川水力发电，2005(4).

② 贾金生．国外水电发展概况及对我国水电发展的启示（二）[J]．中国水能及电气化，2010(4)：9.

③ 樊新中，程回洲等．赴美国加拿大水能资源开发利用管理考察报告[J]．中国水能及电气化，2008(4).

型水电站的修建，促进了纵横交错的超高压输电线路的建设，推动了美国西部电网的发展和与其他电网的联网，同时也带动了其他私营公司投资修建其余的中小水坝。目前，美国工程师兵团运行管理着其中的22座水电大坝工程，而垦务局管理着9座，两大机构的31座大坝包括了美国西北地区50%的水电装机。此外，美国西北地区的水电厂商还包括市政府下属的公有公用事业公司、股东拥有或独立发电商的私有公用事业公司，以及灌溉区、合作社等水电生产商。

二、水电开发与流域经济社会发展目标高度融合

综观美国流域水库大坝的开发建设历史，其初衷大多都是灌溉、航运、洪水控制等，或以流域综合开发整治促进边远落后地区的经济发展，水电只是一种附属产品，绝对不是主要或唯一开发目标。

据统计，美国有6191座15米以上的大坝（以国际大坝委员会ICOLD统计标准），按主要功能分，1685座坝以防洪为主，1022座坝以供水为主，1033座坝以水上娱乐为主，886座坝以灌溉为主，105座坝以航运为主，仅543座坝是以发电为主，[①]其功能统计见图3-1。

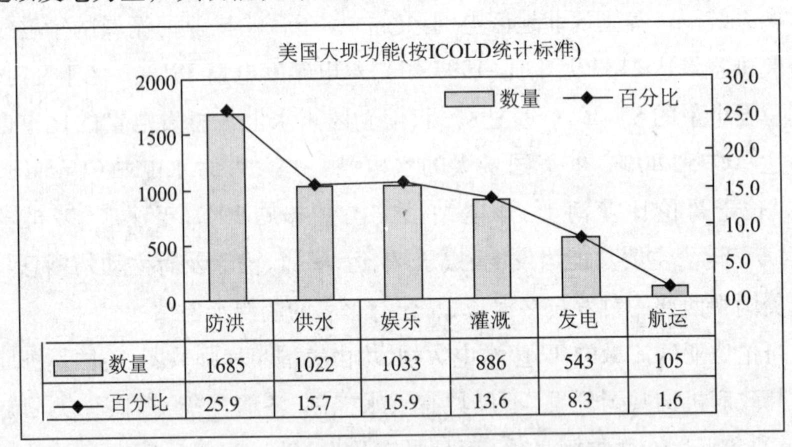

图3-1

注：ICOLD指国际大坝委员会，是英文International Commission on Large Dam的首字母缩写

① 贾金生．国外水电发展概况及对我国水电发展的启示（二）[J]．中国水能及电气化，2010（4）．

此外，水力发电与抽水耦合是美国水电的又一特点。在用电高峰时发电，而在用电低峰时抽水蓄能。当需要提水灌溉时，使用水坝发出的电力来驱动水泵等提溉设施。这种水力发电与抽水蓄能耦合的开发方式，可以使水电在用电低谷时不会产生弃水浪费，而在用电高峰时不会短缺，从而在电力系统中起到枢纽平衡作用。如大古力电站的开发方案中，设计从水坝形成的罗斯福水库抽水到 EQUALISI 水库，为哥伦比亚高原的一系列灌溉渠道供水，并通过水电产生的收入补贴灌溉。

为了更清楚地阐述美国水电开发与流域经济社会综合发展目标的协调性和高度融合，我们以哥伦比亚河流域和田纳西河流域的综合开发进行分析。

（一）哥伦比亚河流域综合开发

哥伦比亚河流域开发首先是为美国西北地区提供灌溉条件，水坝工程的修建目的就是提供灌溉用水。20 世纪 30 年代由美国国会表决并授权，修建“具有控制洪水、改建航运、调节水位、为公有土地和印第安保护区提供灌溉以及其他效益的功能”的水坝，从而使西北地区成为美国的粮仓，美国的“面包篮子”和“菜篮子”。哥伦比亚河的龙头电站也是全美最大的水电站大古力电站，灌溉了哥伦比亚河流域一半以上的土地，为社会提供了巨大的野生动物保护区和人类娱乐活动区，同时也在洪水管理中发挥了重要作用。因此大古力水坝准确地说是典型的水利工程，具有十分明显的公益性特征，所以这一工程是由美国国会拨出专款作为启动资金修建的。只是在建设过程中，由于第二次世界大战爆发，美国对铝的需求飞速发展，为西北部炼铝工业提供电力成为战争时期的优先任务，因此大古力水坝的发电功能在战争时期被提到了首位，电力以本地消化为主。在战争期间，负责修建大古力水坝的垦务局成为西部地区主要的电力生产商。该地区以低成本电力吸引大型国防工业、大批造船厂、钢厂、化工厂、炼油厂以及汽车和飞机制造厂聚集，使得以美国铝业、波音为代表的高载能企业在该区域大力发展起来，廉价的水电有力地促进了美国西北部地区的经济发展。

“二战”结束后，大古力水坝的功能重新被定义为灌溉，[①]与大古力水坝

① 何学民．我所看到的美国水电——美国哥伦比亚河龙头电站大古力及中外水电的对比研究[J]．四川水力发电，2005(S1)．

配套的灌溉工程哥伦比亚河谷工程(CBP)于1945年动工修建,利用水电所产生的收入补贴灌溉。由于水利大坝工程创造的灌溉设施条件,哥伦比亚流域农作物在1962年到1992年期间产量翻了一番,成为美国著名的粮食、水果和蔬菜产区,极大地促进了当地农业的发展。从这一功能来看,大古力水坝不仅是美国最大的水电站,也是美国最大的水利工程之一。

(二)田纳西流域综合开发

美国密西西比河的田纳西流域综合开发和管理,被誉为美国历史上由联邦政府成功进行地区协调开发的典范,田纳西河流域的水电梯极开发,也成为世界水电开发的成功典范。水能资源开发与区域经济社会的协调发展在美国田纳西流域综合开发中得到更加充分的体现。

田纳西河流域处于美国经济不发达的中南部7个州,19世纪末由于土地过度开垦,导致那些地区山洪泛滥、土壤贫瘠,自然生态环境恶化,当地居民穷困潦倒。罗斯福总统实行"新政"时期,针对美国历史上前所未有的经济大萧条,美国国会制定了"最重要、最具深远意义"的《全国产业复兴法》。在这种历史背景下,1933年美国国会批准成立田纳西流域管理局(Tennessee Valley Authority,TVA),负责全面实施田纳西流域的开发治理。TVA这个至今尚存的联邦机构,拥有政府的权力,但按公营公司从事经营,同时兼有私营企业灵活机动的经营风格。

田纳西流域开发的首要任务,是恢复当地自然生态环境,控制田纳西河干支流洪水,解决土壤侵蚀问题,恢复发展土壤肥力。为此TVA新建了50多座水利大坝,改造了5座原有水坝,有效地遏制了洪水的泛滥。同时,TVA还向当地农民进行合理垦殖示范,对陡坡实行退耕还林,改良土壤,开展植树造林,在那里开创了美国地区性社会试验的典范。

水电资源的开发利用只是田纳西流域开发的附属产物。在50多座水坝中,安装有水力发电机的只有33座。[①] 据田纳西管理局网站(http://www.tva.com)资料显示,TVA目前拥有田纳西流域的29座常规水电站和抽水蓄能电站的水电生产设施,并承担为田纳西河谷地区供水、改善水质、防洪、发放取水许可证等水资源管理以及发展航运、娱乐等职责。在田纳西河

① 何学民.我所看到的美国水电——美国田纳西流域水电梯级开发布局及借鉴意义[J].四川水力发电,2008(1).

流的瑙克斯威尔到田纳西河汇入俄亥俄河之间的1005.81公里长的干流上，修建有肯塔基、皮克伟克、韦尔森等9座水电站，但这9座坝水电工程的水头都较低，发电装机容量都只能算是中型，最大的也仅六十多万千瓦，并且都建有船闸，以方便驳船航行。田纳西河流域水电为当地硝酸盐生产、化肥工业发展提供了充足廉价的能源，而大量化肥被投入到当地的土壤改良和治理中，为农业发展和自然条件的改善提供保障。廉价的水电还优先出售给当地的农业合作机构和广大农村地区，使穷乡僻壤焕然一新。随着电力生产能力的扩大，TVA不断降低电价以刺激当地电力使用量和电力使用范围扩大。到20世纪60年代，田纳西流域地区的人均耗电量达到全美国人均耗电量的3倍，每度电的价格不到1美分，仅为全美国当时平均电价的50%，至今这一地区的电价仍不到全美平均电价的80%。

田纳西河流域开发的另一重要成就，是开凿了一条长650英里，最低深度9英尺的内陆水道，使南方内地与北美五大湖、俄亥俄河及密苏里——密西西比河水系连接起来，从而发展了当地的内陆航道水运，使区域经济发展的区位条件得到了极大改善，吸引了新的工业投资，缩小了田纳西流域与经济发达地区的差距。

三、州水权法律下的水资源管理

水能资源开发属于水资源开发的一种方式，而在美国没有全国统一的水资源管理法规。水资源属于州所有，水资源管理基本以州为主，按州水权法律进行管理，呈现出明显的地区差异性。如美国东部采用河岸权（Riparian Doctrine），美国西部采用优先专用权（Prior Appropriation Doctrine）。涉及州与州之间的水资源问题，要靠签订协议或法案来处理。因此要开发一条涉及多个州的流域水能资源，这在美国法律上并非易事，即使是联邦政府机构来进行开发，也必须经过流域所在各州政府和民众充分商议。如为了推进流经美国西部7个州的科罗拉多河流域开发，当时担任美国财政部长，后来当选为美国第31届总统的胡佛，不得不亲自奔波于该河所流经的各个州进行反复协调。7个州的州政府为此签署了一系列有关河流水资源分配的法案和协议，如科罗拉多河流1922协议、博德峡谷工程1928法案、科罗拉多上游1948年协议、科罗拉多河流蓄水工程1956法案、科罗拉多水库调度协作协议、1992年大峡谷保护法案、2001年科罗拉多内部水量富余法案等，这些法案的签署必须经过7个州签字通过，以保护流域各个州的水权和水量分配，避免由于水电开发造成各州水量资源分配矛盾。由于胡佛对科罗拉多河流域开发的贡献，该流域最大的水坝被命名为“胡佛水坝”，是当时世界第一大坝（高221.28米）。

美国的水电生产商包括联邦政府机构、私有部门、公共部门和合作机构。其中，联邦政府机构所拥有的水电装机约占44%，私有部门占35%，非联邦政府的公共部门占21%，合作机构约占3%。负责开发建设美国水利水电工程的联邦政府机构，主要有隶属于国防部的陆军工程师团（USACE）、隶属于内务部的垦务局（USBR）、由国会授权的田纳西流域管理局（TVA）。水电只是流域水资源综合开发利用的形式之一，联邦政府开发的水坝工程大多还同时具有防洪、航运、供水、灌溉、生态环境保护等多种功能，而这些社会效益和环境效益对美国而言更加重要，也是燃煤发电和核电工程不可替代的。因此这些工程大多都具有水利工程特点，许多是以发电收入来弥补灌溉、防洪、供水、环保等方面的投入，这是与电力市场化中那些以发电为唯一功能的水坝，以追求经济效益最大化为宗旨的水电开发商无可比拟的。

在20世纪西奥多·罗斯福执政时期，美国推行新的电力发展政策，确立了公共所有权原则，并制止水利电力基地的投机活动。按照优先权法规定，内政部长可以根据自己确定的管理条例批准水利电力建设的优先权和自行决定取消某项水利、电力建设工程的特许权。据此罗斯福政府收回了29条河流的开发权，并对这些河流的电力建设和使用进行收费。塔夫脱当选总统后继续执行这一政策，又收回了97条河流。①

第三节 部分国家的水电开发许可证与收费制度

一、美国的水电许可证制度

美国对水能资源开发实行有期限的许可证制度和征收使用费制度。水电工程需获得联邦能源监管委员会（Federal Energy Regulatory Commission，FERC）颁发的许可证（Relicensing）才能运营。在美国共有2162座经FERC

① 何学民．我所看到的美国水电——美国科罗拉多流域的水电资源管理思想[J]．四川水力发电，2006(5)．

批准许可的水电站。[1] 水电许可证有效期限一般为50年，到期的水电站需要重新申请换证。

20世纪美国建成的许多水电站，近年已陆续到期需要重新评估换发许可证。90年代美国水电站进入了换证高峰，需要换证的水电站涉及全美国39个州300多个项目，超过3000万千瓦装机容量，约占美国全国水电装机容量的1/3，其中大部分位于美国西部地区。

美国的水电许可证申请和换证目前面临着生态环境保护的压力和挑战。按照联邦电力法案的规定，水电站新许可证的审核必须以美国新的环境法为标准，如《清洁河流法》《濒危物种保护法》等，需要由州、联邦环境资源管理部门、非政府咨询公司等共同对水电站的环境影响进行评估，并由地方相关利益方及司法机构参与完成。对工程的环境影响评价与大坝安全评估被列为同等重要的地位，其中对洄游性鱼类的保护和河道生态调度与修复等的影响评估至关重要，为此电站业主往往需要投入巨资进行技术改造，以减轻对生态环境的负面影响。

根据各种生态环境保护法，重新申请许可证要评估各种环境影响因素，主要内容包括：①强制性的鱼道；②水库下游河道最小生态水流流量；③水质变化情况；④河道变化状况；⑤鱼类变化情况；⑥文化资源的保护；⑦娱乐社会资源；⑧景观和土地资源的管理。其中FERC对所监控水电站有文化资源保护的指导责任和增加娱乐机会的督导作用，并且得到FERC批准的文化资源和相关娱乐文件可用于美国低影响水电的认证。此外，根据美国联邦环保署制定的《美国清洁河流法》(US Clean Water Act)第401章要求，要获得水电许可证必须先取得水质合格证书，该证书由当地州生态部门负责颁发。由于严格的环评标准，水电工程的水质合格证书往往难以取得，需要新增实施一系列水保工程措施。此外，水电许可证评估还涉及大坝安全运营和维护、相关利益团体和当地居民利益维护等内容。

在许可证的审批中，联邦能源监管委员会需要对水电站涉及各方利益冲突权衡利弊，因此其审批发证过程十分漫长，往往需要8～10年时间，电站

① National Hydropower Association. 第三届世界水论坛报告：美国水电的发展. 赵建达编译。

厂商还要花费数百万美元。[1] 被拒绝发给新许可证的水电站，到期必须拆除。正是由于新的水电站许可证申请和换发进度缓慢，导致美国近年水电装机容量和水电发电量都有所下降。

二、挪威的水电开发许可证和审批条件

位于北欧的挪威王国是世界水电生产大国之一，其水电发电量排名世界第六位，几乎占整个欧洲水力发电总量的30%。[2] 尽管该国同时是世界著名的原油净出口国、欧洲天然气市场的第三大供应商，但水电发电量几乎长期占全国电力的99%以上。

挪威国土面积32.4万平方公里，其大部分领土在北极圈内，70%的面积为山地。挪威全国450万人口绝大部分集中在城市。由于受气候、地理条件限制，耕地面积只占全国面积的2%，农业不能自给，除生产少量土豆、谷物外，绝大部分农产品需从世界各地进口。对水能资源的大力开发利用，为挪威现代工业的发展奠定了基础，加上北海石油和天然气的开采，使挪威快速步入了现代化工业国，成为世界著名的福利制国家，社会安定，人民安居乐业。

挪威大量瀑布和自然湖泊为水电开发提供了极佳的条件，全国水能资源总蕴藏量为3800万千瓦，现已开发2762万千瓦，年发电1140亿千瓦时，目前共有水电站约600座，另有760万千瓦的蕴藏量因环境保护被禁止开发。[3] 在百余年的水电开发历史中，挪威一直是全球所有国家人均电力消费量最大的国家，人均年消耗电量达26000千瓦时，是我国人均年耗电量的30倍。这些电力几乎100%来自水电。因此即便从总量上看，这个只有450万人口的小国也是世界领先的水电生产大国。早在1879年，挪威便开始修建第一座电站水坝。1890年，挪威北部城市哈默菲斯特成为全球第一座建成市政电力供应系统的城市。由于挪威每年耗电量大，在晚上和枯水季节会面临水电供应不足问题，而周边国家中丹麦100%为热电，瑞典水电热电各半，芬兰水电占30%，考虑到火电的稳定性，目前已建成一条海底电缆，使挪威和丹麦、瑞典、芬兰等国的电网先后联网，从而实现了北欧诸国的电力市场一体化。

---

① National Hydropower Association. 第三届世界水论坛报告：美国水电的发展．赵建达编译。

② Norwegian Hydropower Development Process and the Problems[J]. International Water Power & Dam Construction . Wilmington Business Publishing . 2001 - 8 .

③ 刘奇志，凌玉标等．挪威水电资源的开发利用[J]．西北水电，2004(3).

许可证制度是挪威水电开发法规中最重要的内容之一，它确保了国家对水资源的所有权和开发控制权，以最大限度地利用水资源。由于水电资源的良好利润前景赋予了水权以新的价值，从而使水权在20世纪初骤然成为贸易和投机的对象，尤其是外国投资者的参与引起了普遍关注。于是挪威政府于1917年颁布了《河道管理法》(The Water Course Regulation Act)，该法成为大型水电项目开发方面最为重要的法令。根据这项法律的规定，通过蓄水调节河道水流须经政府审批以获得开发许可。

挪威对水电开发采用BOT制，对私人投资者有严格的期限规定。所有私人投资者获得开发许可证的一项重要前提条件是，开发建成的水坝和电站的一切水电设施，在开发许可期(通常为30年或60年)满之后应立即归还给国家，并保证其良好的运转状态。挪威民众和政界普遍的观点是，水资源和水能是一种永恒的自然资源，应该属于全体人民。投资者可以帮助开发和收获这些资源的利益，并公平分享经济收益，但是在特定时期之后，应将生产权和相关设施归还给国家。

挪威水电开发的审批条件还包括：开发商应对造成的任何损失进行充分的经济补偿，对公共利益，如健康、教育和当地就业承担义务等。此外，当地市政府还有权以生产成本价征用特定数量的电力，称为"审批电力(licence power)"。在实际运作中，被审批方往往必须将约10%的年均产电量以成本价提供给当地市区。此举的目的在于为其境内的居民提供低于市场价的廉价电力，以保障当地的居民用电和小规模工业用电。目前由于挪威形成了自由开放的电力市场，建成了充分整合的电力输送网络，各区市还可以将这部分廉价电力上市出售，通过出售这部分电力获得额外收益。同时，电力生产商还必须向地方政府和国家上缴定额年费，具体数额根据电站的年均生产潜力核算。年费的分配比例是25%交中央政府，其余75%则由所有受影响的地区，包括库区和某些下游地区分享。另一项审批条件是向受影响的区市设立专项开发基金。当地政府根据中央政府确定的框架决定所收取费用和基金的使用，以便发展当地的工商业。

挪威法律还规定，水电开发需要获得公众认可，在办理开发许可证之前必须召开广泛的公众听证会。而事关重大工程项目的公众听证会和国会辩论是检验公众认可度的主要手段。在开发实施前，公民可有三次机会就该项目发表意见，由开发商发小册子给公众，说明项目对居民的生活和环境的影响。由于挪威土地属私人所有,因此水电项目获得批准后,对土地拥有者造成的损失及赔偿均通过法院判决,一般是全额赔偿再加25%的额外赔偿,将赔偿资金存入银行,让土地拥有者每年支取一部分,这与我国以前实施的补偿性移民和现在实施的开发性移民政策有所不同。

总之,挪威开发水电的程序十分复杂,完成这些程序的时间长达3~10年,且花费很大,这与美国的水电许可证制度很相似。近年由于环境保护主义者的反对,申请一个水电开发项目已相当困难。2001年,挪威首相在一次发言中宣布,挪威进行大规模水电开发的年代已经终结。到目前为止,挪威已经从187太瓦时(折合1870亿千瓦时)的理论水电蕴藏量中开发出了约120太瓦时(折合1200亿千瓦时)的电力。

三、瑞士的水能资源费征收制度

瑞士电力以水电和核电为主,水力发电约占电力的60%,相对于火电、核电等其他类型电能,利用水能发电能够产生巨大的经济地租。瑞士政府作为水能资源的所有者,从19世纪开始对水电资源实行有偿开发,并逐步以税费形式来获取这部分水能资源额外收益。

瑞士法律规定,水能资源费以水电站的总装机容量为计费单位,各时期的最高征收标准呈逐步上升趋势,1976—1985年为14.2英镑/千瓦;1985—1997年为37英镑/千瓦;目前调整为54.2英镑/千瓦,约占水电生产成本的15%~20%,大多数州县都按最高标准进行收费。[①] 随着欧洲电力市场自由化进程的推进以及电力市场价格的不确定性增加,关于水能资源费率的争议加大。瑞士政府正考虑对现有收费体系进行一定的调整,引入能灵活反映市场价格波动和电站差异的收费机制,以促进水电行业竞争和可再生能源的发展。

四、巴西的水电开发特许权拍卖

巴西也是世界水电生产大国之一,全国水能理论蕴藏量30204亿千瓦时/年,技术可开发量13000亿千瓦时/年,经济可开发量7635亿千瓦时/

① Silvia Banfi, Massimo Filippini, Adrian Mueller. An estimation of the Swiss hydropower rent [J]. Energy Policy, 2005: 927—937.

年。[①] 2007年已建成水电装机容量74334兆瓦(折合约7433万千瓦),[②]水电站年发电量近300太瓦时(折合3000亿千瓦时),约占巴西发电总量的94%,[③]巴西水电发电量规模曾居世界第三位(仅次于加拿大、美国)。水电开发的最大潜力在北部的亚马逊流域,但由于环境因素影响,目前的水电开发主要集中在中部和南部地区。从1989年开始,巴西政府对水力发电按收入6%征收水能资源费,[④]其中小型水电生产商和工业自备水电站除外。

在巴西,任何开发者都可以对河流的水能资源进行勘测研究,但要在巴西国家电力局(Agencia Nacional de Energia Eletrica,ANEEL)进行登记。如果ANEEL同意进行水电开发,就要详细规定电站的技术特征,诸如水头、位置、大致装机容量等。然后进行技术和环境的可行性研究,环境影响研究和影响报告要遵循由州和联邦政府机构认可的授权调查范围。ANEEL批准可行性研究后,工程开发权将通过竞标程序。竞标每6个月举行一次,水电开发特许权将被授予每年能支付最高金额年费即保证金(该金额要高于ANEEL设定的最小值)的投标者。

2001年6月,ANEEL成功拍卖了8个电站的开发特许权,约2300兆瓦(折合230万千瓦)装机容量,共有16家公司和13家财团投标,竞标者中包括许多担心供电保障的当地高耗能企业和电力分销商。同年11月,ANEEL又在里约热内卢股票交易所进行拍卖,为近2700兆瓦(折合270万千瓦)容量的10个水电工程选定开发商。最后,这10个水电开发特许权分别被授予参与竞标的大能耗用户、当地电力公司和私人电力开发商。

在有偿出让开发权的水电站中,最高年费的开发特许权是位于巴西中部托坎廷斯州(Tocantins)阿拉瓜亚河(Alto Araguaia)上的圣伊莎贝尔工程,该电站工程开发特许权被授予当地由五家大公司按出资股份组建的Grupo Empresarial圣伊莎贝尔财团。该财团对电站工程35年特许权出价为每年2500万美元,在合同签订后7年内完成开发建设,使圣伊莎贝尔电站投产运行。如按圣伊莎贝尔工程总费用5.3亿美元的概算,特许权保证金年费为建

---

① 巴西水电开发[EB/OL]. http://www.powerfoo.com/old_news/newcenter/11569955534215718854412.html,四川水力发电网.

② [巴西]E. 毛雷尔. 巴西水电开发的现状和前景[J]. 陈志彬,译. 水电快报,2007(18).

③ [巴西]J. A. 索布里诺. 巴西实施新的私营水电方案[J]. 朱晓红,译. 水电快报,2003(9).

④ 王彧杲. 吉林省水能资源依法管理问题研究[C]. 大连理工大学2009年硕士学位论文。

设期年均工程费的33%。而特许权年费最低的,是位于巴西东南部的米纳斯吉拉斯州(Governo do Estado de Minas Gerais)和里约热内卢州的辛普利西奥(Simplicio)工程,该电站装机340兆瓦(折合34万千瓦),开发权被授予里约热内卢的Light公司,这是一家由法国电力公司控股的配电和发电公用公司。由于Light公司是辛普利西奥电站工程唯一的投标商,在缺乏竞标者的情况下该公司以年费用45万美元的底价获得了电站开发特许权。预计电站工程费用为2.45亿美元,计划在合同签定后7年内建成投产。按这个最低价的特许权保证金计算,该电站的特许权年费仅为建设期年均工程费的1.28%,几乎比圣伊莎贝尔电站的特许权保证金年费低30倍。

五、尼泊尔的水电项目特许费及其分享政策

尼泊尔1992年制定的《电力法》(The Electricity Act)规定,水电工程项目的被许可人必须向政府支付定额特许费,并由电力开发局负责征收。特许费的征收标准为:在首次发电后的15年内,每年每千瓦时100卢比(约合1.38美元),外加每千瓦时2%的平均税。电站运行15年后,则按每年每千瓦时1000卢比(约合13.88美元)费率标准征收,外加每千瓦时10%的平均税。[①] 1993年尼泊尔新颁布的《电力条例》对小型电站不要求支付特许费,但同时提高了大型水电项目的征收费率。

水电特许费的地区分配政策体现了水电开发利益的分享。如1999年尼泊尔《地方自治法》(Local Self Governance Act)规定,将政府征收的水电特许费中的10%分配给地方,这部分特许权费被视为对水电工程项目给该地区居民和自然资源造成的损失的补偿。而根据尼泊尔政府的新规定,50%的水电项目特许费将划拨给实施水电工程的地区,包括该地区所在的行政区和受水电工程直接影响的村庄。并且,还要求将水电项目特许费收入的1%划拨给各乡村发展委员会,用于推进乡村的电气化进程。

① [尼泊尔]Gopal Siwakoti' Chintan'. 大型电力水坝项目利益分享的理念与方法:尼泊尔的经历[J]. 联合国水电与可持续发展论文集(2004).

第四章 我国水能资源开发面临的现实困境

在我国西部水能资源开发大举推进的过程中,一直面临着多方面的现实矛盾甚至冲突。其中,既有水能资源垄断开发、水电行政定价等因素导致的行业自身发展问题,还面临日益增多的来自资源开发地对生态保护、移民补偿、资源收益等方面的利益诉求,存在着各级政府之间、移民群体与开发企业之间的多方利益博弈关系。面对西部水能资源开发的困境,有学者甚至发出“水电越开发,当地群众越贫困”的质疑声。[①] 对此,我们需要深入分析资源开发过程中的各种矛盾关系,才能找到“制度突围”的根本路径。

第一节 流域垄断开发与竞争活力的“马歇尔困境”

长期以来,电力行业被认为具有自然垄断性受到各国政府管制,一方面政府对行业设置严格的准入管制,以保证垄断企业规模效益最大化,避免造成重复投资建设;另一方面采取价格管制措施,防止企业利用垄断地位获得高额利润,损害消费者。然而,由于垄断行业定价采用成本加平均利润的服务加成定价法,这种定价意味着垄断企业的任何一项投资成本(包括不合理的高薪、高福利)都可以收回并获得利润。在这种定价机制下,垄断企业必然缺乏竞争压力,效率低下。

对于政府来说,合理测算垄断企业的成本非常复杂,且存在信息不对称的困扰,使得对垄断行业价格监管成本过高,导致政府“规制失灵”。并且,由于垄断企业的特殊地位和行业重要性,这些企业完全有动力花费成本游

---

① 黄河上游水电站之惑:水电越开发,群众越贫困[N]. 经济参考报,2006-2-15.

说政府制定有利于其自身利益的政策,从而导致寻租甚至“绑架”政府行为,损害经济效率和社会公平。因此集中和垄断在获得规模效益的同时,无疑也扼杀了竞争,使经济主体丧失活力,从而导致更大的效率损失。而让垄断企业完全进入市场竞争,则可能损失部分规模经济效益,因为自然垄断行业理论上存在着“成本的弱增性”,即由一个厂商生产整个行业产出的总成本比由两个或两个以上的厂商生产相同产出的总成本低。当企业平均成本随产量增加持续下降时,过度竞争会造成生产分散,对于整个社会来说会损失规模效益。

上述普遍存在于自然垄断行业中的规模经济与竞争活力矛盾的“两难抉择”,在经济中称为“马歇尔困境”(Marshell’s dilemma),[①]这种困境也是我国水能资源开发中普遍存在的矛盾。

一、西部地区水能资源的垄断性开发格局

水能资源开发资金需求量大,建设周期长,我国大型水电站建设投资额动辄上百亿元甚至上千亿元,建设周期往往长达5~10年,还贷期长达10年以上,开发企业对银行信贷资金有着高度依赖性。水电投资中,企业自筹资本金比例一般为20%~30%,其余部分基本上都依靠银行贷款。水电开发巨大的“沉没成本”(sunk costs)[②]以及资本、资源的“双重集中”性加上显著的规模经济特点,使我国的水电行业长期处于高度垄断状态。在这种垄断状态下,对大型水能资源实行“流域、梯级、滚动、综合”开发成为水电行业普遍推行的模式。

由于大型河流的河道长,流域面积大,受地形、地质条件及经济社会的影响,各梯级电站的建设条件和淹没损失相差较大,经济技术指标相差悬殊。加之流域梯级电站关系密切,利益互补性强,上游较大库容的水库建成后,对下游各梯级电站具有显著的补偿效益。一些大型水电站还可兼有发电、防洪、供水、生态等综合功能,具有显著的企业经济效益和社会效益,因

---

① 指马歇尔在其《经济学原理》第四篇提出的关于规模经济与竞争活力的两难选择命题。马歇尔认为,规模经济非常必要而且极为有用,但容易导致垄断,反过来又使经济运行缺乏动力,企业缺乏竞争活力。参见马歇尔.经济学原理(上卷)[M].北京:商务印书馆,1964:259-328.

② 即前期建设投资成本。经济学中的沉没成本指厂商不再进行生产也不可能收回的成本,是构成厂商固定成本的部分。参见[美]斯蒂格利茨《经济学》(第二版).北京:中国人民大学出版社,2000-9:265.

此，根据水能资源分布流域性强的特点以及中外开发的一般规律，我国对水能资源丰富的大江大河水能资源均实行梯级、滚动的综合开发模式，按全流域或分河段组建流域水电开发公司，在国家能源行政主管部门和水行政主管部门的宏观调控下，开展水电站投资建设和经营管理。重要流域干流水电梯级基本上都是采取这种集约垄断式的滚动开发方式。

目前我国西部地区大型水能资源开发的基本格局已经形成，几大重点江河干流水能资源均被划分给国有大型水电公司垄断开发，如由三峡工程开发总公司负责开发长江上游和金沙江下游水能资源，包括已投产的三峡水电站和正在建设的国内第二大、第三大水电站溪洛渡、向家坝电站；由华能、华电、大唐、汉能（民营）等共同开发金沙江中游水能资源；由华电负责开发金沙江上游水能资源。中国电力投资集团开发的流域范围是黄河上游，如已投产的龙羊峡、李家峡、公伯峡、拉瓦西电站等；雅砻江水电开发公司负责开发雅砻江流域，包括已建成的二滩电站、官地电站，在建的锦屏一级、锦屏二级、桐子林电站。其他发电集团则“瓜分”了其余重点水域：华电集团负责开发乌江干流，华能集团开发云南澜沧江流域，大唐集团重点开发广西红水河南盘江流域，而国电集团的主要“势力范围”是四川大渡河流域（见表4-1）。大渡河“三库22级”开发方案中，国电集团拥有15个梯级共1500万千瓦水电装机的开发权。这种对重要流域水能资源采取大型电力集团集约垄断开发的方式，有利于实施流域的统一规划和水资源的统一调度，从而实现规模经济。

然而，垄断的缺陷早已被世界各国经济发展所证实，一方面电力行业具有广泛服务性特征，决定了该类行业应将公益性目标摆到一定的位置上；另一方面，作为市场体制中的企业，必然要追求经济效益和利润最大化目标。在信息不对称普遍存在的情况下，消费者相对于垄断生产者而言往往处于弱势地位，其经济权益容易受到剥夺。公司垄断、行业垄断、部门垄断都会严重损害竞争，造成资源配置效率低下。特别是我国市场法制还不健全，处于垄断地位的国有企业（集团）同样可能操纵市场获得超额垄断利润，从而降低资源配置效率。因此，打破电力行业垄断格局，引入竞争机制已成为必然趋势。

表4-1 西部地区主要流域水能资源开发格局

流域	开发公司(集团)	开发河段(梯级电站)
长江上游金沙江	三峡总公司金沙江开发公司	金沙江干流下游
	金沙江中游水电开发有限公司(华电、华能、大唐、汉能等)	金沙江干流中游
	中国华电集团公司	金沙江干流上游
黄河上游	黄河上游水电开发公司(中国电力投资集团)	黄河干流上游
雅砻江	雅砻江水电开发有限责任公司	雅砻江干流
澜沧江	华能澜沧江水电有限公司	澜沧江流域
红水河	大唐发电集团公司	南盘江、红水河
乌　江	中国华电集团公司	乌江干流
大渡河	国电大渡河公司	大渡河干流部分梯级
	大唐国际甘孜水电开发公司	大渡河干流部分梯级
	华电泸定公司	大渡河干流泸定电站
	龙头石水电公司(民营钟旭集团控股)	大渡河干流龙头石电站
	华能四川分公司	大渡河支流、涪江、嘉陵江

二、现阶段水能资源的主要开发模式及其利弊

从流域开发主体的角度,目前我国水能资源的开发模式可以分为三种,分别是单主体统一开发模式、多主体分段独立开发模式、多主体协作开发模式(李佐军,2007),[①]这三种开发模型各有其利弊。

第一种单主体统一开发模式,是指一个流域由单一流域公司集中开发的模式。这种模式有利于实施流域的统一规划与水资源的统一调度,可以避免多主体之间的利益摩擦,节省交易成本。缺点是容易产生垄断,排斥竞争。此外,由于单主体投融资能力有限,受资金约束开发周期较长。目前西部水能开发中采取这种模式的主要包括雅砻江干流、澜沧江干流、黄河干流上游、金沙江干流上游等。

第二种多主体分段独立开发模式,是指一个流域由多个投资开发商分河段独立进行开发的模式。如我国的大渡河干流"三库22级"分属于国电、

① 王元京,魏文彪.未来我国水电建设应主要立足于国内资本[N].中国证券报,2007-10-24.

华电、大唐等多个独立的开发主体。这种模式增加了竞争效应，提高了流域水电开发速度，分散了单主体的投融资压力。但多主体同时开发存在流域的统筹问题，对流域统一规划、管理和调度提出了新的要求。从现实来看，大渡河干流梯级开发中采用的多主体分段开发模式，仍由国电大渡河公司主导，从上游到下游干流共有15座梯级电站是由国电大渡河公司独家负责开发，这为该公司对流域水能资源进行统一调度创造了条件。该公司提出“装机一千五、流域统调度、沿江一条路、两岸共致富”的流域综合开发目标，以保证水电上网的优化调度，进而实现对大渡河水能资源的统一优化调度。但需要特别指出的是，多主体在同一流域同时开发、大规模同时推进，比起单一主体的渐进性开发对流域生态、社会的影响强度、累加效应都要大得多，如上、中、下游一齐动工，工程中的各种不利生态环境影响会集中地叠加放大，造成“遍地开花”，如果管理约束不到位，可能对流域生态环境构成极大压力，并可能使流域区居民的生产生活和思想精神处于群体性不稳定状态。

第三种多主体协作开发模式，则是指一个流域由多个投资开发商分工协作对流域进行统一开发。这种模式既可以发挥集中力量办大事的功效，加快开发进程，又可以形成分工与协作一体化效应，对流域资源进行统一规划、开发、管理和调度，实现集约化开发的目标。这种模式的缺点是，需要协调各投资方复杂的利益关系，因而不可避免地要付出较大的交易成本，这在一定程度上可能影响开发的整体效应。如金沙江中游开发，由华电、华能、大唐、汉能（华睿）等多方合资组建的金沙江中游开发公司负责，其内部分工是，中游下段的四座电站分别由各家集团（公司）负责一座，开发公司联合负责建设金沙江中游上段的四个电站，这是一种多主体协作开发与分段独立开发相结合的方式。

三、水电投资体制市场化改革面临新问题

改革开放后，为了摆脱水能资源开发的资金困境，引入更多的开发资金，同时消除垄断弊端，提高水能资源开发效率，我国对水电投资体制进行了一系列改革。1983年云南鲁布革电站建设开创中国水电投资管理体制改革先河，鲁布革水电站第一次利用世界银行贷款，实施国际招投标，第一次

按国际惯例进行水电工程项目管理，引发了一场“鲁布革冲击”，[①]包括对投资体制的冲击，对计划经济落后的管理方式和施工方式的冲击，以及对传统落后观念的冲击。

从此，我国水能资源开发建设市场的竞争机制开始启动，全国各个大型水电项目逐渐实行了市场化改革，普遍推行水电工程的项目法人负责制、招投标制、合同管理制和建设监理制“四制”。通过实行新的投资体制和运行机制，使我国水电开发建设在工期、质量、造价方面取得了较好的效益，提高了水能资源开发效率，为水电市场体制深入改革积累了经验。水电开发投资主体日益多元化，并呈现出一些新特点。

(1)开发企业以股权多元化公司为主。目前西部地区的许多流域水能资源开发由多主体共同投资的大型国有公司主导，股权结构呈现出多元化特点。如国电大渡河公司，由国电电力发展股份有限公司、中国国电集团公司和四川省投资集团有限责任公司共同出资，按出资比例 51%、39%、10%组建而成；金沙江中游水电开发公司则由中国华电集团公司控股 33%，华能集团公司、大唐集团公司、汉能控股集团(原名华睿投资集团有限公司，是目前国内最大的民营能源企业)、云南省开发投资有限公司按 23%、23%、11%、10%的出资比例共同组建，负责金沙江中游河段梯级龙盘、两家人、梨园、阿海、金安桥、龙开口、鲁地拉和观音岩的“一库八级”开发，总装机容量 2058 万千瓦(约占全国经济可开发水电站装机容量的 5%)，年发电量可达 883 亿千瓦时。

(2)部分河流开发引入多个竞争性市场主体。为了形成有效竞争的水电投资体制，西部一些重要流域开发还引入了多个开发主体，最典型的是大渡河“三库 22 级”梯级开发，打破了由国电大渡河流域水电开发公司独家开发的局面，引入了龙头石水电公司(由民营企业钟旭实业集团投资组建)、大唐国际甘孜水电开发公司、华电泸定公司、华能四川公司四家公司同时投资，这四家公司分别负责承担大渡河干流长河坝、黄金坪、龙头石、泸定、硬梁包、老鹰岩等水电站的开发建设，按开发规划总装机规模将达 7010MW，约占大渡河干流梯级开发总规模 23400MW 的 30%。

---

① 1987 年 8 月 6 日《人民日报》头版头条刊登长篇通讯《鲁布革冲击》。鲁布革冲击波引起广泛关注，影响深远。

（3）建设施工基本上按市场机制运作。流域开发公司通过招投标优选设计、施工、设备供应单位，保证项目在质量、造价、工期的可控和优化，在流域开发和运营上实行一体化管理，便于滚动和放大。

（4）少数民营企业、外资参与开发。在水电投资市场化改革初期，极少数有实力的民营企业（集团）获准参与到西部大型水能资源开发中，如独资开发建成240万千瓦装机金安桥电站的汉能控股集团，是迄今为止国内最大的民营能源企业，拥有金沙江中游开发公司11%的股份，参与金沙江中游梯级电站开发。钟旭集团独资开发建成了大渡河干流龙头石电站。而许多流域支流的小型电站更是民营企业角逐的“主战场”。此外，部分外资被引入水电开发中。如云南鲁布革水电站建设成功引进世界银行贷款，并按规定进行工程国际招标，日本大成公司中标后，仅用3年时间就高质量完成了电站施工建设，其管理模式极大地促进了水电施工管理的市场化和高效化。20世纪末建成的四川二滩水电站，也引进了世界银行贷款。这些成功案例证明，尽管水电基础设施对一国国民经济的重要性及其投资特点决定其发展不能完全依赖国外资本，但在不影响国民经济全局的情况下，完全可以适当降低壁垒，鼓励外资以战略投资者的身份进入中国水电开发市场，实行对外有限开放的政策，实践证明这是推进我国水能资源开发市场化的一种重要动力。

（5）一些水能资源点所在地政府参与开发。在西部一些流域开发公司的股权结构中，吸收了代表地方政府和地方利益的公司参与其中，其目的是为了更好地促进水电开发与区域经济社会协调发展，统筹开发过程中的移民安置和流域开发中涉及的环境保护以及地方经济发展问题，使各方面的矛盾关系得到合理解决。我们认为，这体现了水能资源开发利益共享的原则，是地方政府与中央企业博弈的结果。如云南省开发投资有限公司占金沙江中游开发公司10%的股份，四川省投资集团公司占国电大渡河公司10%的股份，甘孜州甘投水电开发有限公司占四川大唐国际甘孜水电开发公司20%的股份。

但是，这些吸收了地方国有股权、代表地方经济利益的水电开发公司，某种程度上使地方政府和水电开发企业成为利益共同体，可能强化开发公司的利益，使市场体制下的企业经营行为附加上一定的行政色彩，客观上容易导致移民和环保利益处于更弱势的地位。

近年来，在一轮又一轮全国性“电荒”和火电大面积亏损的情况下，水电投资热情空前高涨。从2003年开始，五大发电集团不约而同纷纷加快对西部水能资源开发的步伐，同时带动了社会各界投资水电的积极性，大量民营企业也投身其中，在国家政策许可的中小流域支流河段各尽所能抢占资源。目前西部重要流域干支流已被分割完毕。从积极的视角看，长期困扰我国水能资源开发的资金问题已被一举突破；然而从另一个视角看，水能资源开发中出现了“跑马圈水”、干支流“遍地开花”等问题，高密度、高强度、高速度地层层拦蓄干支流河水，使河流生态环境受到极大威胁，围绕水能资源开发产生的各利益主体之间的矛盾冲突不断。个别水电项目在“无立项、无设计、无管理、无验收”的情况下仓促上马，水电开发曾经一定程度上陷入过度竞争的局面。针对一些地方中小水电的管理失控现象，水利部曾进行整顿，在全国关停了3800多座“四无”中小水电站。而近年来一些水电央企也大打擦边球，在环境影响评价方面屡次“闯红灯”，甚至“未批先建”，受到国家环保部的严厉处罚。

对于水能资源开发中的各种乱象，我们应当清楚地认识到，这是在水能资源开发引入市场竞争机制后，由于政府管理缺位、越位，以及水能资源开发的相关法律法规不健全等因素造成的，其中没有建立水能资源有偿使用制度，是导致免费水能资源成为各大公司竞相抢占对象的重要原因。但水能资源的无序开发状态，并不是打破垄断引入竞争的错，而恰恰是改革不到位，市场不规范造成的，退回计划经济的老路继续垄断开发经营，只会降低稀缺性水能资源的配置效率。未来的正确抉择应当是加快建立水能资源有偿使用制度建设，完善市场配置水能资源的法律制度和各项管理法规，规范招投标制度，从无序竞争逐步过渡到有序的、规范的竞争。

第二节　水电低价与水能资源失价

水能开发之所以吸引众多的投资商，关键在于电力市场稳定的需求和利润回报预期，而这种收益回报与水能资源无价形成了巨大反差——以水能为“无价资源”获取长期稳定的电力利润，正是开发商对水能资源趋之若鹜的根本所在。

一、水电定价与水能资源价值的关系

2002 年我国电力管理体制改革后，发电企业与输配电企业实现了“厂网分离”，电价被划分为上网电价、输电电价、配电电价、销售电价四种。[①] 所谓上网电价，是指发电企业将电卖给输配电企业即电网公司的价格，而销售电价是电网公司将电卖给最终消费者的价格。因此上网电价的高低直接决定着发电厂商的利润，销售电价与上网电价的差额则决定电网公司的利润。

目前我国水能资源的竞争市场还没有真正形成，大型优质水能资源都是按行政无偿划拨方式配置的，电价也由政府审核制定。政府按照水电开发企业的投资成本（还贷成本）分别确定不同水电站的上网电价，实行“一厂（站）一价”。在这种定价机制下，越是开发成本低的优质水电站上网电价越低，而开发成本高的水电站上网电价也高，从而使得不同质量水能资源之间的价值差异被抹杀。

为了更加清晰地阐述我国水电定价机制与水能资源价值的关系，我们运用微观经济模型来进行分析。

（一）有限竞争市场下的发电厂商成本收益模型

我们先考察在上网电价实行“同质同价”的竞争模式下水电厂商的成本—收益曲线（图 4－1），假设：

（1）水电站甲、乙的成本曲线分别为 C_1、C_2，均由固定成本（前期开发成本）加可变成本（后期运行成本）构成，[②]假设两电站的开发成本大小仅由其水能资源优劣条件决定，其开发成本分别为 b_1、b_2，而运行成本为电站发电量 q 的函数，因此两电站的总成本曲线为两条相互平行的曲线（见图 4－1），且有：

$$C_1 = \varphi(q) + b_1$$

$$C_2 = \varphi(q) + b_2$$

（2）假设两家厂商的技术、管理水平完全相同，且边际成本保持不变，即具有相同的边际成本 MC，有：$MC = \mathrm{d}C/\mathrm{d}q = \mathrm{d}\varphi(q)/\mathrm{d}q$

---

① 根据 2003 年出台的《电价改革方案》，我国电价被划分为上网价格、输电价格、配电价格和终端销售价格四种，但由于输电、配电至今没有分开，输配电价仍与销售电价捆绑在一起，因此四种电价实际上还只有上网电价和销售电价两种。

② 在此，生产成本可以简单地表述成产出水平加固定投入的一个函数，即 $C = \psi(q) + b$. 参见詹姆斯·M. 亨德森等. 中级微观经济理论[M]. 北京：北京大学出版社，1988：107.

(3)发电市场为有限竞争市场,甲、乙厂商均为区域市场上网电价 P(按区域平均发电成本定价,如标杆电价)的接受者,且该价格不会受到两电站售电量的影响。那么在相同的价格水平下,发电厂商甲与乙的收益曲线 R 完全相同,均为以市场上网电价 P 为斜率的线性函数,即:$R = R_1 = R_2 = Pq$

(4)在上述条件下,甲、乙两座水电站的利润分别为: $\pi_1 = Pq - C_1$, $\pi_2 = Pq - C_2$

此时,两水电厂商获得的利润差额为:

$$\pi_2 - \pi_1 = (R_2 - C_2) - (R_1 - C_1) = C_1 - C_2 = b_1 - b_2$$

如图 4-1 所示,根据两电站的总成本曲线和收益曲线图,当发电量为 q_a 时, π_1 为收益曲线 R 上的点 a 到 C_1 的差值,此时 R 曲线在 C_1 曲线下方,即 $R_1 < C_1$,故有 $\pi_1 < 0$,也就是说在电量 q_a 下,甲电站的收益低于成本,厂商处于亏损状态。而此电量下,R 曲线位于 C_2 曲线上方,即 $R_a > C_2$,a 点上 R_2 与 C_2 的差值为正值, $\pi_2 > 0$,即开发成本较低的乙电站处于盈利状态,此时 $\pi_2 - \pi_1$ 的差值刚好是两电站成本曲线之间的距离($b_1 - b_2$)。

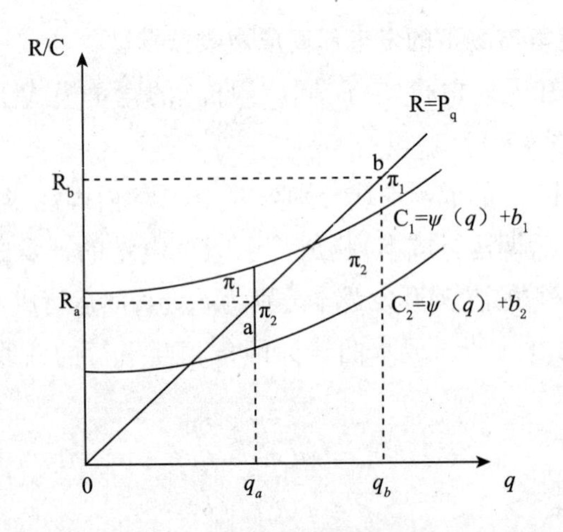

图 4-1 同质同价竞争中两电站的收益—成本曲线

我们再考察当发电量为 q_b 时的情形。在 q_b 发电量下,有 $R_b > C_1 > C_2$,因此 π_1、π_2 均为正值,甲、乙两电站均处于盈利水平,但两电站的收益差保持不变,仍为两条平行成本曲线之间的距离,即仍有 $\pi_2 - \pi_1 = b_1 - b_2$。从图 4-1 上还可以发现,在相同的产出水平(发电量)下,总有 $\pi_2 - \pi_1 = b_1 - b_2$。

通过分析上述两电站的成本曲线,我们可以得到初步结论: $\pi_2 - \pi_1$ 的差值,刚好等于乙电站相对于甲电站的水能资源价值,也就是水能资源开发的成本差。这样,在“同质同价”的上网电价市场竞争中,水能资源的价值被纳入电站厂商的利润,乙电站相对优越的资源条件成为企业的级差收益来源。乙电站厂商凭借水能资源条件能够在竞争中处于优势。而这部分超额利润属于级差资源租,应归于水能资源的所有者,也就是说,作为水能资源的所有者国家应该收取这部分水能资源租。

(二)垄断规制下的成本收益模型

然而,我国现行的水电上网定价方式属于垄断规制定价。以下我们考察这种定价方式与水能资源价值的关系。

我国长期以来针对不同发电成本的水电厂商分别制定不同的上网电价,即按照开发水能资源厂商的个别成本定价,对高成本厂商实行高电价,低成本厂商实行低电价,如图 4-2 所示,对投资成本分别为 C_1、C_2,且 $C_1 > C_2$ 的甲、乙两家水电厂商,分别规定不同的上网电价 P_1、P_2,且 $P_1 > P_2$,由此分别得到甲、乙两厂商的收益曲线 R_1、R_2,故有:

$$R_1 = P_1 \times q \qquad R_2 = P_2 \times q$$

假设两家厂商成本曲线仍为:

$$C_1 = \varphi(q) + b_1$$

$$C_2 = \varphi(q) + b_2$$

则两家厂商的利润分别为: $\pi_1 = R_1 - C_1 \qquad \pi_2 = R_2 - C_2$

图 4-2 表明,存在至少一个电价差额($P_1 - P_2$)点,使得甲乙两电站在相同的发电量下利润相等,即 $\pi_1 = \pi_2$,只需要使 $R_1 - R_2 = C_1 - C_2$。

通过推算可得到其条件为:

$$q(P_1 - P_2) = C_1 - C_2 = b_1 - b_2$$

$$P_1 - P_2 = (C_1 - C_2)/q = (b_1 - b_2)/q$$

如图 4-2 所示,当发电量为 q_a 时,有 $R_1 > C_1$,$R_2 > C_2$,且 $\pi_1 = \pi_2 > 0$。

上述分析表明,不同投资成本的水电厂商通过政府制定的不同上网价格,在同等产出(发电量)水平下获得了相同的投资利润,水能资源的级差价值根本无法通过发电企业的售电收益来体现,甚至资源的绝对价值都没有得到体现。我国长期实行的依据成本加利润方式制定的“一站一价”水电上网电价,掩盖和扭曲了水能资源价值,是造成水电上网电价过低的根本原因。

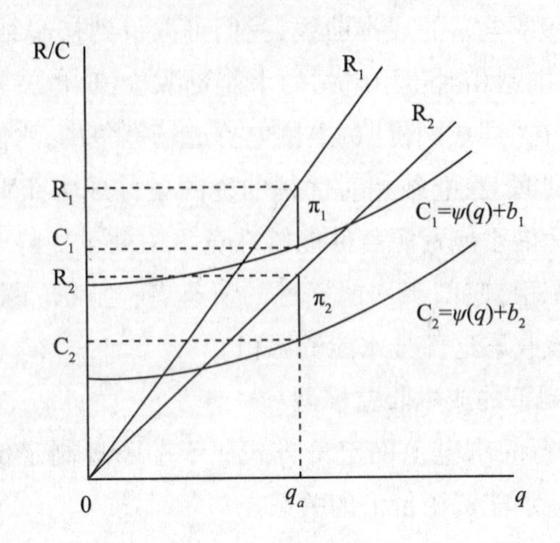

图 4-2　现行定价方式下两电站的收益—成本曲线

二、扭曲的电价形成机制

我国从 20 世纪 80 年代出现独立发电企业开始，上网电价形成机制经历了还本付息电价、经营期电价和标杆电价三个阶段。由于发电企业之间"竞价上网"的竞争机制一直没有建立，上网电价由行政定价。国家发改委核定电站上网电价的依据主要是企业的个别发电成本，如"还本付息电价"按照企业还本付息成本再加上一定的合理利润制定。尽管发电所依赖的资源条件不同，发电厂商的投资成本相差很大，但建设成本越高的电站，获得的上网电价定价也越高。不同类型电源之间发电成本差异更加悬殊，其上网电价差别也更大。

这种"高来高去，电价找平"的定价机制，抹平了不同发电厂商的成本差异，均衡了发电企业利润水平，抹杀了不同能源资源的价值差，从而在无形中消弭了水能资源经济租。水电"一厂（站）一价"定价方式是典型的垄断行业"成本加成"定价方式，这种定价方式的缺陷早已被经济学理论和实践所证实，其扭曲性突出表现在以下几方面。

一是误导资源配置。按企业个别成本实行"一厂一价"定价，使得在同样的市场上缺乏既能客观反映供求状况，又能公正体现单位电量生产耗费的价格信息，在"成本加成"定价方式下，意味着无论企业成本有多高，都能通过上网电价核定来保证发电企业收回成本并获得平均利润，这种垄断保护使得发电企业根本没有任何控制成本的压力，也没有任何改善经营绩效的积极性。由于发电企业成本上升风险的承担者和电力技术进步的受益者都是消费者,企业失去了技术创新、强化管理降低成本的内在激励和外在压力。

二是助长电力项目盲目上马。由于电价失去了作为市场上正确引导资源配置信号的条件,可能误导投资决策,助长投资冲动,盲目开发,其结果是降低资源的配置效率。

三是颠倒经营绩效。电价不仅是引导资源配置的一种信号,具备调节经济的功能,而且可以作为核算经营绩效的手段以及按价值进行再分配的工具。而"一厂一价"的定价方式使电力生产经营核算标准失衡,企业经营成果不是被夸大,就是被缩小。造成这种现象的根本原因就在于电价不是市场竞争的结果,而是扭曲的行政定价。

在扭曲的电力价格形成机制下,电价既不反映企业效率,也不体现能源资源价值,还无法反映电力市场供需状况。

在我国各类电力中,以太阳能光伏发电成本最高,上网电价曾高达4元/千瓦时,2011年国家发改委制定的全国统一太阳能光伏发电标杆上网电价则分为1.15元/千瓦时和1元/千瓦时两种,[①]风电为0.51~0.61元/千瓦时,[②]相比之下,水电上网电价在所有电力类型中最低。根据国家电力监管委员会《2010年度电价执行及电费结算通报》,2010年全国各类型电力平均上网电价分别为:水电291.20元/千千瓦时,火电394.77元/千千瓦时,核电432.20元/千千瓦时,水电比风电、核电分别低48%、33%。2010年全国水电与火电上网电价差为0.1~0.2元/千瓦时,水电平均上网电价比火电低30%~40%。

图4-3根据国家发改委最新电价调整文件发改价格[2011]1101号中"有关省市部分统调发电企业上网电价表"、《可再生能源发电价格和费用分摊管理试行办法》(发改价格[2006]7号)以及《关于完善太阳能光伏发电上

---

① 2008年8月国家发改委核定内蒙古鄂尔多斯伊泰集团205千瓦太阳能聚光光伏电站和上海崇明前卫村太阳能光伏电站上网电价为每千瓦时4元(含税)。2011年国家发改委规定全国实行统一太阳能光伏发电标杆上网电价,其中规定,凡2011年7月1日以前核准建设,2011年12月31日建成投产,但尚未核定价格的太阳能光伏发电项目,上网电价统一为每千瓦时1.15元,此前核准但未能在年底建成的项目上网电价统一为1元/千瓦时。

② 数据来源:国家发改委核定并公布72个风电项目上网电价。参见中国经济网,http://www.ce.cn/cysc/ny/dl/200802/22/t20080222_14602564.shtml.

网电价政策的通知》(2011 年 7 月)等文件核定的不同类型电源上网电价数据整理绘制。该图基本反映了我国各类电力的平均上网电价,其中风电电价为特许权竞标上网电价,太阳能光伏电价为 2011 年底前发电的标杆上网电价。此外,不同时期建成的电厂由于成本不同,电价也各不相同(见图 4－4)。在这种定价机制下,同一电网中质量基本相同的电力商品不可能获得相同的上网电价。

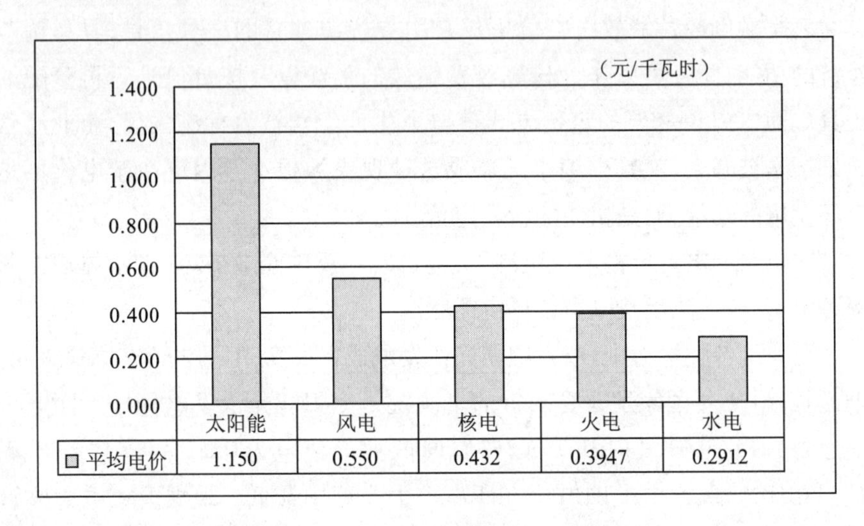

图 4－3　不同类型电源平均上网电价

注:根据国家电监会《2010 年度电价执行及电费结算通报》数据绘制

目前我国水电上网电价的现状是,水能资源条件越好、建设成本越低、建成时间越早的水电站电价越低。如丹江口电站现行平均上网电价为 0. 175 元/千瓦时,三峡水电站平均上网电价为 0. 25 元/千瓦时,四川省水电上网标杆电价为 0. 288 元/千瓦时(含 17% 增值税),而福建省小水电上网标杆电价为 0. 29 ~ 0. 367 元/千瓦时。

我国《电力法》第三十七条明确规定,上网电价实行同网同质同价。对于电力产品来说,在同一个电力市场中叫作同网,在同样时段内的电力叫作同质。而在现行的定价机制下,“同网同质”的电力派生出各种复杂的上网电价,使得“同质同价”的市场竞争规则完全失效。更为严重的是,水电上网电价过低未能体现水能资源价值,不利于水资源保护机制和移民补偿机制的建立。

在扭曲的电力定价机制下,水能资源的巨大经济价值完全被低廉的水

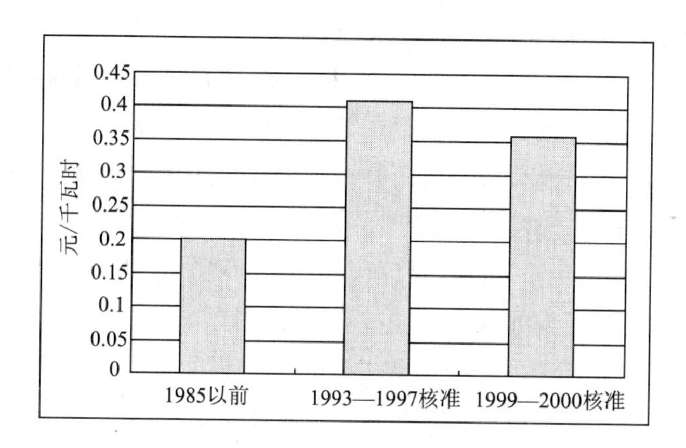

图4-4　不同时期上网电价

资料来源：中国社会经济系统分析研究会《中国电力行业分析报告(2006)》

电上网价格所掩盖，无法通过价格实现对资源的价值补偿。这种水电价格与水能资源价值完全背离的矛盾，突出反映了我国水能资源开发中普遍存在的“资源无价”的尴尬现实。

这种定价方式下，水能资源的级差地租似乎是耗散的。[①] 然而再进一步分析我们发现，对于电力的终端用户即消费者而言，他们购买的电力价格几乎是没有区别的，消费用户都是以同等电价获得同质电力商品。我国的销售电价实行目录电价制，各地区现行目录中的电价共计八类，即居民生活电价、非居民照明电价、普通工业电价、大工业电价、商业电价、生产电价、贫困县农业排灌电价和趸售电价。销售电价的这种分类主要针对不同电力用户类型，而不区分不同电源成本之间的差别，这样，对于电网公司来说，在相同的销售电价下，上网电价越低意味着电网公司的利润空间越大，购买低价水电成为电网公司的巨大利润来源。电网公司通过购买低价水电，然后再以与火电、核电等相同的高价销售给电力消费者，因此水能资源的级差收益实质上是被按高电价销售的电网公司获得了。

例如，目前四川计划内电量的水电标杆电价[②]为0.288元/千瓦时，超发

① 租值耗散理论(The Theory of Rent Dissipation)是当代产权经济学的重要理论之一，其核心是，本来有价值的资源或财产，由于产权安排方面的原因，其价值(或租金)下降，乃至完全消失。造成租值耗散的原因主要是资源或财产的产权没有明确界定。在大多数情况下，资源或财产的租值不会消散到零，其消散的程度取决于当事人面临的选择程度和形成合约安排的交易成本。

② 是一种以地区水电平均生产成本为依据制定的上网电价。

电量部分最低被电网公司压至每千瓦时2分钱接收。对于一些大型水电项目，仍是一厂一价，在丰、平、枯等不同季节和峰、谷、平等不同时段实行分时上网电价政策，上浮或下浮的幅度在25%～60%。相比之下，当地居民用电平均电价为0.5244元/千瓦时（阶梯电价最高达到0.6324元/千瓦时），[①]商业电价和工业电价还要高出约20%～30%，即使扣除输配电成本，电网公司从中所获得的购销价格差额也是巨大的。由此可知水能资源租并没有完全耗散，而是聚集到了输配电环节，电网公司获得了廉价优质水能资源带来的超额垄断利润，这是电力系统内部发电企业亏损而电网公司获得暴利的原因，也是我国电力体制改革长期停滞导致的直接后果。

电价形成机制改革是电力体制改革的关键，一旦实行电价"竞价上网"，预示着目前处于低价位的水电将获得巨大的市场和利润，如对水火电实行"同网同价"，按2011年数据测算，全国全年水电发电量为6205亿千瓦时，每年可增加水电企业收入620～1241亿元，这还不包括"煤电联动"机制启动后火电价格的上涨预期性收益。显然，实行电力竞价上网将打破现有的利益格局，必然会遭遇重重阻力。

三、"标杆电价"失去"标杆"

根据国务院2002年出台的《电价改革方案》，发电、售电价格将由市场竞争形成，输配电价格由政府制定。上网电价全面引入竞争机制，价格由供需方竞争形成。按照这一改革设计，在"厂网分开"的基础上，要建立与发电环节竞争相适应的"竞价上网"机制，同时也要在销售电价中引入适当竞争，允许全部用户自由选择供电商，在此基础上由市场决定销售电价。然而由于多方面原因这一改革方案至今难有进展。

为克服垄断"成本加成"定价方式的缺陷，2004年后我国对新建成投产的水电站分区域实行统一的上网"标杆电价"，以此作为向市场化"竞价上网"改革的过渡。"标杆电价"政策依据源于美国经济学家安德烈·希雷弗（Andrei Shleifer）提出的标杆竞争（yardstick competition）理论，这一理论也称为区域间比较竞争理论。其基本思路是，以独立于本区域的其他区域中的

① 我国销售电价在同一区域对于不同类型的电力消费者，按工业用户、商业用户和城乡居民分别实行不同电价，而对同一类型电力消费者实行基本相同的电价。如四川省对城乡居民销售电价执行省物价局川价格发〔2008〕127号规定，合表用户统一每度电0.5244元标准，已安装"一户一表"的居民则根据家庭用电量实行从每度电0.4724～0.6324元的阶梯电价，同时区分峰谷时段电价。

垄断企业生产成本为标杆，参照制定本区域垄断厂商的价格和服务水准，从而刺激垄断企业提高内部效率，降低成本。它假设不同区域垄断企业生产技术相同、面临的市场需求相似，以便政府可以通过区域间的比较竞争来规制垄断企业的价格，形成垄断企业之间的间接竞争。

我国的"标杆电价"制定，是在经营期电价的基础上，对新建发电项目实行按区域或省平均成本统一定价政策。如四川省新投产水电站的标杆上网电价规定为每度电 0. 288 元，湖南省为 0. 316 元。"标杆电价"的推行实现了两大突破，一是突破了国家高度集中的行政审批模式，实现了从计划定价逐步向市场定价的过渡。二是突破了"一厂(站)一价"的电价定价方法，实现了从个别成本定价过渡到社会平均成本定价的跨越。水电上网标杆电价根据区域内水电企业的平均成本(主要是水能资源开发投资成本)制定，改变了以往还本付息电价和经营期电价制度下"高来高去、电价找齐"的成本无约束状态，遏制了建造成本飙升的态势。三是改变了过去的"个别成本"定价机制和"事后定价"机制，通过提前向社会公布标杆电价，为投资者提供明确的电价水平，稳定了投资者投资预期，为投资决策提供了价格信号。四是标杆电价实施后，新投资的水电企业收益直接受标杆电价制约，这样在同一区域范围内，资源条件好、开发成本低的电站就有了相对更大的利润空间，水能资源的级差收益价值得到了体现，从而有利于向电力市场过渡。

"标杆电价"实施后，一些省市在地方中小型水能资源配置中，部分采取了市场竞价方式，开发商需支付水能资源价款(即开发权出让金)才能取得水能资源开发权，这部分电站的上网电价中包含了以资源价款即资源租金所体现的水能资源成本。而国有大型水电企业仍然是完全无偿取得优质水能资源开发权的，这就形成了水能资源开发市场的要素成本"双轨制"。在这种双轨制下，通过市场竞价方式支付了资源租即水能资源价款的企业，其开发成本明显高于无偿获得开发权的企业。在区域性电力市场中，如果电力价格按社会平均成本决定，那么支付了资源价款的企业，其成本市场竞争力相对减弱，面临的市场风险更大。因此这种要素成本的"双轨制"不利于市场主体开展公平竞争，需要在市场经济发展中尽快统一。

整体来看，水电标杆电价实施后，水能资源有偿使用制度并没有相应建立，占有优质水能资源从事经营的水电厂商获得了水能资源的巨大级差收益，这些收益被不合理地纳入企业利润中，带来了新的不公平，加之水电项目开发的政策环境发生了较大变化,各种复杂因素使标杆电价的调整变得十分困难,2009年国家发改委宣布暂停执行水电标杆电价,重新恢复新建水电站"一厂一价"、按建设成本定价的旧方式,[①]至此,水电标杆电价失去了"标杆"意义和作用,水电上网电价又退回到了垄断定价的老路上。

第三节 企业成本、社会成本与生态成本

水电上网电价为什么低于其他类型电价?水电成本究竟低在何处?为此,我们需要考察水能资源开发的所有成本构成情况。

一、水电与火电的成本比较

我国的电力生产主要由水力发电和燃煤火电构成。发电厂商的企业成本包括固定成本和可变成本,即前期建设投资成本和生产运行成本。

就前期投资建厂的固定成本而言,水电明显高于火电,目前我国西部地区水电的前期平均投资成本为6000~8000元/千瓦,而火电的前期投资成本不到5000元/千瓦。但火电生产运行中的燃料成本占比高达74%,折旧成本占10%,财务成本占7%。[②] 每发1000度电需要消耗320千克标煤,折合原煤为448千克,按市场现行煤价每度电的煤炭成本超过0.30元,而发电过程中热损耗,高昂的脱硫、脱硝成本也推高了火电成本。近年由于煤价不断上涨导致火电成本急剧上升,火电厂商呈大面积亏损状态。相比之下,水电则完全是低成本运行,扣除还本付息后,每度电发电成本仅几分钱。

根据西部地区大量拟建电站可行性经济评价有关数据分析,在水电站的整个建设和运行周期内,水电成本80%是建设投资成本,也就是历史投资额(还贷成本)。而一旦建成投产后,水电以水能资源为载体进行生产,不需

① 国家发改委2009年关于调整华中电网电价、南方电网电价通知中都明确:"由于水电项目开发的政策环境变化较大,新建水电暂停执行我委核定的水电标杆电价。"同时核定四川新投产的瀑布沟电站上网电价为每千瓦时0.3元。贵州构皮滩水电站和思林水电站暂执行临时上网电价每千瓦时0.277元;云南小湾水电站暂按每千瓦时0.30元执行;广西龙滩水电站上网电价按每千瓦时0.307元执行。

② 于华鹏.火电企业经营成本调查[N].经济观察报,2011-12-16.

要其他任何原材料投入，且运行周期长达几十年甚至上百年，[①]其生产成本除少量的设备维护、人工成本外，基本上不需要再有任何投入。西部地区一座装机 100 万千瓦的新水电站，平均每年发电时间超过 4000 小时，年均发电量达 40 亿度以上，即使按目前最保守的水电上网电价估算，每年电力销售收入也在 12 亿元以上，因此水电是名副其实的低成本运行、高效益产出行业。

二、水电开发的企业成本结构

水电站的前期工程投入较大，主要是开发建设工程费用较高。水能资源开发成本通常由几部分构成：一是电站施工辅助工程，主要包括施工交通工程、施工供水供电供风工程、施工通信工程、导流工程等；二是建筑工程，也就是电站的主体工程，包括挡水工程、泄水工程、输水工程、发电工程等；三是环境保护和水土保持工程；四是机电设备及安装工程；五是金属结构设备及安装工程；六是建设征地和移民安置费用，包括受损的水电路桥通信等基础设施复建投资、新开垦耕地费用、移民房屋及搬迁补偿、水库淹没区的库底清理等环保费用；七是独立费用，主要有勘测设计费、工程监理、保险费等；八是建设贷款利息。此外，还包括基本预备费和价差预备费。

从上述成本构成可以发现，企业前期投资成本中包含了部分生态成本和移民成本，如电站库区环境保护和水土保持工程支出，移民安置费用（新开垦耕地投资、移民住宅新建费用以及淹没损失补偿）等，这些都是与水电工程直接相关的成本补偿。但这部分补偿无论是对生态环境还是对移民，数额都是相当有限的，遗留问题比较多。

根据国家电监会 2010 年发布的水电工程造价数据，全国新投产的常规水电工程（包括抽水蓄能电站）的单位造价为 7277 元/千瓦，比同期火电工程单位造价概算（新建项目）的 4115 千瓦高出 76.8%，其中，建筑工程单位造价最高，达到每千瓦装机 2115 元，占投资总额的 29.07%，如果再加上建设前期的各项施工辅助工程造价，合计投资接近电站投资总额 36%（见表 4－2），而环境保护工程比例仅 0.79%，每千瓦为 57 元。尽管与“十五”期间相比，这一占比指标提高了 1 倍多，但仍是各项工程投入中最低的一项，与目

① 云南石龙坝水电站投产运行已 100 年，从德国西门子公司购进的 240 千瓦发电机组等设备虽历经百年仍保存完好，至今正常使用。而建于 1925 年的四川泸州洞窝水电站投产也已 86 年，至今仍在运行发电。

前水电引起社会极大关注的生态环境影响问题形成强烈反差。

为考察水电建设投资的造价以及结构变化，我们以 2007 年 12 月和 2008 年 12 月的价格及利率水平为基准，分别对西部地区大渡河干流和雅砻江干流拟建大型水电项目的投资概算结构为案例进行了比较。结果表明，近年水电建设投资成本总体呈上升趋势，如大渡河泸定水电站单位装机成本概算达到 9417 元/千瓦，雅砻江桐子林电站单位装机成本突破 1 万元，高达 10568 元/千瓦。

表 4－2　全国新投产水电工程造价及构成

	单位造价（元/kw）	所占比例（%）	“十五”期间占比（%）
1. 施工辅助工程	620	8.52	7.0
2. 建筑工程	2115	35.1	33.0
3. 环境保护工程	57	0.79	0.3
4. 机电设备及安装工程	1162	15.97	12.9
5. 金属结构设备及安装工程	285	3.91	3.0
6. 建设征地和移民安置	1223	16.81	16.7
7. 独立费用	665	9.13	7.1
8. 预备费	420	5.77	9.4
9. 建设贷款利息	730	10.03	10.5
合　计	7277	100.00	100.0

注：数据来源于国家电力监管委员会 2010 年发布的《2007、2008 投产电力工程项目造价情况通报》

在水电造价的成本结构上，西部地区水电站也略有不同。如大渡河泸定水电站和雅砻江桐子林水电站均为大型水电站，两电站的建设征地和移民安置费用合计分别占各自工程总投资额的 9.4%、3.1%，大大低于同期全国新投产水电工程的同项指标。这一方面表明上述两电站的淹没损失和移民安置难度相对较小，尤其是桐子林电站具有突出的开发优势，另一方面，也可从中看出西部地区不同水电站的移民安置成本差异是极大的，其间也存在移民安置补偿不足等问题。水电站施工辅助工程和建筑工程占总投资比例最大，基本维持在 40% 左右，机电设备和金属结构设备及安装工程投资合计占 23.4%，建设贷款利息占 9.4%。而环境保护和水土保持工程成本上升到 152.4 元/千瓦，较全国新投产电站的环保投资平均成本 57 元/千瓦提

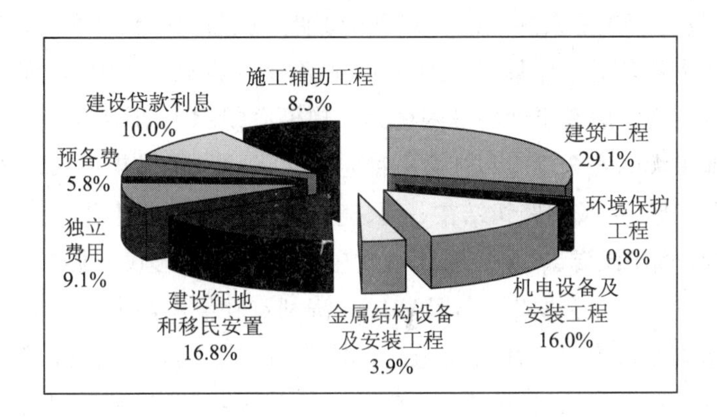

图 4－5　水电工程项目造价构成

根据电监会《2007、2008 投产电力工程项目造价情况通报》数据绘制

高了 2.7 倍，占比由 0.79% 上升为 1.4%。但距目前国家规定的大型工程环保投入 3% 的标准仍有相当差距。与此相比，总投资 330.9 亿元的青藏铁路，环保资金达 15 亿元，占工程总投资的 4.6%。工程中对铁路沿线动植物保护等采取了一系列措施，如保证藏羚羊等野生动物迁徙，尽可能减少对沿线草地、冻土和湿地生态环境的影响。实践证明，只有确保环保资金的充分投入才能真正落实大型水电工程建设的环保措施，使开发建设过程对生态环境的危害影响程度降到最低。

水电工程造价成本数据显示，水电工程中的独立费用和预备费占比上升较快，表明近年来水电开发中的各种不确定性因素增多，在新形势下需要开展的专题性研究也日益增多，如汶川 5·12 特大地震灾害发生后对工程及移民住宅的抗震设计等。因此，单从开发投资成本来看，水电成本呈上升趋势，存在一定的投资风险。

三、水电的社会成本和生态成本补偿

（一）移民成本是水电最大的社会成本

水电工程建设常常伴随大量非自愿性移民。在计划经济体制下，由于长期"重工程、轻移民、低补偿"，加上后期扶持力度不大，造成了大量的失地贫困移民，带来不稳定的群体和社区。新中国成立以来，我国累计建设了各类水利水电工程（水库）8.6 万余座，移民近 2400 万人，其中大中型水电工程移民近 800 万人。未来，我国仍面临着繁重的水电工程移民任务。据不完全统计，目前我国在建和拟建的水电工程移民人数分别在 60 万和 80 万人左右,总人数约150万人。[①] 庄万禄(2007)研究认为,截至2005年,新中国成立以来产生的各类水库移民(含后代)中,有1/3没有解决温饱,成为极不稳定的人群。失去原有土地的贫困移民大规模有组织上访,或大量回流库区,成为当地重大的安全隐患和社会不稳定因素。[②] 此外,水电移民问题还与复杂的民族问题、宗教问题纠结在一起,随时可能演变为群体性事件。如2004年、2005年四川汉源县、泸定县相继发生大规模水电移民群体性事件,全国各地类似事件也时有发生。围绕移民经济利益补偿不足所产生的矛盾冲突已成为影响和谐稳定的社会问题甚至是政治问题。中国科学院院士、中国工程院院士潘家铮认为,对移民工作的复杂性和难度,提到任何高度来认识都不为过。过去由水电部门做出移民规划,征得地方政府同意,报请国家权力机构审批的做法有待改进。[③] 各级政府和权力部门要提早介入,使水电开发规划和整个地区的宏观发展规划结合起来。

在水电投资体制已经市场化的今天,水电移民工作如果继续沿用计划经济时代的行政手段是低效甚至无效的,简单地以"牺牲上游保下游""牺牲库区保大局"的说辞难以推动移民工作。事实上,水电工程移民的过程是各种利益集团(包括作为经济人的各级地方政府、项目法人、规划设计单位、移民等)的博弈过程,是充满矛盾冲突的过程。处于弱势地位的农村移民,出于"理性经济人"会本能地尽量多赢得个人利益,在面临利益受损时甚至会做出某些过激行为以利于谈判,这几乎是无可避免的。[④] 农民已不再可能"决然告别家园,茫然走向未来"。因此,只有确立"以人为本"的水电移民方针,更加重视移民个体利益,在市场体制框架下建立移民利益补偿的长效机制才是根本途径。

移民安置包括生产安置和生活安置两部分,是关系水电移民生存和发展的长期性问题,仅靠水电开发企业有限的一次性经济补偿是不可能实现的,必须依靠政府长期的经济扶持和持续的利益补偿。国务院《大中型水利水电工程建设征地补偿和移民安置条例》(国务院令第471号,以下简称新

① 上述统计数据出自《中国能源报》记者苏南"水电移民盼有章可循"一文。

② 庄万禄. 四川民族地区水电工程移民政策研究[M]. 北京:民族出版社. 2007-10:34-35.

③ 潘家铮. 在更高层次上解决好水电移民问题[N]. 中国水电可持续发展高峰论坛会刊, 2009:39-41.

④ 蒋兆勇. 柔性处理移民群体事件的理由[EB/OL]共识网, 2010-05-19. http://www.21com.net/articles/zgyj/ggzhc/article_201005199814.html

《条例》)自2006年颁布实施以来,为我国大中型水电工程移民安置规划制定和实施发挥了重要的规范性、指导性作用,特别是“国家实行开发性移民方针,采取前期补偿、补助与后期扶持相结合的办法,使移民生活达到或者超过原有水平”的政策规定,为保障水电移民“搬得出、稳得住、能致富”奠定了坚实基础。

新《条例》制定了更为严格的移民安置规范和程序,在计量移民淹没损失、满足其合理补偿要求、制定生产安置和搬迁安置方案等方面都更加尊重移民意愿,对移民的补偿标准较过去更高,以切实保障移民的后期生产生活水平在原有基础上有所提高,广大移民群众的切身利益得到更大程度的维护。

国务院《大中型水利水电工程建设征地补偿和移民安置条例》第五条规定:“移民安置工作实行政府领导、分级负责、县为基础、项目法人参与的管理体制”,从而明确了水电工程移民是政府行为,地方县级政府是移民工作的主体。

“十二五”以来,我国水电开发进入新的快速发展期,特别是位于西南少数民族聚居地区的雅砻江干流、大渡河干流一批大型骨干水电站相继动工,涉及民族地区的特殊性,水电移民安置工作出现了一些新矛盾、新问题,移民安置工作的难度在不断增大。水电工程移民安置将成为今后较长时期内直接关系到这些地区发展和稳定大局的重要问题,因此移民成本将是水电开发最大的社会成本。

(二)“有土安置”方式面临土地后备资源不足制约

我国西南大型水电开发区大多地势险峻,海拔高,气候寒冷,耕地资源稀缺且大多位于水电站将淹没的河谷地区。实行退耕还林和天然林保护工程后,当地适宜耕作的土地资源及后备资源极度匮乏。据统计,位于雅砻江干流、大渡河干流库区的四川省甘孜藏族自治州、阿坝藏族羌族自治州,目前耕地面积分别仅占全州土地面积的0.55%、0.71%,因此安置农村移民的容量空间十分有限,无法满足新《条例》第十三条规定的“对农村移民安置进行规划,应当坚持以农业生产安置为主,……应当使移民拥有与移民安置区居民基本相当的土地等农业生产资料”要求,难以落实新《条例》第二十五条:“大中型水利水电工程建设占用耕地的,应当执行占补平衡的规定”。而外迁安置受到少数民族宗教信仰、社会关系、山林资源采集权等多种因素制约，不符合当地移民意愿。

例如，位于四川省甘孜藏族自治州境内的两河口水电站，是雅砻江中游的“龙头”控制性水库电站，设计装机容量300万千瓦，多年平均发电量114.9亿千瓦时，建成后可显著增加雅砻江中下游干流梯级的发电效益，其调节补偿效益从雅砻江中下游一直延伸到金沙江干流下游梯级、长江干流的三峡电站和葛洲坝电站等，枯水期补偿效益超过电站自身的发电效益，对优化改善电源结构和电力系统的运行条件具有重要作用，因此两河口电站开发是整个雅砻江梯级电站开发的关键。电站库区淹没涉及甘孜州雅江、道孚、新龙、理塘四县的20个乡、6287人口（其中农业人口5819人），淹没和占用耕（园）地5672.6亩。由于受宗教信仰、文化习俗、收入来源的深刻影响，绝大多数农村移民选择了“就近后靠”安置方式，不愿外迁。而当地人均耕地面积少，土地产出水平低，通过调剂耕地只能安置少量农村移民。两河口电站正常蓄水位海拔高2865米，要在淹没线以上开垦新的耕地不仅成本高、难度大，而且土质和气候条件差，不能保证移民后期生产生活水平不下降，还可能造成生态环境损害，加大水土流失。

（三）“三原”补偿原则有失公平

新《条例》第二十二条规定：“被征收土地上的附着建筑物按照其原规模、原标准或者恢复原功能的原则补偿”，第二十四条规定：“工矿企业和交通、电力、电信、广播电视等专项设施以及中小学的迁建或者复建，应当按照其原规模、原标准或者恢复原功能的原则补偿”，这一规定即通常所称的水电移民的“三原”补偿原则。新《条例》第三十四条还规定：“因扩大规模、提高标准增加的费用，由有关地方人民政府或者有关单位自行解决。”考虑到前述情况，这两条规定明显不够合理，可能导致库区基本公共服务设施水平与周边的差距进一步扩大化。如雅砻江两河口水电站移民原来居住在海拔2730~2865米，搬迁安置点在海拔2899~3947米，大部分移民的居住地上升了1000米以上。大渡河上游的“龙头”电站双江口水电站，移民需要从海拔2300~2500米搬迁到海拔2515~3100米，生活环境条件变差。河谷气候相对温暖，建筑物迁建到高半山气候寒冷地段后，原面积、原标准下无法实现其原有住房的御寒保暖功能，移民面临建房成本和生活成本增加、生活质量下降、身体健康受影响等因海拔增高导致的问题。

此外，新《条例》第七条规定：“大中型水利水电工程在实物调查工作开始前,工程占地和淹没区所在地的省级人民政府应当发布通告,禁止在工程占地和淹没区新增建设项目和迁入人口”,即下达“封库令”。大型水电站建设工期长达十余年,在整个施工建设阶段甚至从规划阶段开始,受淹没影响区域的交通、电力、通信、农田水利等基础设施基本上都处于停滞状态,特别是“封库令”下达后,一切新增投入均不能计入补偿范围,使各级政府长期不能将扶贫资金、新农村建设资金等投入当地,群众也长期无法自我改善生产生活条件,导致中小学校舍旧损,设施落后,居民住房失修,危房不断增加,新增人口不能建房,公共设施破败失效,造成库区发展大大落后于周边地区的局面,库区群众在水电站建成前的近十年时间内,都可能面临实际生活水平的下降。

(四)对富有民族特色的民居房屋补偿标准偏低

西南水电开发区大多为少数民族聚居区,河谷地带民居颇具民族特色。如雅砻江、大渡河两岸的藏族民居、羌族民居赋有浓郁的民族色彩。建筑物通常具有墙体厚,木材用量大、质量好,内外部装饰华丽的特点,凝结着丰富的民族文化艺术。如受两河口电站淹没影响的扎坝民居,主要是一种碉与房一体组合成的碉房,一般4～5层甚至更高,建造完成常常要费时数年,耗用大量的人力物力,凝聚了深厚的传统建造技艺和文化内涵。还有另一种藏式民居俗称“崩科”,是建筑学中著名的川西藏式民居,它以粗壮的圆木作为大梁、立柱和外墙,外形别致,色彩绚丽,内部以大面积的彩绘、木雕作为装饰,华丽夺目。嘉绒藏族、羌族的石木民居、碉房也很有特色。目前在民居补偿价格评估中,考虑了民居内部的藏式装饰,体现了对于少数民族特殊性的重视。但由于缺乏评估少数民族传统民居、宗教设施价值(包括其文化价值)的技术规范,因此对藏式民居的补偿价格与其实际价值仍有一定差距,主要是对于藏式民居的用料、建造过程和建造技艺了解不够,导致对具有较高技术水平和建造难度传统工艺的工时费计算不足,分解的材料单价来自建设部门,没有考虑藏式民居所用传统建筑材料现在的实际价格和获取难度,因而显得偏低,例如,天然林保护工程实施后,大直径原木现在很难获得,且运输距离很远、运输难度很大。一些需要搬迁的藏传佛教寺庙建筑、个人和集体拥有的宗教设施的补偿价格也存在争议。

此外,在移民淹没土地评估方面也存在一些争议,如反映较大的淹没占用土地面积计量方法,普遍采用“投影面积法”,由于西部地区大型电站库区多位于高山峡谷，地表坡度大，导致坡地实际面积大大超过水平投影面积，因此按投影面积计量坡地实际面积，会使移民群众损失的林地、耕园地面积得不到真实反映。又如过去在产量的评估方面存在以平均产量代替实际受淹的河谷地良田产量，导致群众吃亏现象。对此目前已按国土资源部门公布的当地土地年平均产值作为统一补偿标准，并根据物价水平的变动定期进行调整。

（五）对库区后续支撑产业的培育和规划重视不足

大型水电站多数地处高山峡谷，库区耕地资源稀缺，河谷大量耕地被淹没后，人地矛盾将更加突出。目前两河口水电站农村移民家庭收入的20%左右来源于土地收成，40%～50%来源于虫草、松茸等野生菌类资源和野生中药材资源，一旦这些资源因为气候变化、生态破坏、过度采挖而减少或者消失，他们的收入将会大大减少，特别是失地移民可能无所事事、“坐吃”补贴，给当地带来不稳定因素。然而现阶段的移民安置规划没有将库区后续支撑产业的培育和发展列入，不能将移民生产安置主动融入当地农村经济结构调整中，增加了移民未来生产生活的不确定性。

（六）民族宗教问题加大了社会成本

西南地区的雅砻江干流、大渡河干流电站库区，大多属于全民信教的藏区，民族特色鲜明，宗教历史悠久，藏传佛教教派众多，移民生产生活方式独特，加之境内海拔较高，土地后备资源极其有限，使得移民安置工作呈现出情况复杂、问题敏感、环境容量有限、安置难度大的特点，库区维护稳定工作艰巨。

《大中型水库水利水电工程建设征地补偿和移民安置条例》是新时期解决水电移民安置最重要的法规依据。然而，这一安置条例也难免存在不足和遗漏，特别是没有专门针对民族地区特色建筑物、宗教设施的评估补偿标准，这使位于西部民族地区的水电移民部分建筑设施、宗教设施补偿面临“无法可依”的局面，客观上容易造成这部分特殊利益被忽视，影响民族和谐。如四川藏区水电开发淹没涉及众多的经堂、寺庙、佛塔、嘛呢堆、洞科、渣渣孔、经幡、转经筒、水葬点、火葬台等宗教设施，移民几乎每家都有土神、家神、水神这些设施。对业主、设计单位和地方政府而言，如何合理制定实物指标调查细则，科学制定量算标准和补偿标准，得到移民群众的认可，从而切实维护库区移民、寺庙僧侣的切身利益，是一道亟待破解的难题。

在西南广大藏区，分布着藏传佛教的格鲁、宁玛、萨迦、噶举、苯波五大教派，各乡各村信奉的教派可能都不相同。即使同一教派，其供养的寺庙、信仰的活佛也有不同。一座大型水电站特别是具有调节库容的高坝电站淹没库区后，不可避免要涉及宗教设施和大量信教群众。无论是寺庙动迁还是信教移民搬迁，都将产生不同教派混杂的局面，使移民过程中可能产生大量"寺随人迁，人随寺走"的复杂情况，由此带来一些现实矛盾和潜在冲突风险。因此，寺庙和信教群众的安置，成为民族地区移民安置的难点。如果寺庙未能随移民搬迁，还可能产生新建庙宇的要求，而按照国家宗教事务管理条例，这方面的报批程序非常严格且受限。西部水电库区处于维护祖国统一、反对民族分裂的前沿阵地，雅砻江中上游、大渡河干流大部分流经康巴藏区，历史上早有"治藏必先安康"的古训，水电移民问题一旦处置不当，境内外敌对势力、民族分裂分子及宗教败类就会乘机利用民族宗教问题破坏稳定。因此，维护民族团结、反对分裂的工作将贯穿于水电开发和移民安置的全过程，从而使民族地区社会稳定工作面临更大的难度，极大地考验着地方政府的应变智慧和处置能力。

（七）生态环保成为水电开发的最大制约因素

西部水能资源开发区生态环境十分脆弱，由于无序开发引起的部分河道断流、水土流失、林木枯死等生态环境问题时有发生。目前水电开发引起的生态环保问题已受到了社会各界重视，从怒江开发之争到重庆长江干流小南海开发的受阻，显示了公众、媒体和环保组织对水电环境影响的空前关注，水电也成为历次"环保风暴"处罚的焦点。

2005 年，金沙江溪洛渡电站、三峡地下电站等曾因环境影响评价未经审批就先行动工而受到当时的国家环保总局（现环保部）处罚。时隔四年，金沙江中游龙开口电站和鲁地拉电站 2009 年 6 月又被环保部叫停，同时受到牵连的还有华能、华电两大集团的所有拟建项目以及整个金沙江中游电站环评项目，其原因仍然是"未批先建"——华能金沙江中游龙开口电站和华电鲁地拉电站在项目环评报告未获得批准的情况下擅自先行截流，违反了《环境评价法》第二十五条"建设项目的环境影响评价文件未经法律规定的审批部门审查或者审查后未予批准的，该项目审批部门不得批准其建设，建设单位不得开工建设"的规定。

上述典型案例暴露了水电开发长期普遍存在的"先上车后补票"的潜规

则。许多水电站特别是大中型电站工程在国家发改委还未核准批复前，只要获得了地方政府相关部门批准，就可以进行“三通一平”前期建设，还可以开始导流洞施工等辅助工程。这样一来，“动工”的概念就变成了“开始坝体建设和大江截流”。这种“潜规则”使水电开发的环保监管和移民安置监管都处于十分被动的地位，造成了事实上的水电“绑架”政府行为——等到大江截流才来否定一个已投资数十亿的项目，生米已经煮成熟饭，要么给国家造成巨大的经济损失，要么使环保生态利益和移民利益难以保障，这两者无疑都是政府难以承受之重。如果说，程序违法可以纠正的话，环保滞后和移民安置的不到位则可能造成难以弥补的后果，有些后患付出再高代价都难以根除。环保问题和移民问题都是关系到子孙后代和长远发展的大问题，要经得起历史检验。

国家大型电力企业在环评问题上屡闯红灯，从一个侧面反映了我国水电环境影响评价的复杂性。按照我国的《环境评价法》，水电环评分为两步，即规划环评和项目环评。而在国家环保总局与国家发改委2005年1月联合下发的《关于加强水电建设环境保护工作的通知》中，对此专门规定，考虑到水电工程位置偏远，为了缩短建设周期，在工程环境影响报告书批准之前，可先编制“三通一平”等前期工程的环境影响评价文件（表），经环境保护行政主管部门批准后，可开展必要的施工前期准备活动，但不得进行大坝、厂房等主体工程的施工。[①] 也就是说，这一行政规定将水电环评过程“拆分”为三步，第一步是规划环评，通过审查之后再进入“后两步环评”——先由水电公司提交前期工程环境影响评价文件，然后才是项目环评。金沙江被叫停的两个项目，都通过了规划环评，也提交了前期工程影响评价文件，并于2007年获得国家发改委允许开展前期工作的复函，但是在项目环评报告没获得批准的情况下，这两大电站所进行的“前期工作”超越了允许的范围。

水能资源开发过程中所暴露出的环评问题，绝不仅仅是程序问题，对于水电的生产地而言，电站大坝的淹没、阻隔、径流调节对流域生物资源、生物多样性、景观多样性等方面会产生很大影响。水电站对天然河道的拦蓄、隧洞管道引水等，改变了天然河流的水文状态，甚至造成河流的减水脱水河

---

① 国家环境保护总局、国家发改委．关于加强水电建设环境保护工作的通知（环发[2005]13号）[R]．2005－1－20.

段,从而对以自然河流为生存环境的鱼类等水生生物、临河两岸的陆生动植物产生一定程度的干扰、破坏,在河流的减水脱水段还会造成一些珍稀鱼类的消失毁灭。由于电站大坝导致水流速度变缓,加上水温变化,会影响部分适应急流环境的鱼类生存,尤其是那些需要洄游的鱼类,有的洄游距离在一两百公里长,拦河建坝后将导致其洄游通路受阻,因此对珍稀洄游性鱼类,需要采取人工捕捞过坝和人工繁殖、设过鱼通道等措施。此外,工程施工中对植被的破坏、淹没,可能加大高山峡谷区的滑坡塌岸,加剧水土流失,电站蓄水还可能诱发库区地震等。这些生态环保问题成为水电开发备受质疑的焦点。以金沙江中游开发为例,水电站建设的环境影响评价涉及水生生物、陆生生物、地方病、地质环境等 13 个专题,其中最大影响之一是水生生物。环境保护部曾明确要求,根据已开展的对金沙江中游河段水电梯级开发规划的环境影响分析和研究结果,对规划的龙头水库和虎跳峡河段的开发方式与相应的环境影响还需要深入研究;规划河段沿途支流水生生态及替代生境保护工作、各项鱼类保护措施等需要统筹考虑和实施;应建立流域梯级电站生态保护的协调管理机构。①

但在这种情况下,两家大型电力央企(华电、华能)仍然敢于“未批先建”,主观上是为了赶工期、抢进度,追求开发经济效益,无视生态影响,客观上说明环保执法对央企不够严厉,没有起到震慑作用。为了确保金沙江流域合理有序开发,国家环保部不得不顶着重重压力,宣布给予华电和华能两个电力企业处罚,暂停审批金沙江中游水电开发建设项目环评文件,督促相关部门和单位对金沙江中游已批和未批的建设项目环境影响进行补充论证,并要求根据论证结论进一步完善环境影响评价和措施。但是让一个已经开展前期建设的水电项目最终停工的事在中国从未发生过。而在美国,由联邦政府机构投资 1 亿美元在科罗拉多河支流开建的艾克公园水坝,(Echo Park Dam)就因生态环境问题经历了开工、停工、复工、再停工并最终拆坝的命运,艾克公园水坝也因此成为美国拆坝运动的“始作俑者”。②

西南地区是我国生物多样性最丰富、生态保护压力最大、地质灾害最为频繁的地区。在水能资源开发中,必须结合流域开发规划和规划环评,按照

---

① 中华人民共和国环境保护部网站 . http://www.zhb.gov.cn/xcjy/zwhb/200906/t20090611_152672.htm.

② 何学民 . 从格伦峡谷协会等反坝组织看美国的拆坝运动[J]. 四川水力发电,2007(S1).

国家法律法规严格实行项目环评审批制度，根据环评审批文件指导水电开发项目的环保工作。水能资源的开发利用，必须在保护生态的基础上有序进行，要坚决杜绝“跑马圈水”“遍地开花”和干支流齐头并进的现象，这无论是对小型民营开发水电公司还是大型央企，都绝不应该有例外。从某种意义上说，水电央企更应该树立高度的社会责任感，为保护河流生态环境作出表率。

综上所述，在我国电力需求不断增长、煤价带动电价不断上涨的趋势下，低成本水电带来了巨大的利润空间。然而水电的“低成本”只是发电企业的低运行成本，并不是水能资源开发的全部成本，其中的生态环境保护成本、移民安置的经济成本和社会成本都是十分高昂的。水电企业支付的成本与其带来的社会生态成本之间存在极大反差。对水能资源开发的这种负外部性问题，迫切需要建立相应的补偿机制来解决。

第五章　东部水能资源开发权有偿出让的实践探索

自然资源有偿使用包括两层含义:一是指有经济价值的资源资产须有偿取得,即国家对自然资源的开发权实行有偿转让,从而摒弃过去计划经济时期对资源无偿划拨的资源配置方式,以提高资源配置效率;二是指取得资源开发权后,由企业开采经营的自然资源须有偿使用,即国家对开采经营自然资源的企业征收资源费和资源税,以提高资源开发效率。前者体现为一次性(可分期)缴纳的资源价款(即国外所称的权利金),后者体现为逐年按收益或按产量规模缴纳的资源税费。

全国目前已有十多个省市在水能资源开发权有偿出让方面进行了大量的实践探索,尽管范围还局限于各省市具有管辖权限的中小流域,但毕竟迈出了艰难的步伐,积累了可贵的经验,也留下了一些值得总结的教训。

第一节　水能资源拍卖“第一槌”

浙江省有偿出让的水能资源,是按我国水资源分级管理规定,属于地方管理的小型水能资源点。根据全国水力资源最新复查数据,浙江省水能资源经济可开发量为 661 万千瓦,目前开发率(包括正在建设中的)已达到70%,其中大部分都是农村小水电。位于该省西南部的丽水市,是全国水能资源开发权有偿出让制度的首创地。

一、浙江省水能资源开发权有偿出让的历程

浙江省丽水市 2008 年年末全市总人口 255 万,地区生产总值 505.7 亿元,属于东部沿海发达地区的相对欠发达市。市境内有瓯江、钱塘江、飞云

江、灵江、闽江、交溪水系，其中发源于丽水市庆元县与龙泉市交界处洞宫山的瓯江，自西向东蜿蜒过境，干流长388公里，市境内长316公里，流域面积12985.47平方公里，占全市总面积的78%。由于河流落差大，水力资源丰富。全市可供开发的常规水电资源有327.8万千瓦，约占浙江省水能资源可开发总量的40%，水电产业成为丽水市的支柱产业之一和主要经济增长点。

丽水市从2001年开始探索水电资源配置市场化机制。根据市政府有关规定，水力发电、供水等生产经营性水利工程建设项目，通过公开招商确定项目开发权人。水电资源开发权的授予则根据建设项目的任务和预期收益，采取有偿、无偿或政府补贴等多种形式。对防洪、灌溉、城市供水等公益性部分，采取公开竞价方式给予政策性补贴。通过水电资源的合理配置，采取对开发业主收取"水电资源开发权费"(即水能资源价款)的做法，以体现国有资源使用权的有偿性。

2002年，丽水市政府将瓯江上装机共20万元的三处水电资源开发点以协议出让方式，按300万元的水能资源价款与开发业主签订了项目开发权出让协议，[①]开创了水能资源开发权有偿出让先例。紧随其后，丽水市遂昌县举行了全国首例水能资源开发使用权有偿出让招标会，敲响了水能资源开发权竞价拍卖的"全国第一槌"。县水利局对境内已规划的陈坑和淤连山两座水电站的资源开发使用权进行公开招标，共有9位业主参与竞标。通过激烈的竞价，起标价6.75万元，设计装机1500千瓦，年发电量400万~500万千瓦时的淤连山水电站开发权，最终以99.5万元成交，资源价款每千瓦平均达到663元；而起标价仅为11万元，设计装机2500千瓦，年发电量770万千瓦时的陈坑水电站开发权最终以118万元的高价成交，每千瓦资源价款为472元。招标会的成功，引起了很大的社会反响。此后，浙江县水能资源丰富的文成县、太顺县、仙居县、松阳县、景宁县等20多个县先后开展了开发权有偿出让的实践。经过多年的试点推广，水能资源有偿出让方式成为全省各地水能资源开发的主要方式。据统计，浙江省已有偿出让水能资源点140余处，出让金总额近2亿元。[②]

---

① 陈勇泉．水电资源配置市场化在丽水市的实践[J]．中国农村水电及电气化，2006(3).

② 田中兴．在水能资源管理工作研讨会上的总结讲话[J]．中国水能及电气化，2008(1).

二、市场化配置水能资源政策实施要点

(一)开发权通过市场竞争有偿取得

在各县市对水能资源开发权实行有偿出让的试点基础上,浙江省水利厅以部门法规形式,要求全面推行水能资源有偿出让制度,并明确"有偿出让采取公开招标、拍卖或协议出让方式",使水能资源配置手段市场化,为建立公开、公平、公正的水能资源市场,提供了良好的市场竞争机制,使每一个社会成员都有参与投资的平等机会,从而树立公共、廉洁、高效的政府形象,避免行政配置稀缺资源过程中官员寻租等腐败行为。

(二)规范开发权有偿出让程序

通过不断的实践探索,浙江省在水能资源市场化配置过程中逐渐形成了一套比较完整的工作程序,这些程序包括以下几个要点。

一是项目选点和现场踏勘。首先由地方水行政主管部门根据批准的流域水电开发规划,对拟进行出让的水电站开发项目组织编制工程项目建议书,由具有资质的勘测设计单位编制,提出有关项目开发的方案、建设规模等技术数据,并将项目建议书报送同级计划主管部门备案。然后由水行政主管部门牵头,召集计划、电力、国土、林业、环保等部门以及项目所在地的乡镇政府,对拟出让的项目进行现场踏勘。由各单位确认开发项目在土地审批、政策处理、电力上网、环境影响等方面可能产生的问题,提出意见、建议并协调解决办法。

二是发布招标公告。首先由项目出让组织者(通常为水行政主管部门)在新闻媒体上发布招标公告,内容包括拟出让项目的招标方式、资质要求、报名办法等。然后由项目组织者与监察等部门共同对投标报名人的资格进行审查,包括投标人的信誉、财力、资质等情况。当报名投标者仅一两家时,采取协议有偿出让方式,当通过资格审查的报告者超过两家以上时,实行公开竞标。

三是组织现场竞标。委托政府招投标统一平台或通过社会中介机构,对出让项目进行公开招标拍卖。开发权标的一般设一个底价,一个保留价。竞标从底价开始,采取公开竞价方式,以最高应价且达保留价为成交。为保证招投标过程的权威性、合法性,防止通标、串标等非法行为,竞标会由纪检监察部门实行全过程监督,或由司法部门进行现场公证、工商部门进行现场工商鉴证。

四是签订开发协议。规定有偿取得开发权的投资者在 15 个工作日内，将水能资源价款（开发权出让金）全额缴入指定的财政专户，同时，开发商要与水行政主管部门签订水能资源建设项目开发权出让协议书，协议书中明确了双方的责任、权利和义务。

（三）明确开发使用权年限

实行水能资源开发权有偿出让，并不会改变水能资源所有权的国有属性，开发商取得的只是水能资源的开发使用权，包括相应的投资收益权，而不是水能资源的所有权。因此，投资者有偿取得开发权后，在与政府签订的开发协议书中，明确了水能资源开发使用权的年限，一般规定为 30 ~ 50 年，以保证投资者在此期间能收回成本并取得投资利润。

（四）突破开发权流转限制

产权理论表明，只有能够流转的产权才是有价值的。对有偿取得的水能资源开发使用权能否再转让，我国的现有法律中没有明确，实践中也是空白。而浙江省在水能资源开发使用权有偿出让的管理办法中，大胆突破了这一禁区，明确规定："依法获得的水电资源开发使用权，经水行政主管部门批准可在有效期限内进行转让"[①]。但规定经批准转让的水电资源开发权使用年限从出让时间算起，并对开发权流转条件进行严格限制。为了禁止炒作倒卖水能资源，防止开发商对水能资源圈而不建，浙江省相关法规明确要求投资者在获得开发使用权两年内必须动工建设，五年内建成投产。逾期不开发的，政府将无偿收回开发使用权。

第二节　水能资源开发权有偿出让的主要方式

浙江省有偿出让水能资源开发权的方式灵活多样，大体上可分为以下三种方式。

一、开发权招标、拍卖与协议出让

当存在多个投资者争夺资源开发权时，最有效率的办法是通过市场竞争机制来配置资源，即按一定的起标底价对水能资源点进行公开招标、拍卖，以最高出价者获得水能资源点开发权。而协议转让方式一般出现在参

① 引自浙水电[2003]17 号文件《浙江省水电资源开发使用权出让管理暂行办法》第十条。

与竞争的投资者只有少数几家的情况下。[1] 开发业主以上述两种方式之一获得水能资源开发权后，要按照项目开发规定完成相应的移民安置、环保评价等程序，承担具体的政策处理工作和办理开工前的各项手续，并支付相应的前期费用。在水能资源开发权招标、拍卖或协议出让中，开发项目仅完成了建议书审批而未进行政策处理等工作，开发企业要承担较多的前期投入，同时也面临一定的不确定性政策风险。对资源开发实行招标、拍卖或协议出让，是浙江省水能资源有偿开发权出让中普遍采用的方式。丽水市178个有偿出让的项目中，采取公开拍卖方式的有26个，其余大多采取协议出让方式。

二、水电项目打包拍卖

这种方式是先由当地水利部门完成水能资源点开发立项的全部报批程序及各项政策处理，再将已较成熟的水电投资项目进行公开招标，从而减少水电站建设中的不确定性因素。以水电投资项目打包拍卖方式出让的水电项目，其资源价款一般相对较高，如浙江省江山市拍卖的双塔底电站资源点，装机2500千瓦，资源价款达451万元，拍卖价占电站总投资的20%，每千瓦装机水能资源拍卖价高达1800元以上。从理论上来看，这笔费用实际上已经包含了水能资源开发的一些前期投入资金，如勘测成本等费用，因此不完全是水能资源价款，其中一部分是对当地有关部门垫付的前期成本的现金补偿，扣除这部分后才是水能资源价款的真实数额。

三、混合投资方式

这种方式将流域水资源综合开发作为统一整体，对水能资源开发中的发电、防洪、灌溉等进行统筹，政府将其中经济效益较大的水电开发权出让给民营企业，以换取电站水库的防洪调度权，相当于换取了防洪、灌溉水库的建设资金。具体做法是，当地政府将水库的公益部分和盈利部分进行剥离，将其中的盈利部分交由私营公司投资管理，而公益部分由政府负责调控。建设资金大部分由电站投资企业承担，政府以开发权的有偿出让方式弥补公益水库的建设资金缺口，从而产生了由政府和私人共同投资的混合投资模式。如浙江省常山芙蓉水库和桐庐分水江水利枢纽两座防洪工程，都有附带水电站。常山芙蓉水库水电站由政府负责前期政策处理费用1亿

① 叶舟，马瑞．水能资源开发权有偿出让制度的实践[J]．中国水能及电气化，2006(10)．

元,企业主负责水电站建设投资约1.2亿元,发电收益权归企业所有,政府拥有水库防洪调度权。而桐庐分水江水库由政府筹资6亿元建设,水电站设施由企业筹资3亿元建设,发电收益归企业,水库防洪调度权归地方政府。这种方式以水电资源换取水资源综合开发资金,改变了水电的单一开发目标,有利于防洪、灌溉、农村供水、生态环境保护等社会目标与水电开发经济目标的统筹、协调,从而实现流域水资源综合开发的经济效益和社会效益的统一。

第三节　水能资源有偿出让制度探索中存在的主要问题

对国有水能资源开发权实行有偿出让,是我国水能资源管理制度的创新性探索,浙江省作为这一制度的开拓者,必然面临一些需要进一步研究解决的矛盾和问题。

一、水能资源价款过低或过高

在实践中,对水能资源开发权出让的资源价款[①]评估确定往往缺乏科学合理的依据。如丽水市通常由各县(市、区)自行制订收费标准,协议出让的开发项目,一般资源价款为每千瓦装机30~80元。由于缺乏科学测算依据和合理的资源价款标准,引起地区之间的不平衡。一方面,按协议方式出让的项目资源价款普遍偏低,与按招标拍卖方式出让的项目相差过大。另一方面,招标拍卖竞价也存在一定的盲目性。如一些县出现了竞标者不考虑投资风险,志在必得,一味抬高竞价的现象,以至于建设后期投资者资金链断裂,或者电站投产后无利可图甚至亏损,反而影响了小水电的良性发展。如丽水市遂昌县一电站规划装机仅400千瓦,通过招标,业主以90万元获得资源开发权,电站单位投资相应增加了2250元/千瓦,导致后续建设资金难以筹集,影响正常的开发建设。因此,水能资源价款过低或过高都不利于水电产业的健康发展,必须科学评估水能资源出让的合理价格,作为招标拍卖或协议出让的基准价。

---

① 在一些省的水能资源开发权有偿出让地方性法规中,也将水能资源价款称为水能开发权出让金,或使用权出让金,其内涵与资源价款是一致的。本项研究中,为了强化资源价款的概念,使水能资源价款与矿业权价款衔接,我们将其统一规范为水能资源价款。

二、贸然出让个别不具备开发条件的水能资源点

由于前期工作不够深入，个别地区贸然将不具备开发条件、规划不完善的水能资源点有偿出让，导致投资者取得开发权后，与环保、旅游、交通、土地或电力等部门的专项规划无法衔接，难以通过后期审批环节，造成项目不能实施。如遂昌县淤连山水电站，在工程进入可研审批阶段时，旅游部门提出电站开发不可行的审查意见，县政府召集有关部门多次论证协调，最终该电站被否决，从而使政府部门自身信誉受损。因此，在水能资源有偿出让前，必须加强规划项目的前期审查工作，审查重点是必须符合流域整体开发规划，并与环保、旅游、电力、林业等专业规划衔接，在生态保护、土地预审、取水许可、电力上网、政策补偿等各方面取得相关部门的初步论证意见。同时，应将项目的各方面情况进行公示，接受社会公众的监督。

三、水能资源价款的收支管理制度有待健全

由于对水能资源价款的理论定性不准确，导致实践中对资源价款的使用管理存在随意性。为此，浙江省规定，各地应将水能资源有偿出让所得的一定比例作为扶贫资金补助给受开发影响的行政村，使资源价款与对村民的经济补偿联系起来，某种程度上具有了经济补偿的性质。然而，资源价款体现的是水能资源价值，还应当用于对水资源、水环境的生态补偿。但在实践中，水能资源价款除部分返回项目所在地的乡镇和村集体用以扶持当地经济发展外，真正用于水资源规划、水生态保护、水环境治理方面的投入不多，没有体现对资源和生态的补偿。此外，水能资源价款应作为政府的非税收入，由财政部门制定专门的管理办法，明确其具体分配和使用范围，纳入财政专户进行管理。

第四节 示范与启示

浙江省水能资源开发权有偿出让实践，是由地方水利部门主导，由经济、财政、电力、国土、林业、环保等多部门共同协作实施的。这一组织方式使水利部门在水能资源管理方面的职能得到了强化，有利于统一水资源的分配、调控，在供水、灌溉、防洪与水力发电出现争水矛盾时，可以更好地统筹兼顾，综合协调。此外也能更好地保证水能资源开发权出让项目符合流

域水资源开发的总体规划和水能开发的专业规划，避免水能资源的无序开发和“跑马圈河”现象。

一、示范效应

浙江省水能资源有偿使用制度试点对全国其他省（市）发挥了较大示范效应，目前，这项工作已推广到全国十多个省份，取得了较好效果。[①] 其中，与浙江省相邻的江西省水能资源开发权转让起步较早。

2002年10月，江西省铅山县委、县政府在进行大量调查和认真研究的基础上，经江西省水利厅同意，开展对水能资源开发权实行招标拍卖、有偿出让工作，并选择条件较好的江东源支流先行试点，在全省引起了较大反响。江东源支流上可进行水电四级开发，总装机容量7890千瓦，多年平均发电量3500万千瓦时，工程总投资约4950万元。通过拍卖，铅山县祥龙公司以130万元价格竞得江东源支流水能资源开发权，开发使用权年限为50年。

2003年10月，吉安县人民政府公开拍卖该县功阁水电站水能资源开发使用权。功阁水电站规模较大，装机容量达到1.5万千瓦，多年平均发电量5820万千瓦时，总投资约1.47亿元，使用年限为50年，拍卖底价为100万元。良好的水能资源开发条件吸引了来自澳门、福建、广东的开发商前来竞标。经过激烈角逐，广东开发商最终以380万元资源价款获得了功阁水电站水能资源开发使用权。

继后，江西多个县（市）也相应出台了水能资源开发权市场化配置的管理制度，规定水能开发使用权应有偿获得，转让价格在200~300元/千瓦。

江西水能资源开发使用权转让的通常做法需要关注以下几点。一是首先聘请有资质的单位对本地区水能资源进行科学规划，形成流域治理开发实施方案，报水行政主管部门批准；二是制订有偿转让方案，明确开发的指导思想、开发原则、报批程序、优惠政策、投资方式、使用年限、合同签署等；三是公开招商，在有关媒体上发布竞买公告，公告中对参与竞买的企业需要符合什么条件提出了明确要求；四是资格审查，公开竞拍，签署合同并进行公正；五是强化监督，做好服务。在签署的水能资源转让合同中，特别明确了业主进行开发必须严格执行国家有关法律法规，严格遵守国家基本建设程序，接受行业监督和防汛部门调度，处理好移民征地和淹没补偿。

---

① 田中兴．在水能资源管理工作研讨会上的总结讲话[J]．中国水能及电气化，2008(1)．

二、几点启示

东中部地区水能资源开发权有偿出让的先行实践留下了许多有益的启示。

首先,水能资源有偿出让制度须与水电开发补偿制度配套实施。水电开发必然面临与当地公众群体利益的局部矛盾,如占地、争水、淹没、毁林等,这些矛盾几乎是无法避免的,由民营私企业主开发小水电,矛盾或许更加显性化,进而影响社会和谐稳定。为了公正解决水事纠纷,浙江省强调全面推行水能资源有偿出让制度的同时,提出了建立水电开发补偿制度。如规定开发项目可能影响公众集体利益的,要求其政策处理方案应当经涉及村的村民代表大会讨论通过;各地应将水能资源有偿出让所得的一定比例作为扶贫资金补助给受影响的行政村;电站业主应允许受影响的村集体经济组织以政策补偿费用或自行筹资入股投资电站建设,入股比例在20%以内;开发商应当在拦水坝下游径流受影响的村或居民集中居住地投资建设拦水堰和自来水工程,解决生活、生产、消防、景观、旅游等用水需要等。这些规定,都是将水能资源有偿使用制度与水电开发补偿制度配套实施,只有这样才能正确处理水电开发与地方经济发展、与当地村民脱贫致富、与生态环境保护的协调关系,统筹兼顾各方利益,推进社会经济可持续发展。

其次,浙江省水能资源有偿使用制度仅针对实际建设规模大于审批规模、老电站增容改造项目新增加的装机、部分新建水电站等,按照一定的标准收取资源价款。而对于有偿出让制度实施前已授予的水能资源开发权,没有进行追溯,即不要求补缴资源价款。这实际上是一种"增量改革",可以在最大程度上减少政策实施阻力。

最后,建立水能资源开发权有偿出让制度,是资源产权制度的重大改革。浙江省对水能资源按一定的资源价款(权利金)将使用权出让给民营企业,实现了水能资源产权的市场化配置,这一做法实质上是将属于国有资源产权中的使用权,出让给了私人投资者,以提高水资源的配置效率。然而由于水资源的特殊性,人的生存用水高于一切,这一价值是无法以市场价格来衡量的。因此,开发业主取得的产权必然是有限产权,当水资源分配出现矛盾冲突时,需要由政府以行政方式首先保障居民的基本生活用水,当涉及防洪安全、抗旱需要时,必须服从水利部门对水资源的统一调度和监管,政府仍保留对水资源的最终分配调控权。

第六章 西部水能资源有偿使用案例研究

在“西电东送”背景下，西部水电开发涌现出空前的投资热潮。为了规范水能资源开发市场，贵州、重庆、四川等西部省市政府相继推出了加强水能资源管理的地方性新法规，包括水能资源开发权（使用权）出让管理办法等，具有较强的现实针对性和指导性。以这些地方性法规为依据，西部许多省市都先后开展了水能资源市场化配置实践，对拟建水电站实行公开招标拍卖，有偿出让水能资源开发权。

第一节 部分省市试点方案比较

西部地区水能资源丰富的省市通过考察借鉴浙江省水能资源有偿出让试点情况，结合本省实际，分别制定了地方性水能资源开发权有偿化的制度性法规。虽然这些法规的层次有所不同，有些属于该省的部门性法规，有些则是以省政府令颁布的省级法规（如贵州省）。但其共同特点是在水能资源开发权有偿出让的具体制度设计方面，如出让组织、出让程序、出让方式、出让时限、资源价款底价设定、资源价款收支管理规定等方面更为细化。有些省市还设定了开发商的市场准入条件，开展了水能资源开发使用权确权、颁证工作，使水能资源权属管理更加规范化、制度化，同时加大了水能资源开发的监管力度，基本上制止了水能资源开发中的“跑马圈水”，无序开发现象。

与东中部其他省市相比，西部不同省市在以下几方面制度设计上略有侧重和创新。

一、开发权出让底价实行分级设定

水能资源价款也称为水能开发权出让金，是水能资源开发权一次性出让的市场价格，分为出让底价（招标底价）和市场成交价。其中，开发权出让底价通常由出让人委托有资质的中介机构评估论证确定。重庆、贵州、四川等省（市）对此都有具体规定，对资源价款费率标准实行分级设定，即先根据水能资源条件优劣将出让电站分为几类，分别制定不同的基准费率。具体费率标准按电站预算总投资额的百分比确定。资源条件好、开发收益大的电站适用高费率，反之则采用低费率。如贵州省以电站建设每千瓦时电量产出需要投入的资金额即单位电能投资额，作为衡量水能资源条件和开发商收益的标准，分别设定了4个级别，对相应的出让底价实行4档费率标准；重庆市水能资源出让价款分级设定方法与贵州相同，但费率标准稍低（见表6－1）。而四川省则参照浙江省的简便方法，按电站装机容量规模直接确定，水能资源价款的基本费率标准定为每千瓦装机容量100元，这与东部吉林省的费率标准几乎完全相同，只是吉林省多考虑了一个0.9～1.1的系数值（按水电站年均利用小时这一影响电站收益的资源优劣条件确定），其计算公式为：水能资源价款底价＝装机容量×100元/千瓦×系数值。

表6－1　贵州省与重庆市水能资源价款底价比较

分级	单位电能投资（元/千瓦时）	贵州省（按预算总投资额）	重庆市（按预算总投资额）
1	1.0	≥5%	3%～5%
2	1.0～1.5	≥3%	2%～3%
3	1.5～2.0	≥2%	1%～2%
4	≥2.0	≥1%	0.5%～1%

二、水能资源有偿出让规模和范围有所突破

根据国务院《关于投资体制改革的决定》（2004年7月16日颁布实施），在主要河流上建设的水电站项目和总装机容量25万千瓦及以上的水电站项目由国务院投资主管部门核准，其余由地方政府投资主管部门核准。而西部大型水能资源都超过25万千瓦以上装机容量规模，基本上都是由中央直属几大电力公司垄断开发。对于这些开发商而言，除了满足国家电力发展的宏观需求外，还存在自身强大的部门利益和投资利益。这些大型企业提出，水能资源属于国家所有，是否实行有偿使用应由国家层面统一决定。言

下之意，省级政府无权制定水能资源法规。地方政府对本级行政区内水能资源管理立法的尴尬处境由此可见一斑。

正因如此，各省（市）出台的地方性水能资源法规往往只能约束按水电项目投资分级管理规定，在省级政府管理权限内的地方小水电资源，而对大中型水能资源开发缺乏权威性约束力。有些省市制度方案中就明确规定仅针对小水电。如《重庆市水电开发权出让实施细则》中，规定其实施对象排除长江、嘉陵江、乌江干流和总装机规模25万千瓦以上的水电开发权出让。[①] 2008年11月四川省出台了《建立水电资源有偿使用和补偿机制的试点方案》，其中明确其实施范围为省级行政区内的已建、在建和新建水电项目，并确定拟在二滩、锦屏、官地、宝兴等6个电站先行试点，再逐步推行。这一试点方案中的实施对象以行政区域管辖范围为界，突破了按装机容量规模划分的省级管理权限，因此从一开始试点就遭遇重重阻力，进展艰难，目前实质上已半途而废。只有四川省凉山彝族自治州充分发挥民族区域自治的政策优势，将水能资源使用权有偿出让的地方性法规成功推行到了总装机容量超过25万千瓦的中型电站以及部分中小流域的梯级开发，但并不是以缴纳水能资源价款的方式，而是以资源价款"折价入股"方式，建立了以资源开发权价款换取长远投资收益的资源增值开发模式。

三、一次性资源价款与长期补偿费相结合

水能资源开发权有偿出让是水能资源有偿使用的基本制度之一，但并不是全部。资源开发权有出让过程中，政府所获得的是一次性的资源价款，这并不具有可持续性，而开发商所获得的却是可持续开发权以及资源产品（电能）的可持续收益权。一次性的资源价款不能完全体现水能资源的产权价值。尽管在水电生产过程中，水资源费也是水能资源价值的一部分，但由于目前水资源费标准过低，且存在对央企未征收或收入旁落等问题，因此四川省制定的"建立水电资源有偿使用和补偿机制的试点方案"提出，在按装机容量每千瓦100元标准征收一次性资源价款（容量费）的基础上，对建成发电电站按销售收入的3%逐年征收电量费，这一方案实际上是将水能资源有偿使用制度与长期补偿机制相结合，以实现对水能资源开发的长期持续

---

① 《重庆市水电开发权出让实施细则》第二条规定："凡在我市行政区域内除长江、嘉陵江、乌江干流以外的河流开发水电，且总装机在25万千瓦以下的水电开发权出让，适用本细则。"

性补偿,这是建立水能资源开发利益补偿机制,完善资源有偿使用制度的一种新思路。

四、对有偿出让的水能资源使用权设置年限

在西部省市已出台的水能(电)资源开发权有偿出让制度规定中,大多对所出让的水能资源使用权设置了相应的年限,均以50年为限,如《重庆市水电开发权出让管理办法》第八条规定:水电开发权出让年限一般为50年,从受让人获得开发权之日起计算。《贵州省水能资源使用权有偿出让办法》(省人民政府令第100号)中的水能资源使用权的年限也是50年,从取得水能资源使用权证之日起计算。50年期满后,如水能资源使用权人需要延续水能资源使用权有效期的,应当在水能资源有效期届满3个月前,向与之签订有偿出让合同的水行政主管部门提出申请,获得批准后重新签订出让合同,并缴纳水能资源价款。否则,使用权期满3个月前,使用权人不申请延续或者申请延续未获批准的,有关水行政主管部门可在期满后无偿收回使用权,对其重新进行有偿出让。

五、明确了水能资源价款的分配办法

对有偿出让水能资源所获得的资源价款,有些省明确了分配原则和具体的分配使用办法。总体原则是根据分级管理权限的不同,执行不同的分成比例。如贵州省规定:由省政府水行政主管部门收取的水能资源价款,按省、市(州、地)、县4∶3∶3的比例分配,由(州、地)政府收取的,按照省、市(州、地)县3∶4∶3的比例分配,而由县级政府水行政主管部门收取的,按照省、市(州、地)3∶3∶4的比例分配,体现了向水能资源价款来源地适当倾斜的基本思路。《四川省建立水电资源有偿使用和补偿机制的试点方案》提出,省级征收的水电资源开发补偿费按"统一征收,倾斜基层"原则在省市(州)县三级政府之间按1∶4∶5的比例分配。重庆市则规定出让实施部门所获得的水电开发权价款,交同级财政,纳入财政预算。

六、规定水能资源价款的使用范围

对水能资源价款的使用范围,各地规定有很大不同,反映了对水能资源价款概念的不同理解。如贵州省将其使用范围规定为:"水利专项资金,主要用于水资源的节约、保护管理和水利基础建设,也可用于水资源的合理开发。"重庆市的界定是:"主要用于流域水电开发规划、开发权出让计划、开发

权出让方案等前期工作经费。”上述这些规定将水能资源价款作为水利部门的专项资金甚至是“前期工作经费”，与水资源费的使用范围明显重叠，使得水能资源价款的性质变得含糊不清，甚至与水资源费的性质混淆，导致水能资源价款作为国有资源收益性质难以体现，实践中很容易产生水能资源价款与水资源费是同一性质同一部门重复收费的错觉，甚至将水能资源有偿使用与水资源有偿使用画等号。

四川省规定，在征收的水电资源开发补偿费中，应安排不低于20%的资金用于修复和改善工程建设范围内的生态环境，建设地政府应安排不低于30%的资金用于加强当地基础设施建设，改善群众生产生活条件，建立移民长效补偿机制，促进当地产业发展，拓宽移民安置方式，扩大移民安置容量。此外，可将不超过当年水能资源价款收入的20%作为资本金参股水能资源开发。应当说，这样的使用范围界定较好地体现了水能资源有偿出让所获得的资源价款的属性，即国有资源的收益属于全体人民，特别是当地群众，除了用于水资源、水环境的生态补偿外，还应更多地用于对当地移民群众的经济补偿，以及对公共事业的补偿。

综上，水能资源价款国有水能资源的产权收益，是重要的资源税费，如果仅由水行政主管部门负责支配使用，终究难脱部门利益之嫌。只有纳入地方财政税费统一征收制度，作为政府的非税收入，统一管理和使用，方能真正体现国有资源收益属于全体国民，体现水能资源价款的公共资源收益本质。

第二节　凉山州水能资源开发权有偿出让案例

四川省凉山彝族自治州（以下简称凉山州），位于我国水能资源最丰富的西南地区，境内以金沙江、雅砻江、大渡河为主干的300多条江河纵横交汇，使这片仅占全国国土面积6‰的地区，水能资源可开发量达到6380万千瓦（含界河），水力资源理论蕴藏总量占全国10.5%，水能资源可开发量占全国的15%，占四川省的57%。[①]

---

① 数据由四川省实施西部大开发领导小组办公室（省攀西办）、四川省凉山州发改委、凉山州“三江”办提供。

凉山州水能资源开发权有偿出让制度试点开展较早，取得了许多重大突破，在西部地区具有一定的示范性、典型性。因此我们选择四川省凉山州作为典型，通过大量实地调查，取得了许多第一手资料。对凉山州水能资源有偿使用制度案例进行解剖，有助于我们深入研究西部地区水能资源有偿使用试点的现状、问题及其解决途径。

一、水能资源成为当地经济发展的“第一资源”

凉山州是我国水能资源的“富矿带”，境内的金沙江、雅砻江、大渡河“三江”水电基地，是国家规划的13个大型水电基地中的3个。国家在“三江”流域规划了14座大型水电站，其中凉山州境内有10座，总装机达到5200万千瓦以上（相当于两个半三峡电站规模）。凉山州水能资源与全国平均水平相比，不仅单位电量投资费用小，工程造价低，每千瓦投资比全国平均水平低40%～50%，而且具有移民少、水能落差大、电站调节性能好、建设工期短等优势，水电大坝对长江流域特别是三峡工程具有防洪、拦沙等环境保护功能，综合开发效益居全国之首。

然而直到2004年，凉山州境内已开发的水能资源仅为72万千瓦，截至2008年年底已建成投产的水电装机也仅172万千瓦，按技术可开发量计算的水能资源开发率只有2.4%。受流域水能资源开发规划滞后以及巨大投资成本的制约，当地优质、清洁的水能资源大量流失，正如当地相关部门干部们所说：“一江春水向东流，流的都是煤和油。”我们课题组在实地调研中听到的普遍说法是，凉山州的水能资源开发再也耽误不起，再也不能失去发展机遇了。

2004年后，国家对金沙江、雅砻江、大渡河“三江”流域水电开发相继启动，凉山州境内（含界河上）总装机规模位居全国第二、世界第三的金沙江溪洛渡电站（装机1260万千瓦），雅砻江上的锦屏一二级电站（总装机840万千瓦）、大渡河上的瀑布沟电站（装机360万千瓦）、深溪沟电站（装机60万千瓦）、雅砻江的官地电站（装机260万千瓦）先后正式动工。截至2008年年底，凉山州仅“三江”干流的在建水电规模就达2736万千瓦，在建中小流域电站108座、装机280万千瓦，合计占当地水能资源全部技术可开发资源量的47%以上，是新中国成立60年来全州已开发水能资源总量的17.5倍。

西部大开发和“西电东送”战略为凉山州水电产业发展迎来了大好时机。在这难得的发展机遇面前，当地政府迅速统一认识，从2005年开始，州委、州政府连续5年召开全州水电开发大会，把加快打造水电龙头支柱产业置于“统筹城乡区域协调发展战略”首位，确立水能资源为全州经济发展的“第一资源”，水电产业为全州经济发展的“第一产业”，水电企业为全州经济发展的“第一企业”，提出要着力打造“中国水电第一州”。

当地发展水电产业的基本思路是，以科学发展观统揽水电产业发展全局，坚持以人为本，做好移民工作；坚持水电开发与环境保护共赢的原则。一手抓“三江”流域溪洛渡、锦屏、瀑布沟等大型水电工程的协调配套服务，一手抓中小流域水电项目的开发建设，扎实推进“三江”干流和中小河流两大水电板块建设。以大型水电工程开发建设带动凉山州水电产业发展。经过15～20年的努力，使州境内总装机规模达到4000万千瓦。努力实现建好一座电站，带动一方经济，优化一片环境，造福广大移民的综合开发目标。

近五年来，四川省凉山州水电产业增加值年均增速达到24.2%，比全州GDP平均增速14.4%高9.8个百分点；上缴各种税费年均增长37.5%，比全州财政年均增幅31.9%高5.6个百分点，对全州财政收入的贡献率达到28.8%。依托水电产业，地方电冶产业迅猛发展，增加值年均增长23.8%，上缴各种税费年均增速为36.6%，对全州财政收入的贡献率达到34.5%。水电及其关联产业已成为推进凉山发展的强大动力，成为凉山扩大内需、投资拉动、增强发展后劲的最大潜力。

二、坚持水能资源开发模式创新和利益分配机制创新

为加快凉山州水能资源开发和水电产业可持续发展，当地政府积极探索水能资源开发的新模式和利益共享新机制，以构建科学合理的产权制度为根本，推进水能资源资本化、市场化、产业化，探索水能资源开发权有偿出让制度。从而实现对国有水能资源的“共赢开发、共建开发、共享开发、共生开发”。

（一）水能资源开发新模式

在多年开发实践中，凉山州逐渐探索形成了水能资源开发的新模式，他们将这种模式概括为：“政府主导、市场配置、企业主体、资源入股、生态补偿”，[①]这个模式的核心内涵主要有以下几点。

---

① 吴靖平．民族地区资源开发新模式——以四川省凉山彝族自治州的科学发展为例[J].《西南民族大学学报》(人文社科版)2008(10).

一是发挥政府在统筹配置资源中的主导作用。当地政府部门从制度上创新和完善资源开发的政策法规，调整和改善资源的占有、分配、使用和管理方式，协调与资源开发密切相关的各个经济利益主体之间的利益关系，实现制度资源对自然资源、经济资源的集聚整合。同时，政府作为社会公共事务管理的主体，要充分发挥规范市场秩序、维护公平正义、营造良好发展环境的主导作用。

二是坚持市场配置资源的核心理念，实行"资源有偿使用，资源配置市场化"。在满足资源地政府、居民现实利益和经济社会可持续发展要求的前提下，按照公开、公正、公平、竞争、择优的原则，确定水能资源开发主体，提高资源配置效率，优化资源配置结构。

三是以企业为主体，实现资源整合。把优势资源、优势企业、优惠政策、优质服务和优先发展有机结合起来，把优势资源的开发权、经营权优先配置给真正有资金技术实力和开发管理经验的企业，明确资源开发的责任主体，实现资源开发中的权、责、利的主体统一。

四是以资源入股，实现资源资本化。通过资源入股的方式，在资源开发中占有一定比例的股份，使资源开发区居民可以享有资源开发的相关收益，形成资源开发各相关主体之间合理的利益分配机制。

五是强调要最大限度地扩大发展成果，最大限度地减少发展成本，通过对生态环境成本的补偿，加强流域生态恢复和环境保护，走资源节约型、环境友好型的发展新路。

（二）水电产业利益共享新机制

为促进水电产业健康持续和谐发展，凉山州提出了水电产业利益共享新机制，即"共赢开发、共建开发、共享开发、共生开发"，以此建立新的利益分配机制。这一新机制的内涵主要包括：第一，构建共赢开发。统筹兼顾国家、地方、企业和群众之间的利益，实现四者之间的利益均衡和谐，最大限度地增加资源开发地和当地群众的收益。第二，构建共建开发。通过市场配置，把水电开发权、经营权配置给真正有资金、有技术实力、有水电开发管理经验的企业，形成推进水电科学有序、可持续发展的整体合力。第三，构建共享开发。大力实施资源本地化发展战略，要求开发企业就地注册、就地纳税、就地转化，带动资源开发地围绕水电项目发展配套产业，增强"造血机能"和自我发展能力，带动地方经济发展和群众增收。第四，构建共生开发。

出让水能资源开发权取得的资源收益（或股权分红收益），要求50%以上用于加强生态治理、环境保护、基础设施建设和改善民生。真正做到“开发一方资源、发展一方经济，富裕一方群众、保护一方环境”。

三、实行水能资源开发权“折价入股”

（一）开发权有偿出让试点范围

凉山州丰富的水能资源中，属于地方开发管理权限的资源量约1000万千瓦，即当地政府有关法规文件中通常所称的“中小水电”部分，这些电源点是纳入凉山州水能资源开发权有偿出让制度试点的实施对象。据统计，凉山州流域面积在100平方公里以上的中小河流共有149条，分布于“三江”支流中小河流流域范围内，主要有安宁河、木里河、水洛河、鸭嘴河、美姑河、西溪河、尼日河等，主要河流水能资源及开发的基本现状如下。

（1）安宁河。安宁河是雅砻江左岸流域面积最大的一条支流。安宁河干流水力资源技术可开发量为54.11万千瓦，年发电量29.71亿千瓦时。目前已建设投产的有大桥电站、漫水湾电站、金洞子电站等，在建的有长兴电站、新马电站等，流域规划调整后，安宁河西昌段还可新增3座电站。

（2）木里河。木里河是雅砻江中游右岸的最大支流小金河的主源，根据规划，木里河干流（上通坝—阿布地）河段采用“一库六级”的开发方案，总装机容量132.2万千瓦。目前由西昌电力股份有限公司与九龙电力有限公司承建的大沙湾电站（装机26万千瓦）正在建设过程中，其余的上通坝、卡基娃、沙湾、俄公堡等电站由四川华电木里河水电开发公司开发，其中部分电站已完成项目核准，其他电站都在进行相关前期工作。

（3）水洛河。水洛河是金沙江上游支流，水能可开发量129.9万千瓦，干流开发权由四川凉山水洛河电力开发公司2005年有偿获得。目前，宁朗电站（装机11.4万千瓦）已获得核准并开工建设，其他电站已通过预可研审查。

（4）鸭嘴河。鸭嘴河为雅砻江支流，共规划了三级电站，总装机26万千瓦。鸭嘴河水能资源开发权由四川华润水电开发公司有偿取得，目前各梯级电站正在建设中。

（5）美姑河。美姑河是金沙江左岸一级支流。流域梯级电站规划为“一库五级”，总装机52.6万千瓦，年发电量25.16亿千瓦时。流域开发权在2003年以招商引资方式出让给四川美姑河水电开发公司。目前，柳洪水电站(装机 18 万千瓦)已建成,坪头水电站(装机 18 万千瓦)在建,其余电源点均未建。

(6)西溪河。西溪河是金沙江左岸一级支流,规划为“两库六级”水电开发方案,总装机容量 47. 3 万千瓦,由中国华电集团公司四川华电西溪河水电开发公司负责开发。目前装机共 24 万千瓦的洛古电站、联补电站已相继建成投产,装机 10 万千瓦的地洛电站也于 2009 年年底竣工发电,其他电站将陆续开工建设。

(8)尼日河。尼日河是大渡河中游右岸一级支流,规划为七级开发方案,总装机 42. 0 万千瓦,年发电量 25. 45 亿千瓦时。目前已竣工投产 8 座电站,总装机 7. 588 万千瓦,其他电站大部分已开工建设。

(二)水能资源的资本化过程

凉山州水能资源开发权的配置,经历了从计划经济时代的行政配置资源手段向市场配置资源手段的转变过程,完成了从资源无偿划拨到资源有偿使用的重大突破,实现了水能资源的资本化。

2000 年以前,凉山州水能资源开发权都是无偿取得的,境内中小水电均由各电力企业自行开发建设。因缺乏统一规划和管理,流域难以整体开发利用,造成水能资源浪费,所建成的都是小型水电站,全州 836 座电站总装机仅 52 万千瓦,平均每座电站装机规模仅 622 千瓦。开发规模微小,经营效益很差,许多电站生产经营难以为继,与该区域丰富的水能资源极不相称,反映了行政配置资源条件下水能资源开发利用的低效率,以及对水能资源的重大浪费。2000—2004 年,当地政府采取招商引资的方式开发中小水电,实行减税、让利等一系列优惠政策以推动水能资源加快开发,然而这 4 年仍收效甚微。究其根本,一是缺乏与市场机制相吻合的市场化资源配置的政策与手段,难以真正调动投资企业的能动性;二是由于管理制度不健全,引入的企业良莠不齐,致使部分水能电源点被企业占而不建,甚至炒作倒卖牟利。

2005 年后,当地政府开始对水能资源进行清理整治,连续发布了加强中小水电资源规范管理的一系列政策文件,特别是明确了采用招(标)、拍(卖)、挂(牌出让)的市场竞争方式有偿出让水电资源开发权,使当地的水能资源开发建设步入了一个崭新阶段:从资源追逐资本转变为资本追逐资源,从四处招商引资转变为开发权有偿出让。通过清理整治水能资源开发市场,全州收回了占而不建、炒作倒卖的电源点开发权,通过"招、拍、挂"的方式对其中 90 座电源点合计 30 多万千瓦的水能资源开发权进行有偿出让,拍卖资源总价款达到 3500 万元,平均每千瓦水能资源价款超过 100 元。

在此基础上,按照"政府主导,资源入股,企业主体、市场配置"的水电资源可持续开发的新模式,州政府将木里河、水洛河、鸭嘴河三条流域近 300 万千瓦及其他单座电源点约 100 万千瓦的开发权,重新配置给了具备建设能力和送电能力的华电、华润等实力雄厚的大型水电企业进行开发,并按照水能资源开发权折价入股的新规定,将水能资源价款以货币资本金形式投入开发企业,使地方政府组建的国资公司直接参股流域水电开发,其占有股份不低于开发资本金的 5% ,从而实现了水能资源的资本化、有偿化。

凉山州水能资源开发权"折价入股"方式的具体操作过程分为三个步骤:

第一步:在水能资源开发权出让前,明确规定开发企业须按项目资本金的 5% 缴纳水能资源价款(即开发权出让金)。

第二步:按 5% 的资本金数额确定的水能资源价款由项目业主(或多个业主组成的股份公司)以现金方式注入州财政局,再由州财政局转入州国资委,明确为国有股份转入拟建设的电站。

第三步:该股份在项目投产后按实现的收益进行分红,所分红利上缴州国资委。

(三)资源开发权"折价入股"具体方案

凉山州水能资源开发权有偿出让试点的最大特点是,将水能资源开发权"折价入股",实现水能资源的资本化。这一试点方案实现了几个方面的突破。

首先,是水能资源开发管理法规方面的制度性突破。在国家层面尚未对水能资源开发权有偿出让作出具体规定的情况下,四川省凉山州根据民族自治区域性特点制定了符合国家资源政策的一系列地方性法规,从而为资源开发权的有偿出让奠定了法律基础。

2004 年后,随着凉山州水能资源开发的加速,当地政府根据《中华人民共和国民族区域自治法》第 65 条规定:"国家在民族自治地方开发资源、进行建设的时候,应当照顾民族自治地方的利益,作出有利于民族自治地方经济建设的安排,照顾当地少数民族的生产和生活。国家采取措施,对输出自然资源的民族自治地方给予一定的利益补偿”。并依据《中华人民共和国水法》的规定，按照建立健全资源有偿使用制度的基本要求，先后制定了一系列水能资源有偿使用及其水能资源开发管理的法规制度。一是2005年、2006年连续出台了两个33号文件，即州委、州政府《关于地方中小水电资源开发管理的有关规定》（凉委发[2005]33号）和《关于进一步加快中小水电资源开发的意见》（凉委发[2006]33号）；二是《凉山州人民政府关于进一步加快中小水电资源开发的实施细则》（凉府发[2006]64号），对水电开发权的出让程序、已出让开发权的水电项目管理（包括清理和处置办法）等进行了详细规定；三是凉山州政府办2006年发布的《凉山州水电资源入股资金和履约保证金管理暂行办法》（凉府办发[2006]13号）；四是2008年由四川省人大常委会批准实施的《凉山彝族自治州水资源管理条例》，其中明确规定："自治机关按照市场化配置资源的方式公开出让水能资源开发权"。而《关于进一步加快中小水电资源开发的实施细则》和《水电资源入股资金和履约保证金管理暂行办法》两个配套文件，对凉山州水能资源使用权有偿出让后，以"政府资源入股"的方式将水电资源使用权作价入股的具体方案、履约保证金制度进行了规范，成为近年来凉山州水能资源开发管理的重要行政法规。

其次，是突破了州级地方政府实施水能资源开发权有偿出让试点的权限范围，开创了国内大中型电站试点先例。与浙江省的试点比较，凉山州州级政府实施的水能资源开发权有偿出让制度试点对象、范围，事实上已不再局限于地方小水电资源，而是扩大到了所辖行政区境内重要支流，包括大中型水能资源开发项目，如木里河卡基娃电站、大沙湾电站均为装机超过25万千瓦的大中型水电项目，涉及华电、华润等大型水电央企开发公司，开创了水能资源开发权有偿出让制度在大中型电站的试点先例。按照当地有关规定，凉山州境内的水能资源开发权取得，都必须按照公平竞争的原则，采取公开招标、拍卖形式实行有偿出让。对无竞争性的流域开发和电源点实行挂牌出让开发权，对暂不具备挂牌出让条件的项目作为水电资源项目储备。

最后，是在市场化配置水能资源的具体方式上的突破。在凉山州水能资源开发权的市场公开出让中，既包括整条河流梯级电站开发权的一次性整体出让，也包括单个电源点开发权的独立出让，如木里河、水洛河、鸭嘴河的开发权即采取整体出让方式，而西溪河、尼日河等其他河流则是采取单个电源点开发权的逐一出让方式。在调研过程中，我们了解到，该地区的水能资源开发权出让项目信息，曾经在北京产权交易所公开挂牌发布，如2005年9月发布的"四川省凉山州某2万千瓦水电站开发权转让"信息。在项目公开信息的具体内容中，详细介绍了位于凉山州尼日河干流下游的这座待开发电站的水能资源情况、可行性研究成果及前期政策处理情况，同时公布了该电站开发权的转让参考价格为1200万元，单位装机的水能资源价款达到600元/千瓦。正是这种"公开、公平、公正"的转让方式，大大减少了水能资源配置过程中的"暗箱"操作和权力寻租空间，为建立有序、开放的水能资源竞争市场提供了保障。

四是建立履约保证金制度，防止倒卖资源。对于有偿出让开发权的水能资源，当地政府不是"一卖了之"，而是注重加强后期管理，以杜绝"跑马圈水"、占而不建和炒作倒卖现象。为此，当地政府部门对已出让开发权的电站项目建立了履约保证金制度，规定凡获得水能资源开发使用权的项目开发投资者，必须签订开发协议，并预付工程履约保证金，凡按协议工期完成相应投资进度的，由州财政退还履约保证金。对于那些在规定期限内项目投资额未达到与政府签订要求的，履约金不予退还。同时对占而不建、炒作倒卖开发权或未经审批部门同意擅自改变项目业主的，由出让开发权的部门收回开发权；对动工缓慢的，督促业主加快做好前期工作，限期开工建设。

四、水能资源开发权出让底价的制定

水能资源开发权有偿出让底价通常由政府有关部门委托中介机构评估制定。开发权出让底价一般取决于价款费率标准和资源开发规模两项因素，其中水能资源开发规模即电站装机容量对于特定的资源点而言是相对恒定的，而费率标准取决于水能资源开发条件。凉山州水能资源开发权出让底价的设定方式分为以下两种。

第一种是在试点前期阶段，主要针对单个电源点采用的底价设定方式。凉山州将水能资源开发权出让价款的基准费率标定为每千瓦装机30元。如宁南松新电站是凉山州第一个通过"招、拍、挂"方式出让的水电开发权项目，该电站装机规模1.6万千瓦，于2004年6月以总价款185.6万元将开发权出让给了宁南县红岩电力有限责任公司，水能资源价款费率竞标价达到每千瓦装机116元，超出基准费率3倍。该项目于2005年7月20日开工，

2008年1月30日全面竣工，总投资1.08亿元，水能资源价款占总投资额的1.7%。

通过招标和拍卖的公开竞价方式有偿出让水能资源开发权，可以确保国有水能资源保值增值。因为在市场竞争中所形成的资源出让价款，可以更好地反映市场供需关系。如2005年5月凉山州甘洛县举行的5个水能资源点开发权竞价出让，吸引了四川省内外10家民营企业。最终装机容量共8500千瓦的5个水能资源点开发权以65.12万元的资源价款成交。其中竞争最激烈的深沟电站开发权，基准价从每千瓦装机30元一路攀升，经过62轮激烈竞价，最终以每千瓦360元价款成交，创下当时凉山州水能资源有偿出让的最高纪录。据了解，全州共有30多万千瓦的90座电源点开发权以“招、拍、挂”的方式公开有偿出让，拍卖资源总价款达到3500万元，平均每千瓦水能资源价款超过100元。

第二种方式是“资源入股”新政策实施后，针对流域梯级整体开发权出让采用的底价设定方式。这种方式下水能资源价款仅由水能资源开发投资的资本金总额确定。对较大规模的水能资源开发，凉山州主要采取协议出让方式，水能资源价款即开发权出让价采用了更为直接的协议价格。其具体规定是，水能资源价款按不低于电站投资总额中资本金的5%标准确定。如预计总投资额约195亿元的木里河和水洛河梯级开发，按其资本金占总投资额的20%即39亿元测算，这两条河流（不包括前期已出让开发权的沙湾、固增两电站）水能资源开发权的出让价款为39亿元的5%，即1.95亿元。将资源价款入股水电开发后，按电站运行50年测算，其长期利润收入超过50亿元。据当地政府部门测算，近年来凉山州累计对总装机390多万千瓦的83个电源点采取资源入股5%～8%的方式，其潜在利润收入可达到100亿元。

五、需进一步研究解决的问题

水能资源开发权“折价入股”方式也面临一些矛盾和风险问题，需要从更高的制度层面去研究解决。

（一）长期收益与近期补偿之间的矛盾

以水能资源开发权折价入股，将面临长期收益与近期补偿之间难以协调的矛盾。由于水能资源开发建设周期一般较长，凉山州内一般小电源点从获得开发权到建成投产最少也要6年左右时间，而流域梯级开发要完成全部建设投资至少要10年以上。在这么长的建设期内,水能资源价款全部作为资本金入股,尽管未来长期收益预期良好,但短期内从政府层面对水能资源的生态补偿、对移民安置的扶持资金难以解决。以木里河及水洛河为例,两条流域的开发权出让时间都是2005年9月,但到2010年为止,两条流域仅开展了部分前期辅助工程,共投入前期工程资金8.5亿元,迄今没有一个项目建成投产,水能资源价款也就无法体现。而在水能资源开发建设过程中,包括前期"三通一平"筹建阶段,为解决外部性问题,急需对流域生态环境和移民安置进行补偿,此时水能资源价款的补偿功能却难以发挥,造成资源收益与资源补偿难以同步实现。

(二)国有水能资源资产收益面临投资风险

水能资源具有绝对经济租,因此无论企业投资是否盈利,只要获得了水能资源资产的使用权,都应当支付作为绝对租金的资源权利金。如果当地政府将水能资源价款全额入股电站投资,将面临一定的投资风险。根据《中华人民共和国公司法》"同股同酬"的规定,一旦企业投资经营发生亏损,则出让水能资源资产的收益部分也会相应损失,这就难以保证国有水能资源的保值增值,也无法实现资源价款对国有自然资源的补偿功能,况且,电站建成投产后,企业一般都面临较长的还贷期,大型电站在长达十多年的还贷期里,将无利润可分,国有水能资源资产的价值收益也就无法实现。

(三)水能资源价款费率基准偏低

水能资源价款应当反映水能资源的市场价值,其底价的制订应综合考虑水能资源开发条件、开发规模、开发成本、移民安置难度等多项因素,而且也要考虑一次性支付与发电运行后分期支付的贴现价差。而目前凉山州仅考虑了装机规模或投资规模因素,对水能资源价款基准系数的确定具有一定的主观性、随意性。

例如,我们将水能资源价款系数a定义为以万元为单位平均每千瓦水电装机的价款金额,将系数b定义为资源价款占开发建设总投资资本金的比例,则该州有偿出让的水能资源价款系数a的值域分布在0.003~0.06(即每千瓦30~600元)之间,其平均值为0.0117,系数b的值域分布在0.05~0.08(即占资本金的5%~8%)之间。

系数a、b均为大于零的非负数,当系数b=0时,$a \in [0.003, 0.06]$,系数

$a=0$ 时，$b\in[0.05,0.08]$。

a 值大小理论上取决于水能资源开发条件，与资源开发条件呈正相关，即水能资源开发条件越好，a 值越大，但现实中这一系数的确定因缺乏系统量化指标而流于主观判断。

b 值大小理论上取决于水能资源规模和资源开发条件两大因素，但现实中更多取决于协议出让双方的谈判博弈能力。

以凉山州木里河和水洛河的水能资源价款为例，两条河流装机容量按四川省发改委批复为 243.8 万千瓦（未纳入沙湾、固增电站，下同），梯级开发总投资额约 195 亿元（现价），相应投资资本金（为总投资额的 20%）为 390000 万元，资源价款系数 $a=0$，$b=0.05$，则资源价款总额 $Y_1=b\times390000$，其值为 19500 万元，平均每千瓦装机仅为 79.9 元。也就是说，以木里河的优质水能资源，梯级开发权出让的实际价款费率不到 80 元/千瓦。如果按系数 a 计算，取平均值 $a=0.0117$，则资源价款总额为 $Y_2=a\times2438000$，其值为 28524.6 万元，$Y_2=1.46Y_1$，这表明按装机规模系数 a 测算的资源价款高于按投资资本金系数 b 测算的资源价款，如果再考虑资金贴现的话，两者之间的差额更大。流域整体水能资源开发权价款费率标准远低于单电源点开发权价款费率标准，这显然是不合理的。

而与凉山州相邻、经济发展水平相近的雅安市石棉县，2003 年以来也对境内的松林河、田湾河以及其他流域水能资源点开发权实行了公开拍卖、有偿开发，以最大限度实现水能资源有效配置，规范开发秩序，加快开发进度。实行水电开发权拍卖以来，全县已有偿出让小型水能电源点 40 个，装机 43500 千瓦，实现拍卖收入 1965.6 万元，实际成交的资源价款均价高达每千瓦 457 元，超出凉山州均价（80 元/千瓦）5 倍多。

表 6-2 是根据调研资料整理的贵州省、四川省部分小水电开发权有偿出让的实际成交价款。11 座小型（流域）电站规划总装机 54.09 万千瓦，资源价款总额达 9421.7 万元，平均单位装机容量开发权出让价款为 173 元/千瓦。

表6-2 部分地区水能资源开发权出让成交价款

	规划总装机（万千瓦）	资源价款（万元）	单位装机价款（元/千瓦）
贵州省:三岔湾水电站	3.2	2800	875.0
杨家园、兰子口电站	5.9	1858	316.5
圆满贯水电站	3.6	648	180.0
习水河六级电站	2.5	205	82.0
陶尧河电站	1.12	145	129.5
四川省:雅安玛皇沟水电站	1.5	375	250.0
雅安出居沟水电站	6.0	1500	250.0
雅安土巴沟水电站	8.0	600	75.0
雅安宝兴水电站	19.5	580	29.7
犍为马边河干流梯级电站	1.2	460	383.3
凉山州宁南县松新水电站	1.6	185.6	116.0
合计	54.09	9356.6	173.0

注:雅安宝兴水电站资源价款为协议补缴价。

综上所述,以凉山州水能资源有偿拍卖的实际成交价款,结合调研中来自于实务部门的信息反馈,我们认为,凉山州水能资源开发权出让底价(费率基价标准)普遍较低,导致水能资源价款总体上偏低,尤其是在部分流域整体性开发权有偿出让中,资源价款没有完全反映水能资源开发权的真实价值。这表明地方政府对实施水能资源开发权有偿出让的胆子、步子还不够大,对政策把握方面的顾虑较多,这种现象在各试点地区相关政府部门普遍存在。制度改革意味着风险,水能资源有偿使用制度试点同样面临风险,因此需要得到更高法律层面、政策层面的支持,也包括在具体操作层面上的监督和规范。

第七章 健全水能资源有偿使用产权制度的基本路径

水能资源有偿使用制度是我国自然资源的重要管理制度，需要通过我国资源产权法律制度、资源财税经济制度来保障和落实。新制度经济学理论认为，制度是一个社会的博弈规则，涉及正式的规则（如法律）、非正式的约束（行为规范、管理和自我限定的行事准则），以及实施机制等方面内容。制度规则的建立和实施是政治、社会进程的结果，一个合理的制度应该是能够提供有效激励的制度。目前西部各省推行的水能资源开发权有偿出让试点办法，严格地说还不属于正式的资源法律制度，只是一种非正式的规范约束。国家对水能资源有偿使用的法律定位，目前还停留在原则性层面，没有上升到制度层面。因此，要改变长期以来我国水能资源无偿或"低偿"使用的状况，建立健全水能资源有偿使用制度，必须首先从我国资源产权法律制度上寻找突破路径，实现制度变革。

第一节 制度变迁的路径依赖

对路径依赖问题的研究，始于经济学家对技术演进过程的自我强化研究，最早是由 W. B. 阿瑟（W. B. Arthur）和保罗・A. 戴维（P. A. David，1985）做出的。阿瑟认为，一些细小的事件或是偶然因素，常常会把技术的发展引入一种特定的路径，而不同的路径会导致完全不同的结果，这就是技术演进轨迹的路径依赖。阿瑟认为，技术轨迹的路径依赖特征，是由于自我强化机制在起作用。保罗・A. 戴维因研究历史的路径依赖而闻名。1985 年，他发表了著名的《历史与 QWERTY 经济学》一文。在这篇文章中,他通过对计算机为什么至今还采用 QWERTY 键盘的分析,说明了历史变迁的路径依赖性质,丰富了历史变迁的轨迹和路径依赖理论。新制度经济学代表人物道格拉斯·C. 诺思(Douglass C. North)把"路径依赖"这一思想引入制度分析框架中,创立了制度变迁的路径依赖理论。其后,格瑞夫进一步把路径依赖理论与博弈论分析相结合,论证了政治、经济、文化和社会因素在路径依赖中的综合作用,尤其是文化信仰对制度演进的影响,从而进一步丰富、完善了制度变迁的路径依赖理论。

根据制度经济学基本观点,"路径依赖"是指事物一旦进入某一路径,就可能对这种路径产生依赖。人们一旦选择了某种制度,由于规模经济(即报酬递增)、学习效应、协调效应以及适应性预期这些因素的作用,会导致这种制度沿着既定的方向不断得以自我强化。这意味着路径依赖使得人们过去的选择决定了他们现在可能的选择,从而形成对制度变迁轨迹的路径依赖。诺思提出:"路径依赖性是分析理解长期经济变迁的关键",[①]他认为,相对价格的变化是制度变迁的重要源泉。因为相对价格的变化改变了人们互动关系中的激励。决定制度变迁轨迹的有两个因素:一个是报酬递增,另一个是由交易成本所确定的不完全市场。在制度变迁中,存在着报酬递增和自我强化机制。这种机制使得制度变迁一旦走上某条路径,它的既定方向就会在以后的发展中得到自我强化、"自我锁定"。而报酬递增所决定的制度的长期变迁,并不必然导致经济长期增长的良性轨迹,在报酬递增的前提下,如果相应的市场是竞争性的,或者是大致接近零交易成本模型的,制度变迁的长期轨迹将是有效的。如果市场是不完全的,信息的反馈又是分割的,且交易成本也是十分显著的,那么,在路径的分叉中,不良的绩效可能居于支配地位。诺思将制度变迁的这种路径依赖特征与经济的长期增长或下降模型结合起来,给出了制度长期变迁中的两种截然相反的路径轨迹。青木昌彦(Massahiko Aoki,1998)也认为,一旦一个特殊的(制度的或者生物的)系统被建立起来,它就趋于自我维持……在关键的转折时刻,选择规则的基本特征很可能对未来产生约束作用,即路径信赖。但他又特别强调了制度演变过程中的创新,提出系统中的变迁很可能是从一个大的外在冲击开始,这

① [美]道格拉斯·诺思. 制度、制度变迁与经济绩效[M]. 上海:格致出版社,2008:150.

种外在冲击引发了内在变化，这种变化是累积性的或新的，而不是连续地、逐步地发生，制度演进过程充满了路径信赖和创新。①

从新中国成立到改革开放前，在长期的计划经济体制下我国一直实行水能资源无偿使用的自然资源管理制度，将大量优质水能资源无偿划拨给少数国有电力企业垄断开发、使用，其代理成本和管理成本高昂，资源利用效率低下，企业利润积累缓慢，导致丰富的水能资源长期受制于资本约束，不能得到合理开发利用。尽管这种资源配置方式和管理制度严重阻碍了水能资源开发利用效率，但却受制于历史的"路径依赖"，使这种"不良绩效"的制度方式长期居于支配地位，甚至在我国市场经济体制改革已经走过三十多年后的今天，自然资源的产权制度、管理制度仍基本沿袭着计划经济时期的模式，大部分自然资源特别是水能资源至今仍"锁定"在无偿划拨、无价或低价使用的旧"轨道"，资源领域的制度改革严重滞后于国有企业改革和其他领域的改革。

改变水能资源无偿使用状况，打破原有的处于"锁定状态"的路径依赖是关键。必须调整计划经济时期长期单纯依靠行政手段配置资源的方式，发挥市场机制作用，提高资源配置效率，通过制度创新调整利益格局。从引入竞争性市场机制，提高水能资源开发的经济效率和社会综合效益出发，构建适应社会主义市场经济体制的水能资源产权制度。

第二节　水能资源有偿使用的产权制度路径

改革开放以来，我国先后颁布了一系列规范自然资源产权的法律法规，如 1982 年修改的《中华人民共和国宪法》（以下简称《宪法》）对矿藏和土地等自然资源的产权界定，《水法》《森林法》《草原法》《土地管理法》《矿产资源法》《渔业法》《野生动物保护法》七部自然资源单行法律，以及大量的行政法规、地方法规的制定，这些法律、法规制度正式安排了我国自然资源产权制度。自然资源的国家所有权和用益物权的确定，奠定了自然资源有偿使用和国家作为自然资源所有者取得财产收益的法律基础。

---

① ［日］青木昌彦．沿着均衡点演进的制度变迁．制度、契约与组织——从新制度经济学角度的透视［C］．北京：经济科学出版社，2003.

一、水能资源国有制是国家取得财产收益的必然要求

《宪法》规定,我国重要的自然资源均属于国家所有,即全民所有。2002年新修订的《中华人民共和国水法》(以下简称《水法》)进一步对水资源的所有权及其有偿使用作出了清晰的法律规定。2007年10月开始实施的《中华人民共和国物权法》(以下简称《物权法》)也对我国自然资源的所有权、使用权和有偿使用制度作出了规定,是我国水能资源有偿使用制度的重要法律依据。

所谓资源所有权,是指"所有权人对自己的不动产或者动产,依法享有占有、使用、收益和处分的权利"。[①] 我国自然资源的所有权分为国家所有权和集体所有权两种。国家对重要的自然资源及野生动植物资源拥有所有权,这些国有资源包括矿藏、水流、海域、野生动植物、城市土地等。[②] 其中,水流的所有权不从属于其所依附的土地,因此对水流实行单一的国家所有权。

关于"国家所有"的具体解释是:"法律规定属于国家所有的财产,属于国家所有即全民所有。国有财产由国务院代表国家行使所有权。"然而,对于国家能否成为民事主体进而成为物权主体,理论上存在争议,一般认为,国家同时具有公权和私权的双重主体身份,既可能体现出公权主体身份,也可能体现出物权主体身份,表现在一些有国家参与的物权法律现象中,既有行政法进行调整,又有物权法进行调整。[③]

自然资源国家所有权是一种不受限制的所有权,"法律规定专属于国家所有的不动产和动产,任何单位和个人不能取得所有权"[④]。而集体所有权按照法律规定受到一定的限制,不是一种充分的权利。[⑤] 如物权法第42条至第44条规定,国家出于公共利益的需要,可以对集体所有和非公有所有的不动产、动产,按照法律规定程序进行征收、征用,并给予补偿。

《水法》对水资源开发、利用、节约和保护等方面进行了系列法律规范,体现了我国自然资源产权关系在水资源及其水能资源方面的具体制度安

① 参见《中华人民共和国物权法》第三十九条。
② 参见《中华人民共和国物权法》第四十五条至第四十九条。
③ 黄锡生,梁伟. 自然资源物权法律关系理论探析[J]. 西南政法大学学报,2007(6).
④ 引自《中华人民共和国物权法》第四十一条。
⑤ 方正. 新物权法与自然资源产权制度[J]. 法制与社会,2007(12).

排。《水法》第三条规定:“水资源属于国家所有。水资源的所有权由国务院代表国家行使。农村集体经济组织的水塘和由农村集体经济组织修建管理的水库中的水,归各农村集体经济组织使用。”也就是说,我国的水资源与水流所依附的土地所有权无关,农村水塘水库的使用权归农村集体,但水资源仍属于国家所有,原来水法中“农业集体经济组织所有的水塘、水库中的水,属于集体所有”的规定在修订后的《水法》中已取消。一些法律委员会专家认为,根据《宪法》水流属于国家所有即全民所有的规定,水库等水利工程的所有者只能依法享有水资源的使用权,因此,无论城乡水资源的所有权都应当属于国家。① 而水能资源是水资源利用的一种方式,源于水资源的能量属性,也属于我国重要的自然资源,因此,水能资源的所有权毫无疑问也属于国家即全民。

综上,水能资源是重要的自然资源,与我国其他自然资源所有权的国有和集体所有“二元主体”不同,水能资源所有权与水资源一样实行单一的国家所有制,即全民所有制。这不仅使水能资源的归属权更加明确、清晰,同时国家对水能资源享有的占有、使用、收益和处分的权利,通过法律的形式加以明确,使国家能以所有者身份参与国有资源的收益分配,成为自然资源国家所有制的体现和必然要求。

二、用益物权奠定了水能资源使用权有偿获得的法律地位

我国将自然资源的使用权设定为一种用益物权,体现了自然资源产权制度向市场经济发展的方向。水能资源的使用权同其他重要自然资源一样,属于用益物权。

所谓用益物权是指对他人所有之物依法享有的占有、使用和收益的权利,《物权法》第118条规定:“国家所有或者国家所有由集体使用以及法律规定属于集体所有的自然资源,单位、个人依法可以占有、使用和收益”。由此可以看出,我国的自然资源使用权是从所有权中分离出来的,包括占有、使用和收益权在内的一系列权利,但不包括对自然资源的最终处分(置)权。

国有自然资源用益物权的产生主要通过出让的方式,权利主体依法取得自然资源用益物权后,就享有了对自然资源的使用权和收益权,此外也享

---

① 引自全国人大法律委员会关于《中华人民共和国水法(修订草案)》修改情况的汇报[R].中华人民共和国全国人民代表大会常务委员会公报,2002年第5号第375页。

有部分的处分权即转让自然资源用益物权的权利。使用权毫无疑问是一种排他性的权利,其取得必然且必须是有偿的。《物权法》第119条明确规定:"国家实行自然资源有偿使用制度",就是说,使用者要取得属于国家所有(即全体公民所有的)自然资源使用权,就应当向资源所有权人缴纳费用,以体现所有者的财产权益。如果国有自然资源被无偿使用,就意味着对资源所有者权益的损害,因此,任何企业或个人凭借国有资源的无偿使用"垄断"经营,并获得巨额利润都是不合法的。

我国现行自然资源单行法对各种自然资源使用权的获得做出了明确的规定,实践中自然资源无偿划拨状况在市场化条件下已开始转变,开创了许多制度性的改革试点,如探矿权、采矿权有偿取得制度,水资源取水许可及有偿使用制度等,在自然资源使用权有偿获得方面取得了积极的、富有开创性的进展。

三、水能资源产权关系存在的主要问题

由于自然资源的特殊性和资源管理的复杂性,我国资源产权制度还存在许多矛盾问题,导致资源有偿使用制度至今仍停留在法律原则层面,实践中仍局限于部分领域、部分区域范围的试点,还存在诸如水能资源开发权大量无偿划分的计划经济资源配置方式。因此,要建立健全水能资源有偿使用制度,必须首先完善我国现有的水能资源产权法律制度。

(一)水能资源所有权主体"虚位"以及公权主导下的寻租

在我国水能资源的产权关系上,与其他自然资源一样存在着所有权主体的"虚位"问题。《物权法》和《水法》均明确规定,水资源属于国家即全民所有,国家是重要自然资源的所有权主体,由国务院代表国家行使所有权。但又规定,国家机关、国家举办的事业单位对其直接支配的不动产和动产,享有占有、使用以及依照法律和国务院的有关规定收益、处分的权利。国家出资的企业由国务院、地方人民政府依照法律、行政法规规定分别代表国家履行出资人职责,享有出资人权益。① 这些规定带来了法律适用上的混乱,造成资源产权主体界定不明。② 国务院代表全体人民拥有自然资源所有权,但事实上又不可能行使全部所有权,而是委托给国家机关(相关部委)、国家

① 参见《中华人民共和国物权法》第五十三条、第五十四条、第五十五条。

② 方正. 新物权法与自然资源产权制度[J]. 法制与社会,2007(12).

举办的事业单位（如水电规划设计部门）、国家出资的企业（如中央大型垄断电力国企）来行使，从而产生了有着不同利益的多个行使主体。这些主体没有所有权，但可以行使所有权，事实上拥有所有者的身份，结果造成水能资源事实上的非正式的占有现象，形成水能资源利用与利益分配上的众多矛盾以及层层的赋权关系。国有水能资源产权的各种代理人都有其独立的经济利益，其行为在实践中往往背离自然资源所有权主体的利益目标，使权利主体利益部门化、地方化、企业化。资源产权所有者的"虚位"，产生具体行使者"越位"，最终导致资源产权关系"错位"，在此情形下，对水能资源开发权的无序争夺以及许多中间环节的权力寻租行为也就难以避免。

（二）中央政府与地方政府对水能资源的权益冲突

就国有自然资源的实际控制和利用而言，国务院法定权力的行使，是通过不同主体之间的分权，进而通过不同主体依照各自权限的共同行为来实现的。在实践中，自然资源国家所有权实际上是由政府各部门或者各级政府部门在行使。国有自然资源的用益物权也是由中央和地方共享，如属于不动产的国有土地、河流、海域等一般为地方使用，属于动产的矿藏等资源多为中央直接控制。比较特殊的是，江河属于自然形成的、具有流域整体性的不动产，而江河中的水资源及其水能资源因其可进行人为调配也被归入动产一类，大多数由中央直接控制，即由水利部及其七大流域管理机构直接管理，少部分小支流划归地方管理。

我国对水资源实行流域管理和区域管理相结合的体制，规定了分级管理的职责（见图7－1）。

根据《水法》的有关规定，首先明确授权国务院水行政主管部门对全国水资源实施统一管理和监督；其次，明确了水行政主管部门在国家确定的重要江河、湖泊设立流域管理机构，流域管理机构依法和按照授权代表国务院水行政主管部门在所辖的范围内行使水资源管理和监督职责；第三，明确县级以上人民政府水行政主管部门对各行政区域内水资源进行管理和监督的行政权力范围。同时，《水法》第十三条规定："国务院有关部门按照职责分工，负责水资源开发、利用、节约和保护的有关工作。县级以上地方人民政府有关部门按照职责分工，负责本行政区域内水资源开发、利用、节约和保护的有关工作。"

在上述水资源管理体制下，对水资源在开发、利用、节约和保护工作中

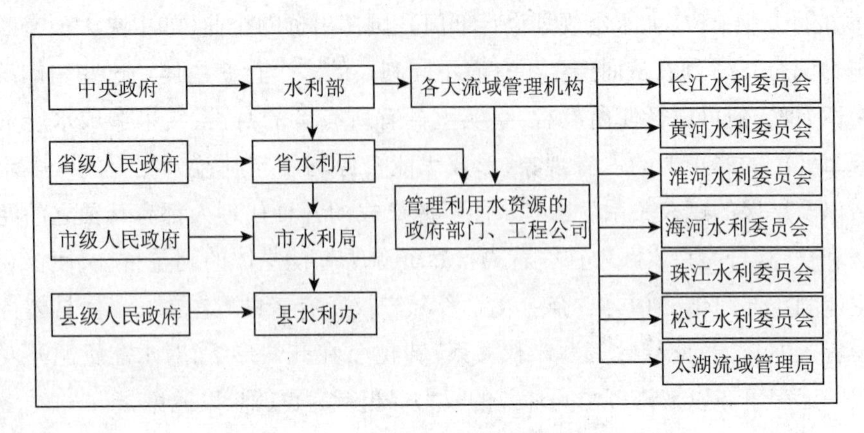

图7-1　我国水资源管理体制结构

负有职责的机构包括:水利部及其下属的水利厅和水利局(即国务院水行政主管部门和县级以上水行政主管部门)、长江水利委员会、黄河水利委员会等七大流域机构,各级政府中有关水资源管理利用的机构、工程公司等。

然而,作为常规能源资源开发利用,水电投资建设工程项目还必须经过国家宏观经济管理部门核准(审核),要涉及更多的政府经济管理机构和部门,如政府各级发展改革委(局)(或该系统的能源局能源办)、各级水利部门、环境保护部门、移民管理部门、国土资源管理部门、林业部门,以及水能资源开发中可能涉及的交通、卫生、文物、旅游、渔业等相关管理部门。我国水能资源开发的主要管理机构及相应的职能见图7-2所示。

根据我国投资管理政策规定,水能资源开发的分级审核权限为:25万千瓦以上(含25万千瓦)装机容量的大中型水电站,由国务院相关部门负责审核;25万千瓦以下装机容量的水能资源开发,由省级政府相关部门具体制定相应的分级管理审核权限。如四川省政府规定:非主要河流上装机容量小于2.5万千瓦的小水电开发项目,由市(州)县(市、区)级相关部门负责审核;主要河流或非主要河流上开发水电项目装机容量大于2.5万千瓦(含2.5万千瓦)的审核权在省级相关部门。[①] 这种分级规定,反映了在水能资源开发上中央与地方各级政府之间,以及地方政府不同层级之间的权力分配关系,但又不仅仅是一种行政权力关系,同时还意味着资源的收益补偿关

① 参见四川省政府令第182号《四川省电源开发权管理暂行办法》第九条。

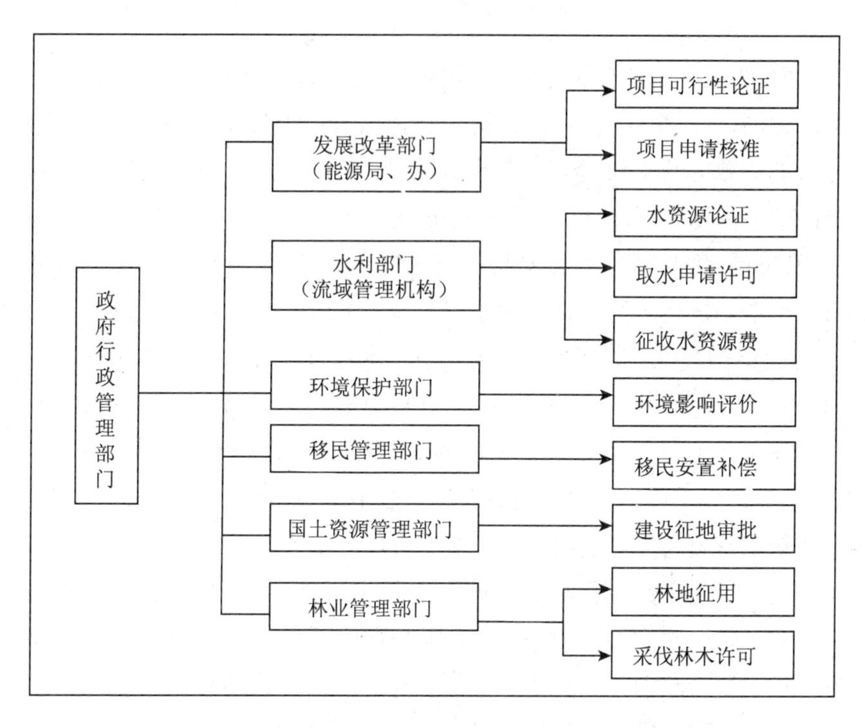

图7－2　我国水能资源开发主要管理机构及其职能

系。无论中央政府还是地方政府，既是水能资源管理权的行使主体，同时又是资源所有权的行使主体，后者使其能够获得自然资源开发的经济权益，如水资源费的征收、管理和使用权限与水能资源开发的审核权限是基本一致的。

然而，上述的分权并没有明确的法律规范，在市场经济条件下必然造成中央与地方在资源权益方面的冲突，这些权益包括开发权和收益权，金沙江中游的水能开发权限之争就是一个突出案例。

早在2002年，水能资源开发还面临巨大资金缺口，得知信息的民营企业汉能控股集团（原名华睿集团）决定投资开发金沙江中游的6座水电站，其中的金安桥电站当时已被国家列为近期重点开发项目，汉能决定先行启动建设，以滚动开发金沙江中游河段。同年4月，汉能集团与云南省签订了《云南省金沙江金安桥水电站投资开发协议书》，协议要求，2002年年底完成金安桥水电站预可行性研究报告，2004年完成可行性研究报告并开始施工准备工作，2005年完成电站工程投标并正式开工建设，2009年第一台机组发电。

然而,由民营企业单独整体开发国家重要河流上的水能资源此前还从未有过先例,一时引起轩然大波,受到众多国有电力集团的强烈反对。为了争夺水能资源的开发权,华能、华电和大唐三大电力巨头提出,国家尚未明确金沙江中游水电开发主体,尚未批准项目建设,民营企业华睿(即汉能控股集团,下同)凭什么开始金安桥水电站的道路工程、导流洞的施工?凭什么对6个电站进行勘测设计?为了平息这场纷争,国家发改委2005年8月23日递交给国务院《关于落实金沙江中游水电开发建设管理体制问题的请示》(发改能源[2005]1585号文),其中明确提到,对华睿公司的行为"有关部门和发电企业意见很大",并明确表态,金沙江水能资源是国家的重要资源,对这类跨省重要河流,应由国家统一规划和开发利用。

争议的最终结果是,由国家发改委出面对金沙江中游水电开发管理体制进行协调,组建成立了流域水电开发公司。2005年12月,国家发改委做出《关于组建金沙江中游水电开发有限公司有关事项的批复》,公司注册地设在昆明,股权结构体现了由各大国企电力巨头分食金沙江中游水能资源"大蛋糕"的折中方案:华电33%、华能23%、大唐23%、华睿11%、云南省开发投资有限公司10%。华睿尽管对此感到十分委屈,曾专门就金沙江的开发权等问题向国家发改委递交法律意见书"讨说法",但最后只能妥协。针对这场风波,国家能源局前任局长张国宝2009年在中国水电高峰论坛上指出,水能资源的分配权是在中央政府还是地方政府,这些属于法律范畴的水能属性问题已凸显出来。

(三)资源所有权与行政管理权的混淆

国家既是水能资源的所有者,同时也是水能资源的管理者,而这双重身份的职能本身是有矛盾的。作为水能资源所有者权益代表,其基本职能是实现国有财产的保值、增值,实现所有者权益的最大化,因此,为了最大限度实现国家所有权利益,应当依照法律规定的条件和方式,对水能资源的用益权进行市场化配置。而作为自然资源开发利用的行政许可人,国家是社会公共利益的代表,其基本职能是保障资源的合理开发利用,满足生态与环境等综合目标的要求,实现水资源的保护、发展和公平利用,即实现社会利益最大化目标,因此资产所有者职能与行政管理者职能之间产生了目标功能方面的冲突。此外,两种不同身份的重合还导致政府在具体的经济活动中产生观念上的冲突。以民事财产权利形态存续的国家所有权，其观念和准则是以自愿、平等、等价、有偿为内容的民事权利观，而以国家主权形态存续的国家所有权，其观念与准则是以强制、命令、无偿为内容的国家权力观。[①]

（四）资源区居民对资源的优先权益体现不足

理论上，自然资源所在地的居民与非资源所在地的居民对资源的权益是平等的，都是通过国家（全民）所有权的形式平等地占有自然资源，这种平等的权益关系构成自然资源的法权关系。而在现实中，资源区居民与当地自然资源维持着一种与生俱来的依存关系，构成了自然资源权益关系的习惯法基础。有学者研究认为，在自然资源与当地居民的权益关系中，这种自然关系的约束强于法权关系（王文长，2004）。因此在自然资源开发利用中，存在着当地居民的优先受惠权。人们对生存环境自然资源的权属已经形成习惯性认同，这种自然关系决定了资源所在地居民对当地自然资源的直接优先分享。由此，国有自然资源所在地居民与非所在地居民对该资源的权益关系便呈现出一种由近到远、由密到疏、由内在到外在的结构。[②] 资源地居民凭借其对当地自然资源的自然依赖形成资源使用权，确立资源利益分享的优先地位，并对自然资源存在及开发享有优先受惠权。

国外关于水资源的优先权或水权优先权，主要有河岸权原则和先占用原则。河岸权原则是指以河岸地的所有权或使用权来确定水权的归属。按照该原则，水权附属于相邻于水的土地，土地所有权人对与其土地相毗邻的河流当然自动享有水权，无须人为程序授予，且河岸权具有永续性，与是否利用水资源无关。先占用原则是指按占用水资源的先后来确定水权的取得以及水权之间的优先位序的原则，该原则强调水权的取得以直接的、实际的、有益的用水为要件，即占有时间在先的有益用水者比后来者具有优先位序的水权。水资源的优先权原则取决于不同国家的水资源状况。如水资源丰富的欧洲和美国密西西比河以东的州大多采用河岸权原则，而水资源相对稀缺的美国西部多采用先占用原则。

我国《水法》尽管没有明确提出水权的优先权原则，但实际上已将先占用原则作为取得水权以及决定水权优先权的规则，先占用原则被我国的《水

---

① 张倩．水能资源产权法律问题研究[J]．企业技术开发，2005(7)．

② 王文长．论自然资源存在及开发与当地居民的权益关系[J]．中央民族大学学报（哲学社会科学版），2004(1)：42－43．

法》所认可。[①]而《水法》中取水许可有关的例外规定实质上包含了对河岸权原则一定的默许和认可。[②]在实务中,也存在诸如上游用水优先权等习惯水权,因此处理水权纠纷大多依据河岸权优先的原则。当然,上述水权优先权在我国仅指水权的使用权,不包括所有权。

水权优先权的确立对于建立我国水能资源有偿使用及其相应的补偿机制十分重要。在水能资源开发中,往往会改变当地居民与水域形成的自然依赖关系,从而要求开发者对资源所在地居民提供相应的替代保障,这种权益替代保障性补偿只有资源所在地居民才有资格享有,而远离资源地的居民则不具有。同时,流域水权往往存在多项交叉权益,如饮用取水权、灌溉权、航运权、发电权等,如果水电站筑坝取水影响到当地居民的饮水、灌溉,则按先占用原则和河岸权原则开发商都必须新建相应设施予以赔偿,并对当地居民由此上涨的生产生活成本进行经济补偿。这些与计划经济时期的政策已有很大不同,过去在"国家利益""中下游多数人利益"的名义下往往牺牲当地居民利益,甚至发生当地居民"守着水库没水吃,守着电站不敢用电","水电越开发,群众越贫困"的个别现象。[③]

总体来看,目前西部地区水能资源开发中,对资源区居民具有的优先受益权重视不够,如开发的电力大量以低价外输,当地居民用电价格高于电力输入地,无法分享水能资源开发的收益。

(五)水能资源使用权流转制度缺失

《物权法》明确我国自然资源实行有偿使用制度,但却没有规定相应的权利来行使,也没有明确自然资源的用益物权配置通过何种机制来实现。《水法》对以水资源市场配置为核心的水权交易制度也完全没有涉及,因此水资源包括水能资源的流转制度存在法律空白。

作为解决水资源流转的制度设计,2005年水利部颁布了《水权制度建设框架》(水政法[2005]12号)和《水利部关于水权转让的若干意见》(水政法[2005]11号),在我国正式的规范性文件中使用了"水权"的术语,提出我国水权制度的体系框架由三部分组成,即水资源所有权制度、水资源使用权制度、水权流转制度,制订了我国水权制度建设和水权转让的具体原则。这些

① 杨军,束华. 论水权的优先权[J]. 黑龙江省政法干部管理学院学报,2004(4):33.

② 刘斌,高建恩,王仰仁. 浅议我国水权优先权的原则[J]. 水利发展研究,2002(10):30.

③ 参见黄河上游水电站之惑:水电越开发,群众越贫困[N]. 经济参考报,2006-2-15.

原则包括:水资源可持续利用原则、政府调控和市场机制相结合的原则、责权利统一的原则、公平和效率相结合的原则、公平公开公正的原则、有偿转让和合理补偿的原则。同时强调,在水权制度建设中,水资源统一管理必须坚持流域管理与行政区域管理相结合、水量与水质管理相结合、水资源管理与水资源开发利用工作相分离的原则。然而遗憾的是,这些制度具体的操作细则至今没有出台,一直未能有效推进实施,水权的流转实践只是极个别地区之间的取水权和水量交易行为,现代意义上的水权转让交易市场一直没有建立。

四、水能资源产权制度改革路径

水能资源产权关系存在的上述诸种问题,客观上制约着我国水能资源有偿使用制度的建立。我们认为,我国水能资源产权制度的改革关键,是针对水能资源产权制度的上述种种缺陷,寻找突破路径,从水能资源的所有权、使用权、流转权方面进行完善。其核心是建立水能资源的混合产权制度,实现市场配置与行政配置的有机结合。

(一)水能资源的产权主体应由独立民事主体承担

要解决水能资源所有权主体"虚位"和代理人(使用者)"越位"问题,必须进一步明确水能资源的所有者究竟是谁,由谁来行使,即解决产权主体问题。理论上,水能资源的所有者是全体国民,按法律规定产权主体是国务院,由国务院授权管理部门和各级政府负责具体行使。而政府及其管理机构又是行政权力的主体,"资源财产主体"和"行政权力主体"两种身份的重合使政府在具体的经济活动中产生了观念和功能上的对抗。斐丽萍(2008年)在研究水权问题时提出,应由流域水资源公司作为水资源所有权人代表,由此形成以流域为界的水资源产权"多元代表体制",并认为这种体制较现行的水资源国家所有的"一元代表"体制,更有利于克服水资源的市场垄断,促进水资源市场竞争。[①] 我们认为,应该把水能资源的行政管理权从水能资源的所有权中剥离出来,使两种权力主体分离。只有明确界定资源的产权主体,才能规范行政主管机关在水能资源管理中的职责,完善行政管理的程序,严格限制公共权力利用其所控制的资源财产进入市场的机会,防止水能资源代理人产生权力"越位"。国家所有权与国家的行政管理权两种主

① 斐丽萍. 可交易水权研究[M]. 北京:中国社会科学出版社,2008:218—220.

体分离后，水能资源的开发管理中，可以考虑由相对独立的国有资产公司来专门行使水能资源的所有权，这一机构应当是独立的民事主体。

（二）建立水能资源产权市场，实现产权流动

水能资源源于水资源，但又与水资源的其他利用方式存在很大不同。相对于生活用水和生态环境用水，电站发电用水的经济物品属性更为突出，且水能开发由按市场机制运行的股份公司所主导，具有较强的资源竞争性。水能资源的国家所有权并不妨碍将水能资源使用权作为独立的权利分离出来，实现其收益权和交易、转让权。就经济物品的属性而言，水能资源比水资源更具备先行进入市场配置和流转的条件。与水资源有偿使用制度相衔接，水能资源必须通过市场有偿获得，包括水能资源开发权有偿取得、水能资源有偿使用和有偿转让，从而优化水能资源配置效率，提高资源效用。

水能资源的市场化配置要求国家有偿出让水能资源物权，本质上就是实现水能资源从所有权到使用权流转一级市场的运行。市场化配置的核心是通过招标、拍卖、挂牌出让等竞争方式实现对水能资源使用权的优化配置，以确保国家所有的水能资源资产不会流失，使国家作为水能资源所有者的财产收益成为全民收益而不是少数垄断部门的收益。因此，应当建立水能资源产权交易市场，在国家的控制管理下，实现产权的合理流动。

（三）水能资源混合产权制度设计

自然资源使用权的配置方式，归根结底取决于资源的稀缺性及其配置效率，不同的配置模式将产生不同的效率和成本，对经济社会的影响程度也有所差别。单纯的政府行政配置，容易造成资源浪费和使用的低效率，而单纯的市场配置，容易产生大量的外部不经济性，导致“市场失灵”问题，因此，如何使行政手段与市场机制结合，既提高资源配置效率，又促使外部成本内部化，是资源产权配置中需要解决的重要问题。

1. 混合产权制度理论的运用

根据现代产权理论，水资源是一种非排他性的公共资源（Common Pool Resource，CPR），而公共资源 CPR 往往面临被过度使用的威胁引发“公地悲剧”。[①] 针对公共资源的管理，一直存在着私有产权和公有产权两种主张。

① ［美］埃里克·弗鲁博顿等．新制度经济学——一个交易费用分析范式［M］．上海：三联书店，2006：130－132.

私有产权派认为,CPR 具有类似于私人物品的竞争性,只有“理性经济人”追求利益最大化的自利性才能实现其配置的“帕累托最优”。而公有产权派则强调,由于 CPR 的非排他性和正外部性,应当由代表公共利益的政府来承担治理责任,利用政府的强制力实现对公共资源的控制。[①] 然而无论是实行私有产权还是“公共所有权”管理,一定程度上都存在着或是“市场失灵”或是“政府失灵”的问题。对此,新制度经济学家埃莉诺·奥斯特罗姆(Ostrom,1990)提出了“自主组织与自主管理”的产权概念,他通过对大量的 CPR 管理制度分析认为,自主组织与自主治理兼有公有产权、私有产权的双重特征,即混合产权制度特征,能较好地规避自然资源的私有产权和公有产权制度安排的缺陷。

叶舟(2006)将布坎南的俱乐部理论用于分析水资源产权,提出“流域水资源是区域政府的俱乐部产品”的观点。[②] 所谓俱乐部产品是指介于纯私人物品和纯公共物品之间的“准公共物品”,其特点一是对外排他性,即物品仅仅由其俱乐部全体成员共同消费,而对俱乐部成员之外的群体产生排他性;第二是非竞争性,单个会员对俱乐部物品的消费不会影响或减少其他会员对同一商品的消费。叶舟认为,当流域水资源总量大于流域用水总量一定的倍数并且每个区域政府所辖地区用水量小于一定量时,任何“政府”对水资源的使用都不会减少他人的使用,这种情况下流域水资源就是俱乐部产品,俱乐部成员之间的协议体现在必须对排污等水体水质的使用情况进行约束。即每个“政府”的取水量和排污量必须控制在一定的范围内,而跨流域引水、其他公司拦河筑坝开发水能资源,会损害“俱乐部成员”的利益,所以必须限制或作出有关的补偿性制度规定。

雷玉琼、胡文期(2009 年)提出了立法产权和实施产权的概念,将我国自然资源的公有产权制度安排定义为立法产权,主要针对公共资源在微观上的资源配置活动进行权威认同以使其合法化。在此基础上,由代表公有产权的国家或公共组织享受相应的税收等资源收益。而公共经济组织产权、社团产权、私营企业产权和个人产权等不同形式在公共资源利用过程中的

---

① 雷玉琼,胡文期.刍议混合产权制度——一种公共池塘资源治理的视角[J].中国行政管理,2009(10).

② 叶舟.技术与制度——水能资源开发的机理研究[M].北京:中国水利水电出版社,2007:230.

客观存在,则称为实施产权。立法产权和实施产权的良好衔接依赖于产权关系的制度化。对于我国公共资源的混合产权结构来说,就是在公有产权代理主体拥有资源所有权的约束条件下,根据既定的配置方式,公共或私人的资源利用者获取、支配和使用资源的过程。

2. 政府企业共同投资形成混合产权

那么,水能资源产权配置与水资源产权配置的关系是什么呢? 换言之,二者是一致的还是可以相对分离的?

从我国水能资源产权配置实践来看,已经出现了与水资源产权相分离,向混合产权制度演变的趋势。水能资源竞争性与水资源公益性的结合,成为私人产权与公有产权结合的基础。从水资源单一产权到水能资源混合产权是水能资源产权制度演变的必然过程,这种产权制度变迁的动力源于水能资源的日益稀缺性以及民间资本对水能资源的趋利性追逐。[①]开发商投资水能资源追求的是单一的企业经济效益,对水资源的天然功能或其他社会经济功能可能产生干扰、影响甚至矛盾冲突,而政府投资水利资源追求社会效益,往往具有多重目标,如防洪、供水、环保等,其中也包括发电,水能资源混合产权的制度创新恰好能有效解决两者目标方向和效益的统一。

浙江省将综合的水利枢纽工程分为公共物品和私人物品两部分,对水能资源的混合产权制度创新进行了有益尝试。政府在公益性水库建设中,通过引入民间资本,将竞争性的发电部分产权交给企业,以增加公共物品的经济效益,或由政府介入企业投资的电站,以掌握防洪和汛期调度权,增加私人物品的社会效益,从而形成了政府和私人企业共同投资的两种混合产权方式:①芙蓉水库水电站由政府负责电站前期费用 1 亿元,企业主负责水电站水库建设资金 1. 2 亿元,政府取得水电站水库的防洪调度权,企业获得发电收益权;②分水江水库由当地政府筹资建设,水电站部分由企业投资建设,发电收益归企业,政府掌握水库的防洪调度权。

在上述案例中,公共部门将稀缺的水能资源开发权转让给私人投资者后,大大加快了水能资源的开发速度,实现了资源的充分利用。公共部门的

---

① 叶舟. 小水电产权制度演变:从单一产权到混合产权[J]. 中国农村水电及电气化,2006(7).

防洪工程通过将水能资源开发权交易给私人部门,引入民间资本开发防洪工程的发电功能。而由民间投资的水电站则增加了公共部门需要的防洪库容,并向公共部门出让防洪汛期调度权,以此换取政府资金支持,从而实现了政府和开发商的共赢。可以说,这是水能资源混合产权制度改革在浙江省的成功试点,其中的经验完全可以复制到西部地区。

第三节　完善水能资源有偿使用制度法律体系

《中华人民共和国物权法》《中华人民共和国水法》都是水能资源有偿使用制度的基本法律依据,但这些上位法对水能资源有偿使用只有一些原则性的规定,缺乏具体阐释和明确规范。2006 年国务院令第 40 号颁布的《取水许可和水资源费征收管理条例》,其中涉及水能资源有偿使用的一些规定,如明确对水力发电工程实行取水许可并征收水资源费。而 2008 年财政部、国家发改委、水利部三部委联合颁布的《水资源费征收使用管理办法》(财综[2008]79 号),是与《取水许可和水资源费征收管理条例》配套的水资源有偿使用财税制度法规,因此严格来说,迄今我国并没有一部专门针对水能资源开发管理的法律法规。

在国家加快西部水能资源开发的过程中,迫切需要制定出台与《中华人民共和国水法》相配套的全国性水能资源开发管理条例,从法律的层面规范水能资源开发权、使用权、收益权以及流转权等问题,并对水能资源有偿使用制度作出更明确的规定。

水能资源开发权有偿取得是将市场竞争机制引入水能资源开发利用的前提和起点,水能资源开发权与土地使用权、采矿权一样,是投资者为开发水能资源而获得的权利。长期以来,我国缺乏国家层面的水能资源开发权管理制度,对水能资源开发利用权的取得方式、取得条件、取得程序,水能资源开发利用权的内容、期限、变更、转让、丧失等缺乏明确的法律规定,已经不能适应水能资源开发市场的快速发展,一定程度上造成了资源开发的无序和混乱。这并不是市场化本身的错,而恰恰是改革不彻底、市场配置资源管理法规不健全导致的,对此绝不能因噎废食,放弃水能资源市场配置的改革探索就是倒退,就会使已经取得的改革成果丧失殆尽。不彻底改变资源要素市场的双轨制现状,权力寻租、资源垄断、利益输送、国有资产流失等新问题将难以根除。

目前全国已有 12 个省(区)以地方性法规和政府文件等不同方式,明确了由水行政主管部门统一管理水能资源,有 7 个省份在地方性法规中规定了水能资源开发使用权实行有偿出让,湖南、贵州、吉林还出台了专门的水能资源管理的地方性法规。这些改革探索,有效遏止了抢占资源、无序开发、违规开发等现象,有利于实现水能资源有限、有序、有偿开发。在此基础上,国家应借鉴各地试点中的成功经验,制定出台《水能资源管理条例》,作为水能资源管理和水能资源有偿开发、有序开发的保障,并以此完善水能资源管理的法律制度体系。

《水能资源管理条例》作为国家层面制定的,以水能资源开发权有偿取得、水能资源有偿使用为核心的水能资源管理基本制度法规,应对水能资源管理的范围、目标,管理原则和管理内容,以及各级政府在管理中的权限和责任予以明确界定。水能资源开发规划应当由具有河流管理权限的水行政主管部门会同同级发展改革部门编制,并组织有关部门和专家论证后,报同级人民政府批准,方可执行。政府有关部门应定期对实施情况进行检查与评价。《水能资源管理条例》主要应包括几个方面的内容。①

一是规定水能资源开发利用遵循有偿出让、有偿使用原则;二是以资源市场配置、有偿开发、政府监管作为资源权属管理核心;三是规范水能资源开发利用中资源出让方的权利义务;四是规范水能资源开发利用中资源受让方的权利义务;五是对水能资源开发权出让程序的监督和管理。水能资源开发权有偿出让方应当由明确的、具体的主体作为国有资源代表,负责拟定水能资源使用权有偿出让实施方案,拟定水能资源有偿出让合同、出让金(资源价款)的收取和管理,开发权证的发放等。由社会中介机构对出让程序、出让过程进行公开监督。而作为水能资源开发权受让方,中标人或者拍卖、挂牌买入者应当按要求报送各种资质审批文件,签订水能资源开发合同,并缴纳水能资源开发权出让金,才能按照批准的规划方案进行开发经营。针对水电工程施工对库区移民搬迁安置和水环境的具体影响,开发商必须按环评规划保护方案,认真落实施工区和水库淹没区的生态保护措施,并承担相应的移民安置经济补偿。

---

① 王明远. 我国水能资源开发利用权制度研究[J]. 中州学刊,2010(2):102-105.

此外,《水能资源管理条例》应明确规定,在电站运行期间,要服从水行政主管部门对流域水资源的统一管理,统筹水资源的发电功能需求和其他用水需求。对确因灌溉、供水等公共需求而造成水电站重大效益损失的,可按合同约定给予适当的经济补偿。

第八章　水能资源有偿使用财税制度框架设计

构建水能资源有偿使用的财税制度框架体系，需要与国家能源资源有偿使用制度相呼应，与资源税费制度相衔接，形成由资源费、资源价款和资源税组成的相互补充配套，能够完整体现水能资源经济租的制度体系。

第一节　自然资源有偿使用的财税制度路径

我国自然资源税费制度由资源税、资源费（资源使用费和资源补偿费）、资源价款、特别收益金四大系列构成。但这四个税费系列并非同时针对每一种自然资源，不同自然资源的税费制有所差别。通常来说，对于市场配置程度较高的不可再生性矿产资源的税费征收较为普遍，而针对公共品属性较强的可更新和可再生资源，如水资源、森林资源等的税费较少。在资源税费制度设计中，目前涉及自然资源种类较多、覆盖面较广的是资源税、资源费和资源价款。①

一、资源税

我国自20世纪80年代中期开始对矿产资源征收资源税，规定在境内从事原油、天然气、煤炭、金属矿产品和其他非金属矿产品资源开发的单位和个人，应按规定缴纳资源税。除海上油气资源外，大部分资源税属于地方税，即收入全部纳入地方财政，作为地方政府的固定收入。资源税开征20多年来，围绕资源税的征收原则、征收方式、征收税率，甚至资源税的性质和功

① 劳承玉. 自然资源开发与区域经济发展[M]. 北京：中国经济出版社，2009：128－142.

能等一直存在争议,成为资源税改革的背景。

(一)资源税征收原则的变化

资源税最初的设计是为了调节同类矿产资源不同品质之间的级差收入分配,以促进自然资源的合理开采、节约利用和有效配置,平衡矿山企业的利润水平,创造公平竞争的外部环境,因此征收原则是只对销售利润达到一定比例以上的生产者征收,规定“纳税人根据应税产品的销售收入率,按照超率累进税率计算缴纳资源税,销售利润率为12%和12%以下的,不缴纳资源税”。这一征收原则后来被批评为只征收了资源的“级差地租”,没有征收“绝对地租”,①因而没有充分体现国家作为自然资源所有者应享有的财产权益。

按照这种观点,资源税还应当承载国有自然资源的财产权益实现功能,即资源税是国家出让自然资源使用权的财产性收入,也就是自然资源有偿使用的收益,那么无论资源开发者是否获得开发利润,都必须缴纳资源税。正是在这样的思路下,我国资源税征收原则自1994年起发生了根本性变化,资源税从过去的“利润率12%以上征收”调整为“普遍征收,级差调节”。所谓“普遍征收”,是指凡是经营应税矿产品的企业和个人无论是否盈利都要缴纳资源税,而“级差调节”是指不同矿种实行不同的税额幅度,或同一矿种不同资源等级矿山企业、不同矿区也有不同的税额幅度。资源税由超利润征收变为普遍征收,折射出资源税性质的根本改变,即资源税已不再是单纯的调节级差收入,而是根据资源的所有权实现财产补偿收入,此时,资源税同时具有了“资源补偿费”的性质。对此国内许多学者并不赞同,认为这种定位使资源税与资源补偿费的性质和作用趋同(孙钢,2007),造成资源税费关系紊乱。

(二)资源税征收方式及其改革

现行资源税的征收方式,大多数是按照应税产品的课税数量和规定的单位税额计算,也就是“从量定额”征收方式。应纳税额计算公式为:应纳税额=课税数量×单位税额(即税率),以销售数量或自用数量为课税数量。这种征收方式也受到广泛批评,认为从量定额征收办法存在着一定的弊端,主要是税收与价格脱钩,中断了价税的联动作用。国家作为资源的所有者,无法分享资源的涨价收益,财产权益无法充分体现,造成自然资源资产收益

① 由于矿产资源属于国家所有,具有垄断性、稀缺性、有效性,我国资源研究学界普遍将这种矿产资源本身具有的价值体现称为矿山的绝对地租,也称绝对矿租,而将与矿山资源丰度等级、开采难易程度、地理位置等有关的收益称为级差地租,也称为级差矿租。

流失，没有体现"资源涨价归公"的理念，因此多数学者主张资源税应该将"从量定额"征收改为"从价定率"征收，即按资源销售总价的一定比率征收资源税，这种主张成为资源税改革的主导方向。

从资源税征收税额看，我国资源税涉及的七大类自然资源，即原油、天然气、煤炭、其他非金属矿原矿、黑色矿原矿、有色金属矿原矿和盐，不仅不同种类资源之间税额幅度差别较大，即使同类资源之间也因不同质量税额相差大。因此，资源税的税率设置十分复杂，不同矿种、不同矿区，甚至不同矿型均设置了不同税额(税率)，一旦需要根据市场变化对某种资源税率进行调整，将是一项专业性很强、且十分耗时的庞大"系统工程"，不得不分次分批进行，才能尽量保证其科学性与公平性。随着资源品价格上涨，2004—2006 年，国家分五次调整了 20 个省区的煤炭资源税税额，并分批调整了石油和天然气的资源税税额。如铅锌矿石、铜矿石和钨矿石的资源税 2007 年 8 月起上调，税额最大提高幅度达到 15 倍。但所增加的资源税仍然只占同期资源品价格上涨的小部分。资源涨价的收益大部分落入了国有企业以及少部分私营业主的腰包，从而引发了资源税应实行"从价计征"的改革呼声。

2011 年，国家财政部颁布了修订后的《中华人民共和国资源税暂行条例实施细则》，将原油、天然气资源税改为"从价定率"征收，其税率均定为 5%～10%，而煤炭、其他非金属矿原矿、黑色矿原矿、有色金属矿原矿和盐，仍实行"从量定额"征收，稀土金属等部分税种税额有较大幅度提高。

表 8－1　资源税税目税率表

税目	税率(额)幅度
一、原油	5%～10%
二、天然气	5%～10%
三、焦煤 其他煤炭	8～20 元/吨 0.3～5 元/吨
四、普通非金属矿原矿 贵重非金属矿原矿	0.5～20 元/吨(或/立方米) 0.5～20 元/千克(或/克拉)
五、黑色金属矿原矿	2～30 元/吨
六、稀土矿 其他有色金属矿原矿	0.4～60 元/吨 0.4～30 元/吨
七、固体盐 液体盐	10～60 元/吨 2～10 元/吨

数据来源：根据 2011 年《中华人民共和国资源税暂行条例》

但是,市场经济中价格从来就是有涨就有跌的,能矿资源价格单边上涨行情不可能长期持续。一旦资源品价格步入下跌通道,“从价计征”方式将导致资源税“量价齐跌”迅速萎缩。如此,作为自然资源有偿使用收益的资源税也就很难实现。所以,资源税无论采取“从量定额”还是“从价定率”计征方式,要实现国家作为资源所有者的财产收益都存在明显缺陷,需要资源费等其他的资源财税制度加以补充。

(三)资源税的性质

对于资源税的产权收益性质,国内理论学界提出了一些质疑,其中具有代表性的观点是,税收并不是产权关系的反映,与资源所有权无关(杨晓萌,2007),就是说资源税应与资源租无关。资源租无论是绝对地租还是级差地租,都是资源所有者与使用者之间的财产分配关系,是资源的产权收益体现。还有学者提出,资源税混淆了国家作为行政权力和财产权利主体两者的界限,采用无偿性的税收制度来贯彻自然资源的有偿使用原则,与税收的基本原理不相符,以体现国家政治权力的税收方式来实现国有资源的财产收益,这在法理上是存在矛盾的(康伟等,2007)。国外对于“国家”所有的资源,政府不是征收资源税,而是收取被称作“Royalty”即权利金的财产收入。获取权利金是凭借财产所有权,一方支付权利金,另一方让渡财产权,是建立在市场交易的自愿基础之上;而征收资源税凭借的是政治权力,具有强制性。对“税”的强调,客观上淡化了资源的财产性收益性质。此外,从其他国家的权利金制度看,通常是以红利的形式获取,不是通过征税方式,因此资源税并不是实现自然资源有偿使用制度的有效途径。

在国外,以加工过的矿石或未经加工的原矿为课税对象,采取从量定额征收,或者从价定率征收的资源税,一般称为跨州税(severance tax)。跨州税是从自然资源租值中提取的一部分。在美国、加拿大、澳大利亚等联邦制国家,州政府拥有税收立法权,这些资源丰富的州往往对输往其他州的自然资源,按该种矿产品的销量征收跨州税,以最大可能地获取自然资源租值。

如果征收资源税的目的是为补偿某种公共产品的成本,从资源开采、加工所带来的资源污染问题、环境破坏问题看,环境保护的支出需要税收来补偿,那么,资源税的存在可以看作是对环境保护这种公共产品的成本补偿途径,负外部性的补偿由资源税承担,此时资源税的性质相当于国外的环境税。

但是,不论我国资源税的性质究竟是什么,从资源税的改革方向和趋势来看,都不是取消资源税种,恰恰相反,是将资源税征收范围从目前的七种矿产资源逐步扩大到水资源、水能资源、草地资源等可再生资源,并赋予其环境补偿性质,或类似于国外跨州税的经济补偿性质。因此资源税已经并将继续作为我国自然资源有偿使用税费制度的一个重要部分,是地方财政收入税基扩大的方向和收入来源。近年来我国部分资源税实行"从价定率"征收,并适当提高其他"从量定额"的资源税额后,地方财政资源税收大幅上升,表明资源税作为我国自然资源基本财税制度的作用和功能正在加强。

二、资源费

(一)资源费的种类和性质

我国资源费种类较多,可将其归纳为三大类,一是资源使用费,即资源管理部门对开发、占用、利用国有自然资源者,按照一定的标准收取的费用,如水资源费、矿区使用费;二是资源补偿费,即为了恢复自然资源的更新能力,保护生态平衡,由自然资源行政管理部门向开发利用者征收的费用,如矿产资源补偿费;三是资源保护管理费,即自然资源行政管理部门对开发利用者所收取的,提供自然资源保护管理劳务的成本费用和维护自然资源利用设施的成本费用,如野生动植物资源保护管理费、渔业资源增殖保护费等(张炳淳,2006)。从这三类资源费的内涵不难看出,资源使用费和资源补偿费与资源产权及资源的固有价值有关,因此是自然资源有偿使用所支付的费用。而第三类资源保护管理费属于对行政管理部门的成本补偿费用,与资源产权无关。

关于资源费的性质,存在多方面内涵。首先,资源费具有"资源补偿性",即对开采使用稀缺性自然资源所造成的资源价值损耗进行补偿,也就是对资源本身的补偿;第二,资源费还具有"生态补偿性",也就是对开发利用自然资源造成的外部生态环境损害进行补偿,即外部性补偿;第三是"成本补偿性",即对政府提供公共产品服务和管理成本进行补偿,如恢复、更新、培育自然资源所需的成本补偿、地质矿产勘探成本补偿,这部分费用是附加在自然资源上的劳动成本价值补偿。正因为资源费存在上述多种性质,才产生了对同一类资源的不同收费项目,以及同一收费项目被赋予多种功能的情况。比如,针对矿产资源,有矿产资源补偿费、采矿权使用费、探矿权使用费;针对水资源,有水资源费、排污处理费等。而矿产资源补偿费,又被同时赋予了地质勘探费的补偿、资源耗竭的补偿、环境破坏的补偿等内容，但其中一些附加的用途，掩盖了资源补偿费的资源地租本质。①

显然，与行政管理成本、勘探成本有关的部分补偿费不属于自然资源有偿使用的税费范畴，因为它体现的是劳动价值成本，不是资源租即绝对地租和级差地租范畴，只有体现资源补偿性和生态补偿性的资源费才构成资源有偿使用的税费，因此，应当将"劳动价值成本"补偿从自然资源有偿使用费中剥离出来，才能真正还原资源费的"资源租"本质。

（二）资源费的征收和管理

资源费按资源种类的不同性质，分别制定了相应的征收管理办法，其中影响面较广的有矿产资源补偿费和水资源费。

1. 矿产资源补偿费

根据《矿产资源补偿费征收管理规定》（中华人民共和国国务院令第150号），我国对包括矿泉水在内的所有矿产（含固态、液态、气态）资源征收资源补偿费，矿产资源补偿费按照矿产品销售收入的一定比例计征，在销售收入中按矿种的不同费率收取，这种方式被称为"从价征收"。矿产资源补偿费的计算方式为：

征收矿产资源补偿费金额 = 矿产品销售收入 × 补偿费费率 × 开采回采率系数

开采回采率系数 = 核定开采回采率/实际开采回采率

我国矿产资源补偿费的费率标准，按矿种不同幅度在0.5% ~4%，如石油、天然气、煤炭的资源补偿费率为1%，而金、银、铂、宝石等的资源补偿费率为4%，盐为0.5%，铜、铁、钒、钛等大部分矿种的资源补偿费率为2%，这一标准自1994年矿产资源补偿费开征以来一直没有调整过。

世界多数国家、多数矿产资源权利金费率都保持在2% ~8%。与国际水平相比，我国矿产资源补偿费率明显偏低。如我国石油、天然气、煤炭等重要能源补偿费费率都只有1%，而国外石油天然气矿产资源补偿费征收率一般为10% ~16%，美国矿产资源远比中国丰富，其石油、天然气、煤炭（露天矿）权利金高达12.5%，澳大利亚、马来西亚为10%。但如果考虑到矿产资源还要同时征收资源税，税费叠加后的实际税赋水平有所增加。

① 杨晓萌．论资源税、资源补偿费与权利金的关系[J]．煤炭经济研究，2007(12)．

矿产资源补偿费由地质矿产主管部门会同财政部门征收。征收的矿产资源补偿费，按照规定的中央与省、自治区、直辖市的分成比例分别入库，中央与省、直辖市矿产资源补偿费的分成比例为5∶5；中央与自治区矿产资源补偿费的分成比例为4∶6。中央将矿产资源补偿费的所得纳入国家财政预算，实行专项管理，其中70%用于矿产勘查支出，20%用于矿产资源保护支出，10%用于矿产资源补偿费征收部门经费补助。此外，适用于我国海上石油开采及石油合资企业的矿区使用费，性质和功能上与矿产资源补偿费基本相同。

2. 水资源费

开征水资源费是我国实行水资源有偿使用的制度性安排。根据《中华人民共和国水法》及《取水许可和水资源费征收管理条例》（国务院令第460号）的规定，财政部、国家发改委、水利部于2008年11月联合颁布了《水资源费征收使用管理办法》（以下简称《办法》），对我国水资源费的征收、缴库、使用管理等作出了详尽规定。

《办法》规定，直接从江河、湖泊或者地下取用水资源的单位（包括中央直属水电厂和火电厂）和个人……均应按照本办法规定缴纳水资源费，因此，任何取水单位和个人都要缴纳水资源费。

理论上，水资源费是水资源的天然价值体现，它构成城市自来水水费中的"资源水价"，是不包括任何生产成本和管理成本的"原水"价格。显然水资源费不是水费，只是水费中的那部分资源费。如在水资源短缺的北京市，城市居民用水的销售水价为4元/立方米，其中水资源费为1.26元/立方米，[①]资源水价占城市居民水费的31.5%；而在水资源较为丰富的西部城市成都，2.85元/立方米的城市居民水费中，水资源费为0.06元/立方米，[②]占城市居民销售水价的2%。通常情况下，同一区域内的工业、商业取水，水资源费率比居民用水高得多。

水资源费的征收标准，由各省、自治区、直辖市价格主管部门会同同级

① 数据来源：北京市发改委关于调整本市居民用水水资源费和污水处理费的通知[R]. 京发改[2009]2555号.

② 数据来源：成都市自来水公司网站"最新水价"（http://www.cdwater.com.cn/）、成都市水务局网站"水资源费标准"（http://www.cdbwr.chengdu.gov.cn/detail.asp?id=445&classId=023504&classId0=）.

财政部门、水行政主管部门制定。对于流域管理机构审批取水的中央直属和跨省、自治区、直辖市水利工程的水资源费征收标准，则由国家发改委会同财政部、水利部制定。水资源费缴纳数额根据取水口所在地水资源费征收标准和实际取水量确定，采取“从量定额”征收办法，而水力发电用水和火力发电贯流式冷却用水的水资源费缴纳数额，根据取水口所在地水资源费征收标准和实际发电量确定。水资源费实行就地缴库，除南水北调受水区外，县级以上地方水行政主管部门征收的水资源费，按照1∶9的比例分别上缴中央和地方国库。《办法》的许多规定体现了水资源费的性质和功能。

第一，《办法》规定，水资源费属于政府非税收入，全额纳入财政预算管理，由财政部门按照批准的部门预算统筹安排，并专项用于水资源的节约保护和管理，以及水资源的合理开发，这充分体现了水资源费对水资源的补偿性质。

第二，水资源费实行就地缴库，无论是对水厂还是电厂，均由“县级以上地方水行政主管部门征收”。而水资源费的征收标准，除了由流域管理机构审批取水的中央直属和跨省、自治区、直辖市水利工程外，均由各级地方政府部门制定。水资源费的90%纳入地方财政。这些规定体现了水资源产权由中央和地方共享的性质。征收缴库办法不仅强调了流域水资源由水利部门统一管理的要求，也突出了水资源属地化管理的思想，这与我国税收按税源地实行属地化管理的改革趋势是一致的，一定程度上反映了地方政府对水资源拥有的管理权力和财产权益。

第三，对依靠水能资源为动能及唯一“原料”生产水电的企业征收水资源费，其费率标准以每度电为单位制定，体现了与工业取水、生活取水以水量容积为费率单位的差别，当然这主要是为了征收操作上的简便易行。事实上，由于水能资源条件和发电技术条件方面的差异，不同水电站之间、同一电站在不同季节发一度电所消耗的水资源量存在较大差别，如果按水资源容量（立方米）来征收水资源费，就存在对各电站单位发电量用水以及各种用水情况下不同发电量权重的测算难题，从而加大征收成本和难度。

（三）资源费与资源税的关系

对同一种自然资源的使用，为什么既要征收资源税，又要同时征收资源费？资源费与资源税的关系是什么？是否可以将费税合并呢？

从理论上分析，资源费与资源税有着重大区别，主要表现在以下四

方面:

第一,资源费是对资源更新、生态环境的一种补偿(现实中还包括了对资源勘探、资源管理的劳动补偿),反映的是等价的财产收益关系(或服务关系),而资源税则是国家凭借政治权力,通过立法强制实施,从而无偿、固定取得的一部分国民收入,反映的是一种资源法律关系。

第二,资源费与资源税的征收主体不同。资源费的征收主体是各级行政机关,而资源税的征收主体是国家税务部门。

第三,税费虽然都纳入政府的财政性收入,但使用管理有着明显不同。费作为专项收入,通常要求"专款专用",在缴费事项和受益事项之间建立"直接对应"关系,如水资源费要求专项用于水资源的节约、保护和管理,以及水资源的合理开发;矿产资源补偿费70%用于矿产勘查支出,20%用于矿产资源保护支出,10%用于矿产资源补偿费征收部门经费补助。而税作为一般性收入,可用于统筹安排各项财政支出,包括社会保障等民生性支出,体现了"取之于民,用之于民"的税收理念。因此,资源费、资源税的归属和使用主体是完全不同的,从中可以反映出不同级别行政主体以及不同利益群体对资源权益的分配关系。

第四,收费一般只需通过行政程序,征税则要经过严格的立法程序,依据正式的税收立法实现,对税种、税率的调整方案必须经全国人大讨论通过,因此税的法律权威程度高于费。此外,地方政府对税收没有设置权,而对许多收费项目有开征权。由于费的开征缺乏必要的监管程序和听证程序,客观上容易导致各种巧立名目的乱收费现象。

就资源费的"资源补偿性"和"生态补偿性"而言,我国现行的资源费与资源税功能确实有交叉重叠之处,两者都被作为国有自然资源财产权益的必要而不充分的实现手段。[①] 例如,根据《矿产资源补偿费征收管理规定》,我国矿产资源补偿费的征收目的一是保障和促进矿产资源的勘查、保护与合理开发,二是维护国家对矿产资源的财产权益;而资源税对盈亏企业普遍征收也正是源于国有矿产资源的产权收益关系,这就使我国资源费与资源税的性质和作用基本趋同。[②] 这种具有相近的性质和作用,却采取不同征收

---

① 胡远群.我国矿业权市场浅析[J].资源·产业,2003(2).

② 孙钢.我国资源税费制度存在的问题及改革思路[J].税务研究,2007(11).

形式的做法,造成了资源税费关系紊乱。

事实上,自然资源的产权收益是“费”而非“税”,是资源的权利金或资源红利,这种特殊的“费”既包括我国现行的资源补偿费、资源使用费,还包括为取得资源独占垄断开发权所支付的资源价款。而我国的资源税应按照国外环境税和跨州税重新设计,体现对资源外部性的经济补偿,并发挥调节资源收益分配的功能。因此,资源费与资源税具有不同的性质和功能,既不能相互替代,更不能合而为一。在未来资源税改革中,要进一步厘清租、税、利三者之间的关系,让租归租,税归税,利归利,使资源产权收益真正成为公共收益,成为全民分享的资源财富。

三、资源价款

资源价款是与自然资源开发权取得、转让有关的费用。目前主要有矿业权价款,分为探矿权价款和采矿权价款两种。此外,还包括浙江、贵州、四川等部分省市自下而上进行“水能资源开发权出让试点”征收的水能资源价款,也称为开发权出让金。

探矿权价款是指国家将其出资勘查形成的探矿权出让给探矿权人,按规定向探矿权人收取的资源价款;采矿权价款是指国家将其出资勘查形成的采矿权出让给采矿权人,按规定向采矿权人收取的资源价款,相当于国外的一次性权利金。它是矿产资源价格的一种独特的补偿形式,是附带权益形式表现出来的权利金补充。按照资源价款制度设计,凡是在国家出资勘查并已经探明储量地申请开采资源的,业主须缴纳经评估确认,或以招拍挂形式确定的资源价款。

关于矿业权价款的经济内涵,理论界存在不同的观点,其中具有代表性的观点认为,矿业权价款是国家通过探矿权采矿权一级市场有偿出让,或通过采矿权拍卖获得的资源价款,是矿产资源国家所有权收益的全部、真正实现,因此矿业权价款属于资源租即权利金。还有一种观点认为,矿业权价款的经济内涵应界定为国家矿产资源所有权收益中的红利部分和地勘投资的增值两部分,至于矿业权价款中矿产资源所有权收益和地勘投资的增值各占多少份额,则取决于诸多因素,可以分别进行核算。

从我国自然资源有偿使用制度深化改革的历程来看,矿产资源开发权有偿出让制度,是从山西、内蒙古等八省煤炭资源价款征收试点方案开始的。在2006年国务院批复财政部、国土资源部、国家发改委《关于深化煤炭资源有偿使用制度改革试点的实施方案》中，改革核心就是将矿业权取得由“双轨制”改为“单轨制”，严格实行煤炭资源探矿权、采矿权有偿取得。试点实施方案突出强调所有煤炭企业取得国家出资勘查形成的新老矿业权，一律要向国家缴纳探矿权采矿权价款。

然而，资源价款制从2006年试点至今，范围仍停留在八个产煤大省的煤炭矿业权领域，在其他资源产业部门没有任何进展。自然资源领域的改革一直难以深化，成为我国市场化改革中难以突破的瓶颈。这除了自然资源商品的特殊性外，也与日益做大的国企垄断利益集团的阻挠有关。只有真正打破垄断，加速推进资源领域的市场化改革，在自然资源开发领域加大对民营资本和外资的开放力度，扩大市场准入，引进竞争机制，才能使资源产权真正流动起来，实现优胜劣汰。破除垄断之时，就是资源价款制全面实行之日。

四、特别收益金(暴利税)

我国从2006年3月底开始征收石油特别收益金，对石油开采企业(包括国内企业以及合资合作企业)销售国产原油价格超过一定水平所获得的超额收入按比例征收收益金，这称为石油暴利税。石油特别收益金实行超额累进从价定率计征。征收比率按石油开采企业销售原油的月加权平均价格确定，起征点为40美元/桶。从2011年11月1日起，财政部将石油特别收益金起征点提高至55美元/桶，以冲抵资源税“从价定率”计征改革后石油企业的税负压力。石油特别收益金征收率分为五级，最低20%，最高40%。

石油特别收益金属于中央财政非税收入，纳入中央财政预算管理。理论上，特别收益金相当于资源红利收入，是国家作为自然资源所有者对资源超额利润部分的权益分享。因此，资源特别收益金属于自然资源有偿使用的税费制度体系之列。

综上所述，目前我国自然资源有偿使用税费制度已基本形成，矿产资源有偿使用制度体系主要包括四种制度因子或税费项目，即资源税、资源补偿费、矿业权使用费和矿业权价款，具有税费并存的特点，几乎涵盖了矿产资源的有偿取得、有偿占有和使用、有偿转让各个环节。目前资源出让价款作为矿产资源有偿转让的基本制度，在国家宏观层面实施上还停留在八个产煤大省范围的试点，有待实践经验的积累、总结，并配套完善相关机制，尤其是资源产权制度、资源补偿机制、资源价格机制的改革跟进。

第二节　资源有偿使用财税制度缺失现状

我国自然资源有偿使用税费制度由资源税、资源费、资源价款、资源特别收益金四大税费体系构成，这四项税费涵盖两大制度层面。

第一个层面是对具有经济价值的稀缺性自然资源实行有偿取得，即国家对自然资源的开发权有偿转让，以市场竞争方式取得，或实行特许权招标，从而摒弃计划经济时代对资源无偿划拨的资源配置方式。第二个层面是取得资源开发权后，对企业开采经营的自然资源产品实行有偿使用，即对开采经营自然资源的企业征收资源补偿费和资源税，国家作为资源所有者参与资源红利的分享。

因此，自然资源有偿使用制度首先体现为一次性(可分期)缴纳的资源价款，第二体现为逐年性按收益或按产量规模缴纳的资源税、资源费，超利润的特别收益金。

然而，对我国水能资源税费制度稍加考察不难发现，无论是一次性资源价款还是逐年性的资源税费，水能资源有偿使用都存在较严重的制度缺失，这种现状不符合中国经济体制改革三十多年的根本要求，也不适应水能资源开发投资体制市场化进程。

一、水能资源有偿使用制度设计迟缓

与矿产资源、土地资源的有偿使用制度改革进程相比，水资源的有偿使用制度设计显然要迟缓许多，如果这是基于水资源的公共产品属性以及我国存在大量中低收入群体的现实考量的话，那么，对于已经进入市场化的水能资源，既没有水能资源税制度设计，更没有资源价款一说，甚至在 2009 年以前对水电央企的水资源费也是象征性或减免的，这与税费并存的矿产资源有偿使用制度完全不可比拟。

我国资源税税种设置目前还没有水资源，不征收水资源税，似乎也就“顺理成章”不需要对经营水能资源的水电企业征收水能资源税。在新一轮资源税改革方案中，一些学者呼吁增加水资源税，但这并不是针对水能资源和水电，而是旨在提高全社会的水资源使用成本。

2002 年修订的《中华人民共和国水法》中，首次明确了“国家对水资源依法实行取水许可制度和有偿使用制度”，其中对水能资源有偿使用制度并

没有任何特别规定。2006 年、2008 年国家相继颁布"取水许可和水资源费征收管理条例"和《水资源费征收使用管理办法》,其中明确了水资源费的征收主体、征收对象以及水资源费的归属和使用。这两个配套法规仅在"水资源费的缴纳数额"条款中,原则规定了"水力发电用水"的水资源费"可以根据取水口所在地水资源费标准和实际发电量确定",而没有区分水电站取水与其他水利工程取水的差别。正是由于水能资源税费制度的不健全,才导致权力垄断资源、"跑马圈水"、无序开发等弊病。因此,在加快推进西部水能资源开发的同时,必须加快水能资源管理制度建设,从水能资源费、水能资源价款、水能资源税三个方面建立健全水能资源有偿使用制度。

二、水力发电的资源费征收标准过低

我国对水电企业按发电量征收的水资源费,是对水能资源的一种价值补偿,其征收标准由各省自行确定。或许是考虑到水电生产用水量较大,且主要是将水资源作为循环动力而非消耗性使用的原因,水资源费率标准一般都定得很低,如四川省大型水电企业 2010 年前执行的水资源费率标准为 0.0025 元/千瓦时,仅为该省水电上网标杆电价 0.288 元/千瓦时的 0.9%,[①] 不足以体现水能资源的价值。2009 年国家规定"由流域管理机构审批取水"的中央直属和跨省、自治区、直辖市水利工程的水资源费征收标准为:水力发电用水 0.003 ~0.008 元/千瓦时,这一费率甚至低于部分省(如云南省)的原有规定。

从部分电站运行资料可知,我国径流式电站每发一度电平均消耗的水资源容量超过 5 立方米。这意味着,如果按水资源容量费率单位,水力发电的水资源费率值就会相应缩小 5 倍以上。根据表 8 -2 中的部分省市水资源费征收标准,贵州省水能发电的水资源费为每度电 0.002 ~0.015 元,如按取水量折算费率或许就仅有 0.0004 ~0.003 元/立方米了,这大大低于其他行业的水资源费标准,也低于城市居民的水资源费标准。据水利部估算,水力发电水资源费一般为每度电 3 厘,相当于居民生活和工业用水水资源费标准的千分之一到千分之二。[②] 根据王左权(2008)按地租空间法的倒推计算结

① 四川省从 2010 年 1 月起,将大型水电企业的水资源费征收标准从原来的 0.0025 元/千瓦时调整为 0.0035 元/千瓦时,使水电企业的水资源费较原来提高了 40%,但仍远低于云南等其他省市。

② 引自 2011 年水利部王国新:取水许可和水资源费征收管理条例主要内容培训资料。

果，我国部分省区当前水资源费对应的年地租征收系数值在0.12～0.568，大多数省份处于0.05～0.3。[①] 这个系数值总体来说较低，对水能资源价值体现不充分。

表8－2 部分省市水资源费率标准

	工业取水 元/立方米	生活取水 元/立方米	水力发电取水 元/千瓦时	火力发电取水 元/立方米	其他取水 元/立方米
天津市	0.10	0.22～1.03	0.02	0.10	—
广东省	0.025～0.04	0.018～0.03	0.003～0.005	0.002～0.004	2～4
重庆市	0.06～0.11	0.06～0.11	0.001	0.001※	—
云南省	0.02～0.04	0.01～0.015	0.01～0.015	0.002～0.015	0.01～0.04
四川省	0.065～0.085	0.04～0.06	0.0035～0.005	0.065～0.085	0.05～0.10
贵州省	0.06	0.04	0.002～0.015	0.01～0.022	0.05

注：以上收费标准均为地表水，数据来源于各地政府、水利部门网站；
※重庆市火力发电取水水资源费单位为元/千瓦时。

三、存在免费使用水能资源现象

大型水电站许多属于由流域管理机构审批取水的中央直属和跨省、自治区、直辖市水利工程，其水资源费征收标准由国务院价格主管部门会同国务院财政部门、水行政主管部门制定。[②] 事实上，直到2009年7月，跨流域工程的水资源费标准才由国家发改委、财政部、水利部联合颁布，这就是《关于中央直属和跨省水利工程水资源费征收标准及有关问题的通知》，其中规定，由流域管理机构审批取水的中央直属和跨省、自治区、直辖市水利工程的水资源费征收标准为：水力发电用水为每千瓦时0.3～0.8分钱，执行时间是2009年9月1日开始。也就是说，在此之前，许多中央直属和跨省（自治区、直辖市）的大型水电企业实际上是没有缴纳水资源费的，相当于完全免费使用国有水能资源。对于这部分欠缴的水资源费，应当从《取水许可及水资源费征收管理条例》（中华人民共和国国务院令第460号）正式实施的2006年4月15日起开始补缴。由于欠缴责任不能完全归咎于企业，可免收滞纳金和利息。但对于不能在规定期限补齐欠费的，应加收一定利息。

四、大型水能资源开发权仍完全无偿化取得

尽管全国许多省市都开展了水能资源开发权有偿出让制度试点，众多

① 王左权．我国水电站水资源费定价机制研究［D］．华北电力大学，2008硕士学位论文。
② 引自中华人民共和国国务院令第460号《取水许可和水资源费征收管理条例》第二十八条。

小型水能资源点以招标、拍卖、挂牌方式出让开发权，但大型水能资源开发权至今仍然完全按行政方式，无偿“分配”给垄断企业（主要是国有企业）。大型国有企业对大江大河水能资源开发权的无偿垄断，是社会公共资源分配的极大不公平，也是资源所在地政府和群众的最大诟病所在。

大型水能资源开发由于投资规模大、建设周期长、资金回收慢，过去长期受到资本的制约，发展缓慢。近年来，随着电力投资体制改革，大量民营资本、股份制企业进入水电投资领域，加上流域“滚动开发”模式的成功，一举突破了水电开发的资金瓶颈，使水电投资出现了历史性的转变，由过去水电资源追逐投资资本的局面突变为投资资本竞相追逐水电资源的局面，全国出现了前所未有的水电投资热潮。

如果说，过去将大型水能资源开发权无偿交给有实力的国有电力企业开发还情有可原的话，那么在资源开发权成为争抢的“香饽饽”，拥有一个水能资源点相当于拥有一座能源“富矿”的今天，对西部地区大量的优质水能资源，继续无偿“划拨”给追逐投资利益最大化的大型垄断企业，就毫无道理了，无论从理论上还是现实中都有失社会公平公正准则。

国内外实践早就证明，垄断扼杀市场竞争不利于提高资源效率，特别是国有垄断企业所固有的“代理人失效”，难以保证水能资源配置效率的最大化。因此，水能资源开发权无偿出让给大型国有垄断企业，是水能资源有偿使用制度缺失的关键所在，建立健全西部水能资源有偿使用制度，必须将水能资源开发权的有偿出让作为首要内容。

第三节　建立水能资源价款征收制度

水能资源有偿使用制度应与我国的能源资源有偿使用制度相呼应，与能源矿产资源管理的税费制度相衔接。根据2007年12月国务院出台的《关于促进资源型城市可持续发展的若干意见》，我国未来资源性产品的成本构成中，矿业权取得、资源开采、环境治理、生态修复、安全设施投入、基础设施建设、企业退出和转产七项费用都将纳入其中。这一要求应当同样适用于水电这种资源性产品的成本构成，使水能资源的开发权取得、移民安置、环境治理、生态修复等全部费用纳入水电成本，从而使水电成本能够反映水能资源稀缺程度、市场供求关系、移民和生态成本因素，在此基础上建立起我国水能资源有偿取得、有偿使用和有偿转让的财税制度体系，建立水电价格形成的市场机制。

建立健全水能资源有偿使用的税费制度，要从我国现有的资源税费体系中寻求突破路径，并参照国内外矿产资源权利金制度，实行水能资源开发权有偿出让、水能资源有偿付费使用，形成有利于水能资源开发市场化改革、有利于水能资源优化配置的长效机制，这是一条根本的路径。

一、借鉴矿产资源权利金制度

虽然水能资源在大的时空范围内属于可再生资源，但水能开发的排他性、坝址的稀缺性决定了水能资源点的不可再生性，适用于权利金制度。水能资源点本身是稀缺资源，加上流域规划的限定，水电开发权的唯一性、独占性和排他性是显然的。因此，完全可以借鉴矿产资源权利金制度来建立水能资源权利金制度。

资源权利金制度是市场经济国家矿产资源有偿取得和有偿使用制度的核心，也是市场经济条件下矿业税费制度的核心。[①]

权利金的英文是 Royalty，其词根“Royal”意为王室。在罗马法中权利金制度的含义是，矿产是王室所有，开采矿产要向王室献金。西方市场经济国家矿业法中权利金的定义是，矿产开采人向矿产资源所有权人因开采矿产资源的支付。权利金向资源所有权人缴纳，是所有者经济权益的体现。从理论上分析，权利金是矿产资源的资本化经济地租，包括绝对地租和级差地租，其中，基础权利金对应于绝对地租，超权利金或超额利润税对应于级差地租。

权利金制度包括矿业权取得、开采、使用等环节，此外还包括耗竭补贴这种我国尚未实行的矿产勘查特殊补贴制度。与资源开发权取得有关的税费称为“一次性权利金”，是在矿业权出让招标或拍卖过程中，由中标人向矿产资源所有权人一次性支付的，属于资源红利，我国的矿业权价款与此类似；而与资源开采、利用和出售有关的权利金又包括两部分，一是基础权利金，二是超权利金或称为超额利润税。基础权利金在有的国家也以“特许权费”“采矿税”“地下资源使用权付费”等方式征收，名称虽不同，性质却是基

① 张新安，张迎新．国外矿产资源权利金制度概况以及完善我国矿业税收制度的初步建议[EB/OL]．国土资源部信息中心，2006－11.

本相同的。通常情况下，为了鼓励矿业发展，仅征收基础权利金，只有在达到法定条件时，才开始征收超额利润税，其起征的利润点也称为栅栏收益率。超权利金特别适用于石油、煤炭等大型矿业项目，如我国征收的石油特别收益金就属于此类。

二、在西部率先开征水能资源价款

权利金制度的核心是资源开发权价款，即建立水能资源使用权一级市场，按照资源条件的优劣，以市场评估价或招标拍卖价有偿出让水能资源开发权，全面征收水能资源价款，并将其纳入水电成本构成。对西部优越的水能资源点，要按市场竞争方式出让开发权，尽可能保障国家获得水能资源的收益。

从水能资源丰富的贵州、四川、重庆等西部多个省市试点情况来看，开征西部水能资源价款的条件已基本成熟，其中贵州省以省政府令100号正式颁布的《贵州省水能资源使用权有偿出让办法》，开创了全国首个规范水能资源使用权有偿出让的省政府规章。国家发改委能源研究所能源经济与发展战略研究中心主任高世宪认为，《贵州省水能资源使用权有偿出让办法》对水能资源有偿使用规定得较为系统、具体、完善，是一个针对性较强的办法。但作为一项地方政府规章，它只能规范本省区域内的水能资源，对于流域性河流水能资源的开发利用和有偿使用，还需要有更高层面的部门，出台更高层次的管理办法予以规范。① 民盟中央副主席吴正德也呼吁，在西部重要江河流域开展水能资源有偿使用制度试点。②

鉴于我国西部各水能资源大省的实践积累，在水能资源大规模开发及其由此引发各种矛盾的现实下，建议在省级流域试点的基础上，尽快将水能资源开发权有偿出让制度推向跨省境的大型流域。征收资源价款对象从民营水电企业逐步扩大到国有垄断电力企业，从单个电源点开发权出让逐步推向整条流域梯级出让，使水能资源价款征收制度从地方性小水电法规尽快上升到国家水能资源管理制度的层面。

---

① 需要在更高层面上规范水能资源有偿使用——访国家发改委能源研究所专家高世宪[N]. 中国水利报 2007-8-6.

② 吴正德. 建议在重要江河流域设立水能资源有偿使用制度试点[EB/OL]. 中国政协新闻网，http://cppcc.people.com.cn/GB/34961/120830/120955/7155610.html.

三、合理评估水能资源资产价值

在水能资源流转市场尚未建立的情况下，合理评估水能资源价值具有相当难度，而在此基础上制定开发权有偿出让的资源价款，或水电开发项目招标拍卖基准价，是这一制度实施的关键和难点。

从浙江、四川、贵州等部分省试点情况看，水能资源价款征收对象大多是民营水电企业，资源价款数额通常根据资源条件优劣，按水电站建设投资总额的1% ~5%确定，如在每千瓦装机投资额5000元的水电站中，水能资源价款按费率5%每千瓦装机为250元，而当每千瓦装机投资额上升到10000元时，相应的水能资源价款按费率为1%，则每千瓦装机的出让底价为100元。上述两例折算成单位装机的水能资源价款即为100 ~250元/千瓦。当然，水能资源价款的评估远非如此简单，除了水能资源开发难易程度等自然因素和经济因素外，还有移民难度、环境用水等由坝址区位所决定的社会因素和生态因素，涉及河流水量、落差、枯期水量、地质条件，坝址区交通状况、淹没损失、移民数量等，其中大多数因素可以从水电站单位千瓦装机的投资额上体现，而有些因素则无法体现。在水能资源开发权价值评估操作实务中，水能资源作为企业的经营性资产，其价值评估可以运用成本法、收益法或市场法等相应的价值模型来测算，关于这部分内容将在第九章展开深入研究。

第四节　开征水能资源费

我国水资源有偿使用制度主要是水资源费的征收和管理制度，这一制度针对所有使用水资源的单位和个人，其中包括水电企业。然而，水能资源与水资源并非同一概念，水资源的外延比水能资源更为宽泛，除了工业、农业生产用水外，水资源还是公众的基本生活资料，具有公共物品和享受政府补贴的特性，因此水能资源费与水资源费不应该混为一谈，水资源有偿使用制度也不能等同于水能资源有偿使用制度。

首先，水资源有偿使用要考虑社会低收入群体的承受能力，要考虑对具有公益性质的用水机构（如灌溉防洪水库等）的低价补贴，这些公共部门与市场投资体制下具有各自经济利益、追求投资收益最大化的水电公司不同，前者必须注重社会效益，而后者必须关注经济效益，两者都是合理且十分重要的。因此，水资源费不能涵盖水能资源费，对水电企业收取水资源费不能代替水能资源费。

第二，水能资源费是水电企业在生产过程中对水能资源价值成本的支付，类似于火电企业支付燃料成本，这是企业必须支付的运行成本，本是无可非议的，但因在征收实践中冠之以“水资源费”，确有张冠李戴之嫌，难免受到自诩“既未消耗也未污染水资源”的水电企业质疑。我们认为，对水电企业征收“水资源费”确实有些“名不符实”。事实上，水力发电是利用了水流的动能，水电企业生产过程中消耗的是水能资源，包括水域资源和水坝资源，所以，水电企业应当补偿的是水能资源价值，按发电量缴纳水能资源费是合理的。

第三，水能资源费与水资源费的征收方式也有所不同，水能资源费按发电量征收，水资源费按取水量征收，这本身也说明了两种资源费是不同类别、不同性质的。水电水资源费率标准大大低于火电和其他工业取水，也正是出于对两种不同性质资源费的考量。

第四，从加强水能资源开发管理的角度，应当将水能资源费单列，从水资源费中分离出来，征收仍然由水资源行政管理部门负责。水能资源费的使用范围应当限定在大规模开发水电的西部江河流域所属的行政区域内，并主要用于流域生态建设、水生鱼类资源保护、水电移民后期生产生活扶持等，以体现对水能资源的补偿、对河流生态的补偿、对库区移民的补偿，从而在水能资源开发中建立资源—生态—移民三大补偿机制，以水能资源费即水能资源的收益来补偿受到损害的各方利益，逐步恢复库区自然生态和社会生态的稳定。

因此我们建议，对水电企业征收水能资源费，取代现行的水资源费，使其“实至名归”，以此作为健全水能资源有偿使用财税制度的一项重要措施。

第五节 按累进税率制设计水能资源税

水能资源属于水资源的外延，同时又具有能源资源的内涵。我国资源税目前还未涉及水资源、草场资源、森林资源等可更新自然资源，而因水能资源归入水资源管理中，相应也就没有专门针对水能资源的税种。针对上述可更新资源日益短缺的现状，是否需要扩大资源税征收范围，是否需要开征水资源税已引起了学术界和社会的高度关注。部分专家和官员认为，从政策环境、技术条件等方面看，我国开征水资源税的时机已经成熟。如对水资源开采者征税，意味着矿泉水等相关开采者也在征税之列；而对使用者征税，涵盖的范围包括工业、居民、农业等。①

开征水资源税的主要目的，是为了通过水价上涨使社会更加重视水的价值，促使人们节约用水。这里存在一个前提，就是水的价格需求弹性要足够大。也就是说，人们会随着水价的上涨相应调整用水量。根据国外的有关调查，对于户外浇花种草洗车乃至游泳池用水，水价上涨能起到显著的消费抑制作用。但对室内用水，价格杠杆就要大打折扣，因为室内用水大多是生活基本需求，抑制用水就会影响生活质量，这说明，当人们的用水量还普遍停留在基本需求阶段时，水资源税的征收意义有所降低。如果普遍采用阶梯水价，对基本需求定额内的用水量实行低水价，意味着对这部分用水量是免税的，但这也会带来对城乡居民人均基本用水需求定额如何进行动态化测算的问题，这是基本的民生保障。

目前，我国已对水资源实行有偿使用，除农村居民外，所有用水企业（包括自来水公司）和城市居民都需要支付水资源费。城市居民水价由三部分构成，即自来水水费、水资源费、污水处理费，第一部分自来水水费是对自来水公司自身运行成本的补偿；第二三部分就是对水资源、水环境的补偿，即资源费和环境费，由财政部门收取。北京市每立方米 4 元的居民水价构成中，自来水水费占 42.5%，水资源费占 31.5%，污水处理费占 26.0%。② 如果开征水资源税，那么水价构成将发生变化，水资源税与上述三部分费的关系就需要重新厘清。是将税费合并，实行水资源费改税？还是税费并存，这会不会重蹈矿产资源税费功能交叉重叠的覆辙？对这些问题，理论界迄今没有权威定论，因此水资源税要开征其实是说易行难。

事实上，与其对公共物品属性明显的水资源征税，不如对已经市场化的水能资源征税。对具有稀缺性、垄断性的水能资源开征资源税，是我国资源税改革的应有之策。向凭借优越水能资源（既有水量资源也有坝址资源）条

① 环境保护部环境规划院副院长王金南在接受中国经济周刊记者采访中提出，应当开征水资源税。参见：专家建议征收水资源税，实行阶梯式税制[J]. 中国经济周刊，2009-7-20.

② 北京居民水价今起上调 每立方米涨 0.3 元[OE/BL]. http://news.163.com/09/1222/00/5R3KUM5A000120GU.html.

件获得超额发电利润的水电企业课征水能资源税，可以更好地调节资源级差收益，平衡不同资源条件下水电企业的利润水平。通过设计累进税率，对超额垄断利润部分实行较高税率的水能资源税，可以充分实现资源资产的增值价值，并随着水电电价的上涨以及水火电同网同价、电价联动机制，相应调整水能资源级差税率，使国有水能资源资产不断增值。

水能资源税可按照累计税率制进行设计，以调节水电企业的利润，即只是在水电站收益达到一定累进率后才收取，这样可以避免水能资源税与水能资源费功能上的交叉重叠。与其他资源税一样，考虑资源所在地的属地优先权益和对资源、生态、经济补偿原则，建议将水能资源税明确为地方税，纳入地方财政收入。

此外，水能资源税也可以按国外的"跨州税"设计，即只针对输出外省的电量销价部分征收水能资源税，作为对水能资源地的生态环境和经济补偿，按固定税率实行"从价定率"征收，其具体征税操作性比累进税率制更加简便。

综合本章所述，水能资源有偿使用制度是一个完整的财税制度体系，一项税费制度的设计必然会牵制另一项税费制度的相应调整，各项税费制度之间要相互协调，使税费功能互补，充分体现水能资源的所有权权益，实现水能资源经济租收益。同时要兼顾制度的执行成本，制定资源税费的合理分配和使用管理制度。

由于自然资源种类纷繁，不同属性的自然资源在有偿使用制度安排上不可能有统一模式和标准，其费税率制定、征收方式、中央政府与地方政府的分成比例，以及税费使用和管理都需要经过制度设计—试点试行—由点到面推广的过程，是一项量大面广的工作，也是一个需要反复权衡利弊的艰难过程。特别是在我国从事大型资源开发和收益的几乎都是垄断国企，这些企业利用其市场绝对垄断地位，能够轻易将资源有偿使用的成本完全转嫁，最终扩散传导到终端产品市场，引起物价轮番上涨，从而推高市场整体价格水平，甚至可能使通过资源有偿使用制度形成资源产品合理定价机制的初衷消弭于无形，这有悖于自然资源有偿使用制度设计的宗旨。

因此，水能资源有偿使用制度设计需要打破垄断，以深化资源领域的市场化改革为前提，要避免国内成品油定价机制设计的失误，把握改革时机，避免资源价格涨幅过大影响物价稳定。

第九章 水能资源开发权价值评估

对水能资源开发权进行价值评估，是建立健全水能资源有偿使用制度的一项基础性工作，也是一项难度较大的工作。本项研究中所指的水能资源开发权价值评估，是指水能资源开发使用权出让价格即水能资源价款测算，它是水能资源一级市场的竞价基础（拍卖底价）。与之相关的另一个概念是水能资源价值评估，它是指对用于水力发电的那部分水能资源，即企业用于生产水电的水能资产剔除工程设备资产的纯自然资产部分进行的价值核算和计量，也称为水能资源资产价值评估。从二者的关系看，水能资源价值评估可以作为测算水能资源开发权出让价格、确定水能资源价款的依据。在水能资源开发权价值评估中，既要以水能资源价值为依据，充分维护资源所有者的资产权益，避免国有资产流失，又要综合考虑影响水能资源价值发挥的各方面因素和不确定性风险，切实保障投资者能够获得合理的投资收益。

第一节 影响水能资源价值评估的主要因素

作为水电企业发电资产的水能资源，其价值只有在水库建成、发电设施运行的条件下才能实现，此时水能资源的天然价值与其所附加的劳动价值是紧密结合，难以分离的。水电公司利用水能资源和发电设施进行电力生产，获得经济收益。而作为发电资产之一的水能资源，其数量不仅受水电站水头落差(简称电站水头)[1]、水流量、丰枯年等自然因素影响,还受电站设计目标、开发规模、运行方式等经济因素影响,具有不确定性、随机性。因此,影响水能资源资产价值评估的因素非常复杂。

沈菊琴、李梅(2006)认为,影响水能资源资产价值核算的因素具体包括水文径流、水库特征参数、水电站特征参数、运行管理要求、替代能源开发的可行性、价值评估目的、建设地点、水资源需求及开发目标、评估的起始时间地点等,[2]上述因素中包括自然因素和经济因素两方面。但对于这些因素在多大程度上影响水能资源价值,以及如何量化评估方面,还缺乏进一步研究。叶舟(2007)在实证分析浙江省水能资源开发使用权有偿出让价格中,选取了六个指标作为影响因子,这六个指标分别是:水能资源的产权(使用权)清晰程度、电站水头、电站规模、单位电能投资、电站区位、水库可调节程度,[3]这些影响因素在价值评估中都可以进行量化处理。其不足之处,一是部分因素之间存在交叉,如单位电能投资是个综合性很强的指标,实际上已经包含了电站水头落差、电站容量规模等指标的影响因素;二是指标设置大多侧重于水能资源的自然因素,没有考虑能源市场供需状况,特别是可替代能源成本、价格等重要的社会经济因素。

我们认为,在水电站水能资源价值的评估中,既要考虑影响水能资源数量和质量的自然因素,也要充分考虑能源市场供求、价格、利率等社会经济因素,特别是作为替代能源的成本价格,是评估水能资源影子价格的重要因素。总体来看,在水能资源价值评估中,应当着重考虑以下几方面。

一、开发目标

水电站运行是利用具有水资源的动力功能来进行发电,对水资源的其他功能虽有一定影响,但并不完全排斥。在电站水库的开发目标中,发电、灌溉、供水、航运、防洪等功能是可以兼顾的。但不同的开发目标(组合)决定水电站具有不同的运行管理方式,其经济效益会有很大差别。以发电为唯一功能的水电站,水能资源的经济价值较高;而兼顾灌溉、供水、防洪等其

---

① 水电站水头落差和引用流量是构成水电站发电能力的两个主要动力因素。所谓水头落差是指水电站上游引水进口断面和下游尾水出口断面之间的单位重量水体所具有的能量差值,常以米(m)计量。

② 沈菊琴,李梅. 水能资源资产价值核算影响因素分析[J]. 水利经济,2006(5):16.

③ 叶舟. 水能资源开发使用权出让价格实证分析[J]. 水力发电,2007(10).

他功能的电站水库，因承担了一定的社会职能，需要为社会提供公共产品。当各种用水量与发电所需水量产生“争水”时，电站的经济效益与社会效益之间就会发生矛盾，这时往往需要放弃部分发电效益，来满足社会生态用水需求，从而降低水能资源的发电经济价值。因此河流水资源开发目标是否多元化，直接关系到电站运行的经济效益。水能资源价值及其开发权价格评估中，必须充分考虑开发目标这一重要因素。对于开发目标单一的水电站，水能资源资产的发电价值更大，相对于同等规模、目标多元化的电站，其开发权出让价格就更高。而对于承担综合性功能，特别是防洪等社会公益性功能的水电站，当水电收益不足以弥补投资亏损时，就需要政府给予适当的财政补贴，此时开发权出让的价格为负值。这类水利工程往往由政府投资建设，发电仅是水利工程的附属功能。

二、容量规模（设计能力）

电站水能资源资产数量是通过水电站的装机规模和发电量来体现的。在既定的河流落差条件下，设计装机容量大小取决于来水量，通常来水量越大，设计装机容量就越大。在既定的发电时间内，装机容量越大发电量越大，经济效益就越大。装机容量规模超过100万千瓦的大型水电站，比装机容量小于10万千瓦的小型电站，需要的蓄水库容量或者引水流量规模大得多，其投资规模、发电规模也相应更大，规模效益更加显著。由于水电建设一次性投资较大，这种投资与装机规模相关。但电站建成投产后，每座电站不论装机大小，其管理人员数量差别不大，装机规模越大，分摊到单位电能上的运行管理成本越低。因此电站容量规模的大小不仅反映水能资源数量，还能反映水能资源的规模效应，是影响水能资源价值的重要因素。

三、水电站特征参数

水电站特征参数是指水电站的各项技术指标，包括电站保证出力、水头落差、发电总效率系数、设计引用流量等参数指标。这些特征参数值的大小，控制、影响着水电站的发电能力，而水电站的发电量与所利用的水能资源数量、质量成正比。

电站水轮机发电量可以用公式 $E = QH\eta rT$ 表示。其中，E 为水电站在 T 时段内的发电量，Q 为电站水轮机流量，H 为水头落差，η 为发电总效率系数，T 为发电时段。显然，由于公式右边各项参数指标的不同，同量水资源可能产生不同的发电量和发电效益，从而影响水能资源价值量大小。

以电站的水头落差为例，根据经验数据，一般具有450米落差水体仅用1立方米的水就可以发1千瓦小时的电能。[①] 若按水电上网电价0.35元/千瓦时估算，这种水头下1立方米水量资源的边际产出为0.35元，而当水头落差减少一半时，需要2立方米水量才能发1千瓦小时电，在此水头下1立方米水量资源的边际产出就只有0.175元。因此，在同等条件下，低水头电站的单位水能资源边际产出低于高水头电站。水电站运行中能保证水轮发电机发足额定容量的最小水头被称为设计水头。当水电站运行水头小于设计水头时，发电机组出力达不到额定功率。

我国西部地区水能资源开发中，大多是在河流上游的高山峡谷地区建设水头大于200米的高水头电站，采用引水式或混合式，这种电站一般不具有灌溉、航运等综合利用效益。因上下游水位相对稳定，水头变化幅度不大，它的出力和发电量基本取决于河流来水量。

四、发电成本（单位电能投资）

水电站发电成本包括固定资产折旧费、年运行管理费、水资源费、其他税费等。其中固定资产投资包括建筑工程费、机电设备及安装工程费、金属结构设备及安装工程费、临时工程费、建设占地及水库淹没补偿费、贷款利息、独立费用等。在同等技术、管理水平下，水能资源价值越高，发电成本越低，因此可以用电站发电成本来反推水能资源资产价值。

对于待开发的水能资源点来说，单位电能投资成本是项目可行性研究的重要参数，它表示项目的总投资与设计发电量之比。在既定的发电边际收益（电价）条件下，单位电能投资越小，投资回报率越高，水能资源的价值就越大，反之亦然。

五、替代能源价格

能源市场的供需状况决定了替代能源的成本和价格。在能源供给短缺的市场，煤炭、石油价格呈上涨趋势，则必然带动水能资源价值增值，刺激水能资源开发权价格上涨。反之，如果现行能源市场供给充足，替代能源产品价格下降，如其他可再生能源（太阳能、风能、生物质能）发电成本大幅降低

① 叶舟．水能资源开发使用权出让价格实证分析[J]．水力发电，2007(10)．

接近水火电成本的话，将会形成市场激烈竞争，导致电价下降，从而降低水能资源的稀缺价值。

对于水电而言，可与之相互替代的常规能源是火电，在我国大多为燃煤火电，因此煤炭价格常被用于水能资源开发项目的经济评价中，以此分析水电项目的发电效益。煤价高低直接关系到火电的运行成本及电价水平。在区域销售电价基本一致的市场中，煤价上涨带动电价上涨，意味着水能资源价值增值，必然会刺激水能资源开发权价款上涨。

第二节 水能资源价值模型与测算方法

对于水能资源的价值核算，理论界和实务界均有不少研究。袁汝华、毛春梅(2003)等进行了“水能资源价值理论与测算方法探索”，李梅(2006)研究了“水能资产价值及其量化的收益法”，唐春胜(2009)结合水电资源开发权评估实务，提出了预期开发和市场评估两种方法，叶舟(2007)结合浙江省小水电开发使用权出让情况，对水能资源开发权出让价格进行实证分析，建立了相应的回归模型，这些研究都提出了具体测算方法，并提供了一定的实务案例。

不同测算方法涉及不同的影响因素，如前所述，其中既包括水能资源自身的内在因素，如水量、水头、年利用小时、发电效益与发电量等，也包括电力市场供求情况、上网电价、替代能源价格(成本)等外部因素，这些因素都与水电站的成本和收益有关。如果考虑资金的时间成本，水能资源价值还与评估测算时点的基准利率因素有关。

一、再生产理论模型

再生产理论模型是根据商品价格由其再生产这种商品的费用和市场所决定的再生产理论，用水能资源的再生产费用作为间接核算水能资源价格的理论模型。①

再生产理论模型的假设条件是，假设水能资源可以通过一定的技术措施“再生产”出来，即再生产出功能上完全相同的能源资源，那么这种替代性技术措施所花费的代价或成本，就是水能资源价格的间接估算值，具体计算

---

① 袁汝华，毛春梅，陆桂华. 水能资源价值理论与测算方法探索[J]. 水电能源科学，2003(1).

公式为：

$$P = K \times \frac{i(1+i)^n}{(1+i)^n - 1} + u \qquad (1-1)$$

公式 1 - 1 中，P 为水能资源价格；K 为替代或节约每单位水能资源所需再生产措施的边际投资；u 为相应的边际资源所需的边际年运行管理费用；i 为社会折现率；n 为再生产措施的经济寿命。

二、替代措施法

替代措施法是运用再生产理论模型具体测算水能资源价值的一种方法，这种方法锁定“替代方案”，以火力发电作为替代性技术措施。该方法的假定前提是，若不采用水能资源发电，则必须进行燃煤火力发电，且水电效益优于火电，也就是说，水能资源发电的年折算费用小于火力发电的年折算费用，两者之差即水电与火电相比较而节约的费用，从发电的等同效用来看，这部分费用就是水能资源的价格，其计算公式为：

$$\begin{cases} P_i = \dfrac{C_{火i} - C_{水i}}{W_{电i}} \times \partial & (2-1) \\ C_{火i} = K_{火i} \times \dfrac{i_o(1+i_0)^{n_1}}{(1+i_0)^{n_1} - 1} + u_{火i} & (2-2) \\ C_{水i} = K_{水i} \times \dfrac{i_o(1+i_0)^{n_2}}{(1+i_0)^{n_2} - 1} + u_{水i} & (2-3) \end{cases}$$

上述公式 2 - 1 是 i 水电站的水能资源价值计算公式，公式 2 - 2、公式 2 - 3 分别用于计算替代火电站和水电站的年折算费用。公式中，P_i 为 i 水电站的水能资源价格，∂ 为与投资收益有关的调整系数，$W_{电i}$ 为水电站的年发电用水量；$C_{火i}$、$C_{水i}$ 分别为替代火电站、i 水电站的年折算费用，$K_{火i}$、$K_{水i}$ 分别表示两电站的投资额；$u_{火i}$、$u_{水i}$ 分别为两电站的年运行管理费用；n_1、n_2 分别为两电站的经济寿命，i_0 为社会折现率。

运用替代措施法，袁汝华等（2003）对我国黄河干流部分电站水能资源价值进行测算，得出的结果见表 9 - 1。

表 9-1 黄河干流部分水电站发电用水能资源价值 （元/m³）

电站	价值	电站	价值
龙羊峡	0.0196	青铜峡	0.0017
刘家峡	0.0166	天 桥	0.0011
盐锅峡	0.0025	三门峡	0.0007
八盘峡	0.0004	平 均	0.0061

注：表中数据参见《水电能源科学》杂志 2003 年第 1 期。

上述水能资源价格是按水能资源的数量（耗水量）来计算的，通常可以按照水电站的年平均发电耗水量将其折算成按每一单位发电量的水能资源价值。目前我国对水电征收的水资源费费率也是按发电量单位千瓦小时制定的，按照电站的实际总发电量来计算应征收的水资源费。

三、资产收益评估法

收益法是测算水能资源价值的基本方法之一。在具体运用上，根据水电站是否已建成运营，即相关财务数据的可得性情况分为两种不同方法。其中，对已投产运营水电站的水能资源评估适用于水能资产收益法，而对拟出让开发权的水电站水能资源收益评估则适用于开发权预期收益法。

用收益法核算水能资源价值，其基本模型是，假定水能资源作为水电企业的经营性资产，水能资产经营企业的收益是纯水电收益，其收益 B_i 即为水能资源资产价值，①用公式表示为：

$$B_i = P_i - C_i - I_0 r' \tag{3-1}$$

公式 3-1 中，B_i 为已投产水电站 i 年度水能资产的收益，P_i 为该水电企业第 i 年的发电收入，C_i 为企业第 i 年的经营成本（等于固定成本加可变成本），I_0 为该水电站建设投资，r' 为年投资收益率。假设年折现率为 r，则该电站拥有的水能资源资产价值 B 为：

$$B = \sum_{i=1}^{n} \frac{B_i}{(1+r)^i} = \sum_{i=1}^{n} \frac{P_i - C_i - I_0 r'}{(1+r)^i} \tag{3-2}$$

公式 3-2 中，电站发电收益 P_i 是上网电价和由水能资源所决定的发电量两者的函数，而单位发电成本 C_i 等于不变成本 C_{1i} 加上可变成本 C_{2i}，其中可变成本也随发电量而变化，即：

① 李梅．水能资产价值及其量化的收益法研究[D]．海河大学 2006 年硕士学位论文。

$$P_i = P' \int_{t=i-1}^{i} r\eta q(t)h(t)dt \tag{3-3}$$

$$C_i = C_{1i} + C_{2i} \int_{t=i-1}^{i} r\eta q(t)h(t)dt \tag{3-4}$$

3－3 公式中，r 为水的密度，η 为发电效率系数，$q(t)$、$h(t)$ 分别表示电站水轮机发电的过水流量、水头高度，二者均为发电年限（时间）t 的函数。

将公式 3－3、3－4 代入公式 3－2，计算得到水电站的收益为：

$$B = \sum_{i=1}^{n} \frac{(P_i - C_{2i}) \int_{t=i-1}^{i} r\eta q(t)h(t)dt - C_{1i} - I_0 r'}{(1+r)^i} \tag{3-5}$$

设 n 年内某一水电站用于发电的水能资源总量、全部发电总量分别为 Q、E，则有：

$$Q = \int_{n=0}^{n} q(t)dt \tag{3-6}$$

$$E = \int_{t=0}^{n} r\eta q(t)h(t)dt \tag{3-7}$$

在上述公式中分别代入相应的数据，可计算得到单位水能资源的价值量 B/Q（单位：元/立方米），或计算得到单位发电量的水能资源价值量 B/E（单位：元/千瓦时）。

李梅（2006）运用收益法对装机容量 1.95 万千瓦的某小型水电站水能资产价值进行评估，通过对 1993—2005 年该电站各项财务指标、水文统计数据进行计算，结果表明，该电站各年度单位水能资源资产价值量相差较大，水能资源价值为 0.0107～0.0285 元/立方米，13 年平均值为 0.0181 元/立方米，折算成单位发电量水能资源的价值为 0.092～0.217 元/千瓦时，13 年平均值为 0.1439 元/千瓦时（其中极个别枯水年份出现负值），平均单位发电耗用水能资源量为 6.81～10.01 立方米/千瓦时。

第三节 水能资源开发权出让价格评估

水能资源价款也称为水能资源开发权出让价格，是水能资源开发权价值的评估结果或竞价结果。理论上，水能资源价款应等于水能资源价值量扣除征收的水资源费总价。现实中，由于水能资源资产与天然的水能资源已不同，水能资源资产在形成过程中通过引水、水库蓄水等已经改变了河川的自然径流状态，也就是说，水能资源资产价值中已经附加了部分发电资产价值。加之水电投资成本高、风险大，因此尚未开发的水能资源点的开发权出让价格，必然低于电站运行时的水能资源资产实际价值量，水能资源价款只是水能资源资产价值的一部分。

在水能资源开发权出让一级市场上，当多个市场主体对同一个水能资源开发点进行竞价时，一般会对水能资源开发权价格进行初步评估。而资源主管部门也会对拟出让开发权的水电站确定一个资源底价。市场主体基于不同的评估方法，或不同的参数指标，可能导致不同的评估结果，从而产生资源的竞争选择性，使水能资源最终能够配置给最有效率的开发企业。

归纳起来，水能资源开发权出让价格评估方法主要有：预期收益法、替代成本法、回归模型法、市场法等。

一、预期收益法

预期收益法是运用收益法原理，对水能资源开发权价格进行评估的一种方法。其基本思路是，用拟开发水电站的预期收益价值的现值，减去开发成本现值，余额就等于开发权价值，①用公式表达为：

$$B = P - C \tag{4-1}$$

公式4－1中，B代表开发权价值，P代表水电站预期收益现值，C代表开发成本现值。

$$P = \sum_{t=1}^{n} \frac{A_t}{(1+r)^t} \tag{4-2}$$

公式4－2中，A_t为水电站年自由现金流量。t代表拟出让水电站的开发权年限，包括建设期和生产经营期。r代表预期收益价值的折现率。

A_t＝息税前利润×（1－所得税率）＋折旧摊销－资本性支出－营运资本追加额

$$r = r_1 \times w_1 \times (1 - T) + r_2 \times w_2 \tag{4-3}$$

公式4－3中，r_1、r_2分别为付息性债务成本和权益资本成本，前者通常

① 唐春胜．水电资源开发权评估[J]．中国资产评估，2009(1)：14.

为水电项目报告中的同期银行贷款利息率，后者取同行业净资产收益率平均值；w_1、w_2 分别为债务比重和资本金比重，通常前者为70%～80%，后者为20%～30%。T为企业所得税率，为25%。

$$C = \sum_{t'=1}^{n} \frac{Ft'}{(1+k)^{t'}} \tag{4-4}$$

公式4-4中，Ft' 表示各年度投资额，t' 表示工程建设期，k 代表项目基准折现率或称最低希望收益率，是水电投资者所能接受的收益率的最低临界值，通常取借贷成本、全部资本加权平均成本、项目投资机会成本三者的最大值加上一个投资风险率。

$$k = Max(R, R_1, R_2) \tag{4-5}$$

上述各计算公式涉及的数据，大多可以通过水电站工程可行性报告、工程概算以及经济评价报告获得，如年度现金流量、直接工程费、间接费用、计划利润值、税金、建设工期等，因此数据的可得性较强。

二、回归模型法

回归模型重点研究水能资源开发权市场转让价格与电站单位电能投资、电站装机规模、产权清晰程度（政策处理费用）等因素之间的关系。叶舟（2007）对浙江省水资源开发权出让价格进行了实证分析。他首先选取影响开发权出让价格的因素进行相关分析，这些因素包括6个方面的指标，分别是，产权清晰度（表现为政策处理费用）、水头落差、规模效应、单位电能投资、电站区位优势、水库可调节程度。其中，水库可调节程度、电站区位优势、水头落差等因素对水能资源开发权价格的影响已体现在单位电能投资这个综合性因素中了，即上述四个变量在线性回归模型中存在共线性问题，因此在建立开发权价格与影响因素的回归模型时，要剔除共线性的因素，不重复考虑水库可调节程度、电站区位优势、水头落差因素。叶舟的实证研究结论为，开发权转让价格 P 与规模效应 Z 表现出强相关性，与单位电能投资 I、政策处理费用 X 表现出弱相关性，并与政策处理费用 X、规模效应 Z、单位电能投资 I 都表现出正相关性，[①]其三元线性回归模型为：

$$P = 210.7678 + 68.5223I + 0.0971Z + 1.8786X$$

各回归系数的t统计量为：

① 叶舟．水资源开发使用权出让价格实证分析[J]．水力发电，2007(10)：76.

$$t = [1.7091, 5.6862, 0.6637]$$

上述线性回归方程系数说明,每增加一个单位电能投资,水能资源开发权转让价格要增加 68.5223 个单位。从判定系数分析,各主要指标对水能资源开发权价格的影响中,有 50.76% 可以被上述三元线性回归方程解释。

然而,对上述线性回归方程的回归效果进行检验,发现其规模效应 Z 的回归系数显著,而政策处理费用 X 及单位电能投资 I 的回归系数不显著,也就是说,水电站的装机规模对水能资源开发权出让价格影响显著,而单位电能投资与政策处理费用对出让价格的影响均不显著。

此外,在上述相关性研究中,开发权转让价格与单位电能投资表现出正相关性,这与常理相悖。因为单位电能投资的大小是个综合性很强的指标,它反映水能资源的优劣性和开发难度大小,也决定着水电生产企业的投资成本,单位电能投资额越高,意味着开发难度越大,开发成本越高,水能资源的级差收益越小,按理其开发权转让价格应当越低,也就是说,开发权转让价格与电站单位电能投资额呈负相关性才是合理的。

开发权转让价格与单位电能投资表现出正相关性,对此只能解释为电力市场垄断和扭曲所造成。水电上网价格是政府制定的,政府采取"高来高去"的定价方式,对高成本制定高电价、低成本制定低电价,水电上网价格实行"一厂(站)一价",呈异常复杂的电价局面。电力市场的价格竞争机制失灵,这或许正是水能资源开发权转让价格影响因素部分失真的根本原因。

三、替代成本法

替代成本法是以替代资源开发所耗费的各项费用之和来间接确定被替代资源资产价格的一种方法。如通常以燃煤火电成本作为替代能源成本,来间接测算水能资源资产价值。在拟出让水能资源开发权价值(价格)评估中,可以暂不考虑发电管理成本方面的差异,按照为获得同等电量所支付的替代成本差额,即火电成本与水电成本的差价因素,来间接测算水能资源开发权的出让价格。

李其道(2007)根据浙江省小水电资源开发权有偿出让试点情况提出,可以参考电煤价格来间接测算水能资源开发权出让的市场基价或底价。[①]

---

① 李其道. 关于水能资源开发使用权有偿出让的折价问题[EB/OL]. 浙江水利网,2007-3-21. http://www.zjwater.com/pages/document/42/document_948.htm.

具体方法是,按电站1千瓦装机水能年平均发电小时计算得到水能资源年发电量,以火电站每发1度电的平均煤耗标准系数,将水电量折算为原煤量,这样就可以按市场电煤价格,折算每1千瓦水电装机一年发电的资源价值量,然后根据具体资源开发条件,考虑以0.5~2年的资源价值总量作为开发权一次性出让的底价或参考价格。

上述评估方法虽直观简易,但我们认为存在过于粗糙之弊。首先,水火电前期投资成本差异很大。根据国家电监会发布的电力工程造价成本,2010年全国新投产的常规水电工程的单位造价成本为7277元/千瓦,而同期火电工程单位造价成本仅为4115元/千瓦,水能资源开发的前期投资成本高出火电约77%,这是在运用替代法评估时不可忽略的成本因素。如果按照电站有效运行年限50年进行分摊,则每千瓦水电装机的前期投资成本高出火电173.2元(按年利率5%贴现)。其次,考虑到我国已对水电站按发电量征收水资源费,这部分水能资源价值量应予以扣减。

因此,我们对水火电投资成本差异和水资源费成本因素分别进行扣减处理,并对上述评估参数进行了一些调整,按照修正后的成本替代法,水能资源开发权价格评估方法如下:

1. 假设水电站设计年平均发电 T 小时,即每1千瓦装机的年发电量为 T 度,按照现阶段我国火电站平均每度电能耗标准为I折算,[①]相当于每年可替代原煤 $I \times T$ 千克。设市场电煤价格为 P',则替代资源价值量为 $P = ITP'$。

2. 测算水火电单位电量投资成本的差额,并按开发权出让年限为50年、资金利率5%进行贴现。

3. 测算水电站每年应缴纳的水资源费成本,其值等于水资源费率与年发电量的乘积。

如某水电站多年平均发电时间为3500小时,即每1千瓦装机的年发电量是3500度,按照我国火电站平均每度电能耗标准320克/千瓦时标准煤折算,相当于每年替代原煤1.568吨。市场电煤现价为每吨700元,折算替代价值量为1097.6元。这个价值量应扣减水电单位电量投资高出火电的成本部分,并按50年年利率5%进行贴现,即:

---

① 我国火电站中小机组煤耗为380~500克/千瓦时原煤,平均煤耗标准为320克标煤/千瓦,每千克标煤折合原煤1.4千克,因此,本项研究中替代火电煤耗取值为448克/千瓦时原煤。

$$(7277-4115)\times\frac{i(1+i)^n}{(1+i)^n-1}=3162\times\frac{5\%(1+5\%)^{50}}{(1+5\%)^{50}-1}=173.2$$

然后再扣减水资源费，如按费率标准 0.005 元/千瓦时计算，每年的水资源费为 17.5 元/千瓦。

则水能资源开发权价值为：1097.6 − 173.2 − 17.5 = 906.9（元/千瓦）

同样的方法，我们再分别对具有不同年平均发电时间的水电站进行测算，得到的水能资源开发权出让价值评估见表 9 − 2。

表 9 − 2 水能资源开发权年价值量（替代法）

	3500 千瓦时	4000 千瓦时	4500 千瓦时	5000 千瓦时
替代原煤量（千克）	1568	1792	2016	2240
替代资源价值（元）	1098	1254	1411	1568
单位电量投资成本价差 C_1（元）	173.2	173.2	173.2	173.2
年水资源费（元/千瓦）	17.5	20.0	22.5	25.0
开发权出让评估价（元/千瓦）	906.9	1061.2	1215.5	1369.8

开发权出让底价制定应根据电站水能资源条件的优劣性，综合考虑电站单位电能投资额、总投资额、水头落差、开发权年限、水电上网电价等各项指标，分别确定不同系数值 β 进行折算。根据王左权按地租空间法推算的我国部分省区当前水资源标准对应的年地租征收系数值，大多数处于 0.05 ~ 0.3。[①] 从西部地区水能资源开发权有偿出让试点情况来看，资源价款系数值 β 可相应选择为 0.25 ~ 1.0，据此对不同发电量下每千瓦装机水能资源价款的测算结果见表 9 − 3。

表 9 − 3 按不同系数折算的水能资源价款（元/千瓦）

B	3500 千瓦时	4000 千瓦时	4500 千瓦时	5000 千瓦时
0.25	83.7	120.4	157.1	193.8
0.50	358.1	434.0	509.9	585.8
0.75	632.5	747.6	862.7	977.8
1.0	906.9	1061.2	1215.5	1369.8

运用上述替代成本法，我们对西部地区装机容量在 200 万千瓦以上的已建、

① 王左权．我国水电站水资源费定价机制研究[D]．华北电力大学，2008 硕士学位论文。

在建及拟建的特大型电站水能资源价款进行评估,其计算结果详见表 9-4。

表 9-4　西部地区部分特大型水电站资源价款评估

	所在流域	装机容量（万千瓦）	总投资额（亿元）	年均发电（小时）	开发权出让底价（元/千瓦）		资源总价款（亿元）		资源价款占投资总额比
					$\beta=0.25$	$\beta=0.5$	$\beta=0.25$	$\beta=0.5$	
溪洛渡	金沙江	1260	503.0	4550	161	517	20.26	65.20	3.9%
白鹤滩	金沙江	1200	600.0	4550	161	517	19.29	61.06	3.1%
乌东德	金沙江	740	410.0	4320	144	483	10.65	35.36	2.5%
向家坝	金沙江	640	434.0	4800	179	555	11.46	34.73	2.6%
龙盘	金沙江	420	326.0	4019	122	437	5.12	18.36	1.5%
观音岩	金沙江	300	307.0	4620	166	528	4.98	15.55	1.6%
金安桥	金沙江	240	146.8	4601	165	525	3.95	12.38	2.6%
鲁地拉	金沙江	216	219.9	4610	165	527	3.57	11.17	1.6%
小湾	澜沧江	420	400.0	4524	159	514	6.67	21.22	1.6%
小南海	长江	200	320.0	5100	201	601	4.02	11.66	1.2%
构皮滩	乌江	300	138.4	3222	63	316	1.90	9.89	1.4%
锦屏一级	雅砻江	360	236.0	5117	202	604	7.29	21.08	3.0%
锦屏二级	雅砻江	480	298.0	5048	197	593	9.47	27.65	3.1%
二滩	雅砻江	330	285.5	5152	205	609	6.76	19.47	2.3%
官地	雅砻江	240	195.9	4907	187	572	4.49	13.37	2.2%
两河口	雅砻江	300	269.0	3830	108	408	3.24	12.35	1.2%
瀑布沟	大渡河	330	199.3	4420	151	498	4.99	16.21	2.4%
长河坝	大渡河	260	232.0	4250	139	472	3.61	12.18	1.5%
大岗山	大渡河	260	178.0	4500	157	510	4.08	13.05	2.2%
双江口	大渡河	200	317.9	4049	124	441	2.48	8.82	0.8%
合 计		8696	6016.7	4534	160	515	138.27	440.76	2.2%

注:①在建、拟建电站总投资额根据电站投资概算确定,已建成电站总投资额按当年价未进行折现;②开发权出让底价、资源价款占总投资额比均按 β 值为 0.25 计算;③替代火电站煤炭价按 700 元/吨;④替代火电站单位发电耗煤量按 448 克原煤/千瓦时(即 320 克标煤/千瓦时);⑤水资源费率按 0.005 元/千瓦时计算。

表 9-4 评估结果表明,我国西部地区特大型电站的水能资源开发权价值巨大,按最低系数值($\beta=0.25$)测算,20 座特大型水电站总计 8696 万千瓦装机,开发权平均出让底价为 160 元/千瓦,资源价款总额(底价)为 138

亿元,而最高资源价款总额可达到1064亿元($\beta=1$)。

按最低水能资源价款额估算,所征收的资源价款总额占电站总投资额的2.2%,如果考虑物价指数造成的实际动态投资总额大大超出投资概算,以及过去建成电站投资额的折现增值情况,这一占比值实际上更小,因此征收水能资源价款对水能开发成本影响并不大。从对电价的影响角度来看,如按每千瓦装机一年发电量为4000度,每度电价平均0.30元,一次性征收每千瓦160元资源价款,仅占电站30年发电收益的0.87%,占50年发电收益的0.73%(均按5%利率贴现),因此征收水能资源价款对水电价格的影响更是十分有限的。

在制定开发权有偿出让底价时,可以根据水能资源优劣条件及能源市场供需情况,适当调整β系数值,从而提高或降低水能资源价款底价。如当β值取0.5时,表9-4中各水电站的开发权出让底价都将上升,平均底价提高到515元/千瓦,上述20座特大电站的水能资源价款总额达到440.76亿元。随着电煤价格的不断上涨,水能资源的价值将不断上升,因此电站开发权出让评估价也将随之上涨,这是市场机制对资源稀缺价值的真实反映。

四、市场评估法

公开、公正、透明的市场竞争是发现和形成资源产品价格的最合理机制。因为在成熟的市场体系中,投资者只有通过对水能资源价值的理性判断和客观评估,才能以最合理的竞价取得拟出让水能资源点的开发权。目前我国通过“招拍挂”市场竞价方式出让开发权的水能资源点,还仅限于部分省市中小流域的少数中小型电站。通过浙江省、四川省、贵州省、重庆市等省市的试点,已经积累了较多经验。在对中小水电水能资源开发权有偿出让的实践中,积累了大量相关数据,为水能资源开发权价值评估提供了市场价格参考和借鉴。通过市场竞价产生的价格,对于市场的买方或卖方都是公平的,是买卖双方对水能资源价值达成的共识,因此市场评估法是发现和形成水能资源价值的最有效、最简洁的一种方法。

市场评估法通过收集、分析可比开发权的市场交易行情,按现行可比价格、可比因素与拟出让开发权的电站进行比较,来评估开发权市场价值。通过与最近成交或已签订购买协议开发权的电站各要素进行比较,从而获得合理的开发权出让价格。

运用市场法评估水能资源价格,首先需要尽可能多地收集具有可比性的电站开发权成交价格行情、相关技术经济指标，这些行情和技术指标主要包括：水电站开发权单位千瓦成交价、电站建设单位千瓦投资额、水电站年利用小时、水电站上网电价、开发权年限、价格指数、其他综合因素（经济环境、交通条件、自然条件差异）等。这些要素是导致开发权价格发生变动的因素。所以市场法评估的关键是选择和确定比较要素，有量化指标的要全面掌握收集，没有量化指标的如其他综合因素（经济环境、交通条件、自然条件）等，应对所有的可比电站情况进行单项评分和综合评分，以此作为评估的基础数据。

市场法评估水能资源的基本模型和参数①为：

$$V = \frac{\sum V_{pi} \times f_i}{\sum f_i} \tag{5-1}$$

$$V_{pi} = Vxi \times a \times b \times c \times d \times e \times f \tag{5-2}$$

公式5－1、5－2中，V_{pi} 代表用于比较的各电站开发权的出让价格，Vxi 代表单位千瓦成交价格，a 代表电站多年平均利用小时调整系数；b 代表电站单位千瓦投资调整系数，c 代表电能售价调整系数、d 代表其他因素调整系数，是电站所在区域的经济条件、自然条件、交通条件等因素综合评分值的比值。f 代表价格调整系数，以评估基准日的价格指数为分子，以可比电站交易日的价格指数为分母。上述系数中，b 与电站单位投资呈反比关系，其他各系数呈正比例关系。e 代表开发权年期调整系数，且有：

$$e = \frac{1 - \dfrac{1}{(1+r)^m}}{1 - \dfrac{1}{(1+r)^n}} \tag{5-3}$$

公式5－3中，r 代表行业平均资本回报率，m 代表评估电站的开发权年限，n 代表可比实例开发权的剩余年限。

例如，假设S省拟出让一座设计装机容量为9.0万千瓦的水电站开发权，电站投资额为99855万元，即单位千瓦投资额为11095万元。如该电站多年平均利用小时为4500小时，预计电能售价为0.35元/千瓦时，该电站距离城市电力负荷中心距离较近，交通方便，开发条件良好（综合评分值85），

---

① 唐春胜．水电资源开发权评估[J]．中国资产评估，2009(1)：16.

以2010年12月31日为评估基准日，电站开发权年限为50年。假设已知该流域另外两座水电站开发权出让价分别为1850万元、1680万元，其相应的电站装机容量分别为6.0万千瓦、5.2万千瓦，交易价格分别为单位千瓦308元、323元，电站投资额分别为51000万元、48100万元，即单位千瓦投资额分别为8500元、9250元。上述两座电站的多年平均利用小时分别是4600小时、4700小时，电能售价分别为0.29元、0.30元，出让时间分别为2007年12月、2009年12月，剩余开发年限分别为47年、49年，其他因素（经济、自然、交通条件）综合评分值分别为86分、87分，上述各项参数指标值详见表9－5。

表9－5　市场法评估参数分析表

	资源价款（元/千瓦）	年利用（小时）	千瓦投资（元/千瓦）	预计电价（元/千瓦时）	其他因素综合评分值	开发权剩余年限（年）
拟出让电站		4500	11095	0.35	85	50
可比电站1	308	4600	8500	0.29	86	47
可比电站2	323	4700	9250	0.30	87	49

交易日价格指数以国家统计局统计公报中的当年燃料动力价格指数为依据。见表9－6。

表9－6　燃料动力价格指数

	2007年	2008年	2009年	2010年
价格指数	104.4	110.5	－107.9	109.6

注：上年指数＝100，表中价格指数均来源于国家统计局各年度统计公报。

上述拟出让的水电站开发权价格应为：

$$Vp_1 = Vx_1 \times a_1 \times b_1 \times c_1 \times d_1 \times e_1 \times f_1$$

$$= 308 \times \frac{4500}{4600} \times \frac{8500}{11095} \times \frac{0.35}{0.29} \times \frac{85}{86} \times \frac{1-\frac{1}{(1+6\%)^{50}}}{1-\frac{1}{(1+6\%)^{47}}}$$

$$\times \frac{(110.5-107.9+109.6)}{100}$$

$$= 312.4（元/千瓦）$$

$$Vp_2 = Vx_2 \times a_2 \times b_2 \times c_2 \times d_2 \times e_2 \times f_2$$

$$= 323 \times \frac{4500}{4700} \times \frac{9250}{11095} \times \frac{0.35}{0.30} \times \frac{85}{87} \times \frac{1-\frac{1}{(1+6\%)^{50}}}{1-\frac{1}{(1+6\%)^{49}}} \times \frac{109.6}{100}$$

$$= 323.2 \text{（元/千瓦）}$$

评估中应尽量收集更多的已出售可比电站交易资料，按上述方法测算得到更多的评估价格，然后可取其算术平均值或中位数值，作为拟出售电站开发权的竞拍底价（对于卖方）或参考价格（对于买方）。上述水电站开发权的单位千瓦平均价格为317.8元，电站水能资源开发权的拟出让底价或参考价为2860.2万元。

第四节　不同评估法特点比较

由于水能资源价值、水能资源开发权价值的评估方法特点各异，实践中可以运用不同方法将评估结果进行对比判断，从而提供不同的价值量选项。但需注意不同方法的适用条件存在着较大差异。

一、适用条件与特点

预期收益法评估模型建立在对水电站开发设计方案已进行可行性研究的基础上，如已经完成电站建设的投资概算、经济评价。通过对其可行性研究报告中有关财务指标的核算和调整，即可评估拟建水电站的水能资源开发权价值。因此预期收益法具有评价数据可得性较好的优点，且与电站可行性研究报告特别是经济评价指标结合较好，因而评估结果具有良好的预见性和可靠性。

资产收益法与替代措施法具有一个共同特点，就是对水能资源价值评估都是建立在水电站已经建成投产运营的前提下，具有“事后性”特点，因此只适用于电站的水（能）资源费评估，不适于水能资源价款（开发权价值）评估。

此外，运用资产收益法与替代措施法面临的共同技术难点在于，几乎所有涉及的计算参数都较难获得。第一，它不是某一年的指标，而是连续多年甚至整个经营期内的财务统计值，往往只能以多年平均值代替，如边际年运行管理费用，需要根据水电站的运行现状数据进行未来性推测，难免存在误差；第二，它是动态变化的数据，面临着来自能源供需市场变化、自然气候（水文）条件变化等不可预知性因素。无论是水电生产企业还是作为替代的火电生产企业，其经营成本都受市场供求、价格、利率以及生产企业自身管理水平等各种错综复杂的因素交织影响，在长达几十年的经营期内，上述各项数据变动幅度很大。而水电生产中还面临水能资源丰枯的年际变化、季节变化因素影响，具有许多不确定风险，从而使得测算结果的可靠性受到影响。

关于替代措施法和资产收益法两种不同方法对水能资源价值的评估测算结果，可以通过对比我国现行的水电站水资源费征收标准进行检验分析。

目前我国对水电站征收的水资源费被作为水能资源有偿使用的一部分，其具体征收标准各省有较大差别。根据 2009 年国家发改委、财政部、水利部联合下发的《关于中央直属和跨省水利工程水资源费征收标准及有关问题的通知》规定，自 2009 年 9 月 1 日起，由流域管理机构审批取水的中央直属和跨省、自治区、直辖市水利工程的水资源费征收标准为：水力发电用水 0.003 ~0.008 元/千瓦时。按照我国水电站平均单位发电用水量估算，上述水能资源费征收标准相当于 0.0006 ~0.0016 元/立方米。这一费率标准相当于城市居民用水和工业用水水资源费标准的 1‰ ~6‰，相当于用替代措施法计算所得的黄河干流部分电站水能资源平均价值量 0.0061 元/立方米的 9.8% ~26%，相当于用资产收益评估法计算得到的水电站水能资源平均价值 0.1439 元/千瓦时的 2.1% ~5.6%。

上述分析结果显示，我国现行的水资源费率标准远低于水能资源资产的真实价值，应当以征收水能资源价款即开发权出让费作为补充，使水能资源有偿使用制度更加完善。

二、小结

1. 水能资源价值核算和评估方法较多。对具有稀缺性、垄断性的水能资源进行价值评估，理论上已取得突破，评估实践中也形成了许多卓有成效的价值模型和方法。无论是对已投产运行的水电站，还是对拟出让开发权的未建设电站，都可以运用相应的评估模型进行水能资源价值测算。但实践中，因运用不同的模型方法，或针对不同规模水电站测算，其评估结果差异较大。

2. 水能资源价款（即水能资源开发权出让价格）不能等同于电站的水能

资源资产价值。水能资源价值的一部分体现是水(能)资源费,已按水电站的年发电量逐年收取,另一部分则是水能资源价款,需要在取得水能资源开发权时一次性(可分期)支付。因此,水能资源价款也是水电站所利用的水能资源资产价值的一部分。两者之间的区别在评估水能开发权出让价格时是需要区分的。理论上,水能资源价款(即一级市场的开发权出让价格)应等于该电站的水能资源价值扣除企业发电营运期内累计缴纳的水(能)资源费。

3. 需要强调指出,水能资源属于对水资源的开发,而水资源同时具有其他多种功能,如防洪、灌溉、航运、城市供水、水上娱乐、水产养殖等。本部分研究中,所有关于水能资源的评估方法均是将水资源的其他功能进行剥离后单独核算的,因此仅适用于开发功能较为单一的水电站,而对于同时兼具防洪、通航、供水的多综合水电站,其资源价值评估需要考虑更多的综合因素,发电成本需要考虑供水、航运等的机会成本,不能单纯以经济利益最大化为目标,必须同时兼顾社会效益和生态效益。事实上,这种水能资源的开发权是有限的、不完全的,在洪水期和干旱枯水期,水电站运营必须服从水资源的综合调度,为了公共安全、城乡供水、生态环境用水等必须以低水头方式运行,牺牲和放弃部分发电经济效益,政府可对水电站的这部分正外部性效益进行一定的价值补偿。

4. 总体来看,由于我国电力体制改革长期滞后,电力竞争市场没有形成,国有大型电力企业垄断水能资源开发的格局没有根本改变,仅在部分省区(包括东部地区和西部地区)的极少数流域形成了小型水能资源开发权出让竞争市场,许多民营电力企业得以参与角逐,这些地区的实践为水能资源开发权价值评估提供了许多经济参数和重要依据,为水能资源开发竞争市场的形成和开发权价格的最终确立奠定了良好基础。

第十章　建立健全水能资源有偿使用制度的时机与配套改革

水能资源有偿使用制度属于国家自然资源管理制度，以及相应的资源税费制度。对水能资源开发权、使用权、转让权实行有偿化，征收水能资源价款和水能资源税费，并对这些税费的征缴、分配、使用制定相应的法律规定，这些内容构成了水能资源有偿使用制度的核心。

从水能资源无偿划拨使用到市场化有偿竞争配置，是对既定资源分配格局的改革，必然要触动部分人的现实利益。无论方案多么周密、智慧多么高超，改革总会引起一些非议：既得利益者会用优势话语权阻碍改革，媒体、公众会带着挑剔目光审视改革。因此改革需要智慧和审慎，更需要勇气与担当。我们宁要不完美的改革，不要不改革的危机。[①] 必须坚定改革信念，排除阻挠，不失时机地推进重要环节和关键领域的改革。

同任何经济领域的制度改革一样，水能资源有偿使用制度的建立健全过程是有成本和风险的，同样会面临许多不确定性因素。因此必须把握改革的最佳时机，并与其他相关领域的配套改革协同推进，才能降低改革成本，化解改革风险，实现改革收益的最大化。

第一节　推进水能资源有偿使用制度的时机抉择

全球金融危机后我国宏观经济运行恢复良好，通货膨胀得到有效控制，

---

① 人民日报评论员．宁要不完美的改革，不要不改革的危机[N]．人民日报，2012－2－23.

经济社会保持了较平稳的发展势头。国家"十二五"规划强调在做好生态保护和移民安置的前提下积极发展水电，重点推进西南地区大型水电站建设，进一步扩大"西电东送"规模。这些利好因素为实施水能资源有偿使用制度提供了最佳时机。而西部地区各省市自下而上开展的水能资源有偿使用试点已积累了宝贵经验，为建立和完善水能资源有偿使用制度奠定了现实基础。

水能资源有偿使用制度的重点是资源税费制度，因此与任何税费制度的改革方案一样，需要谨慎择机出台。其中有几大关键因素：第一，在通胀预期下，要充分考虑下游产业和一般消费者的承受能力，当消费者物价指数CPI、生产者物价指数PPI高企时，不宜推出有可能推高通胀的税费改革。第二，在经济运行周期处于下滑期时，企业普遍不景气，也不宜进行可能增加企业成本负担的税费制度改革。因此，需要敏锐地捕捉宏观经济运行和价格指数转换的"拐点"，准确判断、及时把握推进改革的最佳时机。第三，在资源税费制度改革的同时，必须相应调整资源收益关系，建立新型的分配机制和利益补偿机制。除对低收入者实行价格补贴政策外，还应使水能资源有偿化的收益倾向于为水能资源开发付出社会生态成本的地区和群体，否则就会有违改革的根本宗旨。因此，在实施水能资源有偿使用的时机抉择上，需要综合分析各方面因素，注意趋利避害，把握时机，果断抉择。

一、综合考虑物价涨跌形势与宏观经济运行"拐点"

对水能资源实行有偿使用，使水电价格能够反映水能资源的稀缺成本、环境成本和社会成本，这在短期内无疑会增大水电开发成本并导致上网电价上涨。而任何涉及基础性资源产品价格的制度性改革，都容易触动社会最敏感的神经，何况电力作为价格弹性较小的上游产品和基本生活需求品，电价变动关乎整个社会公众的切身利益，可谓牵一发动全身。

目前电力行业在我国总体上还属于垄断性行业，电力厂商能够轻易将成本上涨部分通过价格层层转嫁，其转嫁程度取决于市场的供求关系。而对我国电力需求市场稍加考察不难发现，自20世纪90年代后期以来，我国大部分时间都处于电力紧张状态，以至于冬夏用电高峰季节"拉闸限电"几乎遍及全国各大城市。根据国家能源局2009年5月发布的《中国能源发展报告2009》，截至2008年年底，我国电力装机容量已达到7.9亿千瓦，这一数据大致相当于世界前10位电力大国中的日本、德国、加拿大、法国和英国

5个国家电力装机容量的总和。尽管2008年遭受了世界性经济萧条的影响,我国当年电力装机容量仍增长了10.34%。

我国电力需求的最大变化还在于,反映电力与国民经济增长关系的电力需求弹性系数这一重要指标,近年发生了根本逆转。1980—2000年,我国电力弹性系数平均为0.8,也就是说,GDP年增长10%,相应需要电力增长8%。但是进入21世纪后,前8年电力弹性系数上升到了1.3~1.5,这意味着,GDP的增长需要消耗1.3~1.5倍的电能,经济增长是以消耗更多能源为代价的。尽管随着我国节能减排政策实施和经济结构调整,电力需求弹性系数可望回归到1以下,金融危机后全球性经济衰退也使国内的电力需求增速放缓。但2009年下半年中国经济率先走出低谷,步入强劲复苏阶段,在GDP年增长超过9%的高速度下,"电荒"威胁反复再现。2010年春季西南大旱使水电发电能力受到影响,导致原本电力输出的省份反而靠从外省输入,2011年因煤电价格倒挂再次导致全国多省区大面积缺电。在长期的电力卖方市场下,水能资源有偿使用制度与任何资源税费改革方案一样难以推进。

另一方面,2007年到2011年下半年,全国出现了明显的通胀迹象,不断上升的CPI(消费者物价指数)、PPI(生产者物价指数)使得国内资源税改革一度"搁浅",直到2011年第4季度物价上涨压力明显减轻,CPI出现"拐点"后才重新启动。[①] 电力生产是基础性行业,属于需求价格弹性较小的准公共产品,电价变动波及所有关联产业,影响城乡广大居民的生活。尽管我国水电气等资源产品价格仍相对较低,但民众对垄断性行业的价格上涨历来充满抵触情绪,这源于垄断部门的高收入及其成本的不透明化,公众的心理承受力某种程度上已成为影响我国资源品定价改革的重要因素。在消费者物价指数和生产者物价指数均处于高位运行的经济快速增长期,电力需求呈短缺状态,电价上涨势必推动社会整体价格水平轮番上涨,形成严重的通货膨胀压力,进而影响经济社会的和谐、稳定和发展。

当物价明显走低,CPI和PPI出现连续负增长时期,理论上应当是资源性产品价格机制改革的良好时期,但此时整体经济处于低谷,呈现衰退萧条

---

① 财政部于2011年10月28日正式颁布改革后的资源税修订方案,即《中华人民共和国资源税暂行条例实施细则》,并规定从2011年11月1日起施行。

迹象（如全球性金融危机中的2008年下半年），企业投资能力和居民消费能力普遍下降，这时任何增加经营成本的举措都可能"雪上加霜"，给企业发展和扩大内需增加难度。如电价上涨后，石化、钢铁，乃至其下游的汽车、船舶、轻工、有色金属等产业都将承受压力，这些行业却是当时国家明确需要振兴的产业，这又使得政府在涉及所有资源税费改革方案的问题上，踌躇难行。

事实上，这种左右为难的局面是永远存在的。要调整资源价格形成机制，使资源品价格反映资源稀缺价值和市场供需状况，在一定程度上都可能增加生产成本，推高资源产品价格。无论何时实施水能资源有偿使用制度，都会因增加资源税费而加大资源开发成本，触及现有的资源分配既得利益。权衡来看，在CPI下行期，价格总体水平下降，下游企业难以通过市场层层转嫁成本上涨因素，因此资源要素价格的上涨对市场总体物价水平影响程度有限。此时企业必须采取节能减排措施自我消化成本因素，从而促进下游企业增强节约意识、改进技术降低综合成本，真正达到节能降耗的目的。另一方面，国家通过结构性减税政策，一定程度上可以对冲企业资源成本因素，减轻企业压力。

因此，建立健全水能资源有偿使用制度宜早不宜迟。在改革时机的把握上，需要重点考虑我国宏观经济的运行情况，最佳时机应当选择在经济稳步回升，大部分商品的供求紧张或失衡关系明显缓解，而通货膨胀指数明显回落的"拐点"附近。这个"拐点"的判断，可以正利率作为参照，即当商业银行一年期利率水平明显高于CPI价格指数，实际利率水平稳定为正值时，就为要素价格市场化改革打开了一个时间窗口，这是进行要素价格市场化改革的一个良机（仲武冠，2012）。尽管这种要素价格改革可能会引起消费价格水平暂时上涨，但我国要切实转变经济发展方式，建立起经济内生性增长机制，就必须进行要素价格形成机制的市场化改革，这是中国经济发展绕不过的坎。

必须强调的是，低价水电在电力结构中长期发挥着平抑电价的作用，因此水电上网电价的上涨并不意味着销售电价必然上涨，其中存在的发电厂与电网公司的利益关系调整，有待电力体制改革及其电价的相关配套改革进行破解。

二、把握水电上网电价上调的契机

近年我国政府工作报告多次提出:“继续深化电价改革,逐步完善上网电价、输配电价和销售电价形成机制”,国务院批转发展改革委《关于2009年深化经济体制改革工作的意见》中,将“继续深化电价改革,建立与发电环节适度竞争相适应的上网电价形成机制,推进输配电价改革”,作为大力推进资源性产品价格和节能环保体制改革、努力转变发展方式的首要任务。《中华人民共和国国民经济和社会发展第十二个五年规划纲要》也明确提出,完善资源性产品价格形成机制。积极推进电价改革。[①] 而来自于电力业界对电价改革的呼声也日益高涨,并认为从整个电力体制改革的顺序安排,电价形成机制改革是整个电力改革的前提,只要电价形成机制科学合理地推行,其他改革可以事半功倍。[②] 在此形势下,电价改革箭在弦上,特别是水、火电价格有望实现“同网同价”,这一有利的改革因素,是推动水能资源有偿使用制度建立的最佳时机。

(一)水火电“同网同价”试点良机

在电力改革的诸多矛盾中,关于水、火电同价的问题争议已久,因各方利益难以调和,一直没有实际进展,其中关键阻力来自于电网公司。无疑,水电厂商销售给电网公司的低价水电是电网公司巨大的利润来源,一旦将水电上网电价大规模提高到火电上网电价水平,意味着电网公司的购电成本上升,而销售电价不作相应调整的话,就会压缩电网公司的利润空间。

原国家能源局局长张国宝在任期间曾经多次表示,水电定价机制需要进行改革,实行同网同价。水电价格上涨的收益,应主要用于电站所在地的发展和移民经济补偿。国家能源局新能源和可再生能源司司长王骏也强调,《中华人民共和国电力法》第三十七条规定,上网电价实行同网同质同价,水电和火电至少要达到同网同质同价。[③] 在市场化改革的前提下,水火电力上网电价存在的价差,应当尽快统一。

---

① 中华人民共和国国民经济和社会发展第十二个五年规划纲要[R]. 北京:人民出版社,2011-3:128.

② 电力改革正逢其时——专访全国政协委员中国电力投资集团总经理陆启洲[N]. 南方周末,2009-3-12.

③ 国家能源局新能源和可再生能源司司长王骏. 水电上网应遵循市场定价机制[N]. 中国能源报,2009-7-13(18).

在国家能源局的力推下,2009 年 9 月,水火电同价开始小范围试点工作,重点解决矛盾突出地区的问题,包括现行体制下电力投资主体之间的矛盾,以及移民和环境生态方面的问题。这些试点地区显然要选择水能资源大规模开发的西部地区,尤其是西南地区。

水电上网电价的上调,并不意味着市场销售电价一定要上涨,这部分成本应该也能够由电网公司承担,以压缩其巨大的利润空间。按 2010 年数据测算,全国当年水电发电量为 7210.2 亿千瓦时,实施水火电“同网同价”后水电上网平均电价每千瓦时可提高 0.1 ~ 0.2 元,较现行水电上网价提高 40% 左右,由此每年增加电网公司购电成本约 700 亿 ~ 1400 亿元,如由电网公司全部承担,则相当于电网公司每年向水电公司“返利”,对电网公司的利润影响比 2008 年 8 月单方面上调火电上网电价的影响程度还要大,①这就不难理解为何水火电同价迟迟难以推行了。

水电上网电价的上调动因,除了水能资源稀缺性的内在价值成本上涨外,还源于水电开发日益突出的移民、生态环保等外部成本上涨,这与火电上网电价上调的燃料成本压力上涨因素是完全不同的。因为水电的发电运营成本极低,水电提价将使发电企业净利润增长 70% 以上。② 这部分新增收益是水能资源的价值体现而非水电企业改善经营的结果。因此,水电提价带来的收益如何处置成为公众关注的焦点。如果水电企业将政策的溢出效应转化为自身的福利待遇,那将与政策初衷完全相悖。中科院战略研究所周城雄博士认为,对水电企业超出社会平均利润的这部分所得,应该建立利润转移机制。无疑,这部分利润应当转移给水能资源的所有者(国家或全体国民)。

因此,水电上网电价上调之时是建立水能资源有偿使用制度的最佳时机,因为此时对于水电企业的成本压力不明显。由于水能资源收益通过提高的水电价格得到了更充分体现,此时加大水电开发的资源成本,可以减小水电企业方面的阻力,使滚动开发流域水能资源的企业能够因电价上调而

① 根据国家发改委调价文件,从 2008 年 8 月 20 日起,全国火电企业平均上网电价每度电上调 2 分钱,但销售电价不做调整。业界估计,国家电网和南方电网将因此向火电企业补贴约 500 亿元。

② 目前全国水电平均上网电价为每千瓦时 0.2 ~ 0.3 元,火电平均上网电价为每千瓦时 0.4 ~ 0.5 元,水电提价由于不会相应增加除税收外的其他成本,因此其销售收入增加值大部分为纯利润增长额,增幅可达 70% ~ 100%。

减小水能资源价款的支付压力。而这部分水能资源的收益正好用于解决水电环保生态补偿和移民安置补偿,从而一举突破目前制约水能资源开发面临的生态环保和移民安置瓶颈。

(二)电价改革成本应公平分摊

电价改革触及的核心问题,是谁来为电力成本上涨买单问题,它不仅涉及电力商品的最终用户,还涉及实行"厂网分离"后发电企业和电网公司的利益分配格局。

近年来,一方面是电力企业亏损要求涨价之声不绝于耳,另一方面是社会公众对电力垄断暴利的不断质疑。这种现实反差,反映了电力行业内部存在的深层次矛盾,那就是,发电和售电两个不同环节的成本分担和收益分配存在严重问题,导致发电厂商与电网公司的利益之争。据《中国新闻周刊》2008 年对广东省电力行业利润的调查结论,整个电力行业的利润很高,但因电网企业与发电企业的利润分配不合理,以至于电网利润很大,而发电企业却接近亏损。2005—2008 年,由于电煤价格上涨,国家发改委多次上调火电上网电价,多数情况下电网公司的销售电价也同步提高,这样一来,煤炭涨价的 30% 由发电企业承担,70% 的涨价因素由消费用户承担,而对电网企业几乎没有影响,[①]这显然有失公平。

为缓解火电厂煤炭资源成本上涨压力,2008 年 7 月、8 月国家曾两次上调火电上网电价,其中一次明确规定电网公司的销售电价不做调整,此项政策迫使电网公司与电厂同时分担成本上涨的因素,暂时避免了对终端消费者的转嫁。然而此后,电网公司不断向国家有关部门提出涨价申请。据国家发改委通报,2009 年 1—8 月,国家电网和南方电网公司亏损 161 亿元,同比减少利润 238 亿元。[②] 因此国家发改委从 2009 年 11 月 20 日起对全国销售电价每千瓦时上调了 2. 8 分钱。2011 年 5 月,国家发改委再次宣布大范围提高上网电价和销售电价。燃煤电厂上网电价平均提价标准为每千瓦时 2. 6 分钱,同时随销售电价征收的可再生能源电价附加标准也由原来的每千瓦时 0. 4 分钱提高至 0. 8 分钱;对安装并正常运行脱硝装置的燃煤电厂试行脱硝电价政策,每千瓦时加价 0. 8 分钱。上述措施共影响全国销售电价每千

① 孙春艳. 电网公司暴利的背后[J]. 中国新闻周刊,2008(3).

② 中国新闻网. 国家发改委有关负责人就电价调整答记者问[OE/BL]. http://www. chinanews. com. cn/cj/cj - gncj/news/2009/11 - 19/1974309. shtml.

瓦时平均提高约3分钱,[①]这还没有包括对居民用电实行阶梯电价制后所提高的部分。

近年来,我国行政性的电价上调已经进行了多轮(见图10-1),每一轮都是“市场煤”与“计划电”博弈的结果,火电企业和电网公司的利益诉求不断得到满足。多年来,这种行政性调控几乎陷入了“涨价——逼供——调价”的恶性循环,每一轮电价上涨都会很快被“成本”再度上涨所吞没,本轮调控的结束,即下一轮调控的开始,形成了“涨价怪圈”,破解这种涨价怪圈,光靠行政干预常常“宽严皆误”,必须下决心推进电力体制改革。要逐步使行政性调控从资源产品价格管制中彻底退出,重新启动电力市场化改革,发挥市场对资源的优化配置作用,而绝不是相反,使已经迈向市场化的领域重新退回计划经济管制的老路。

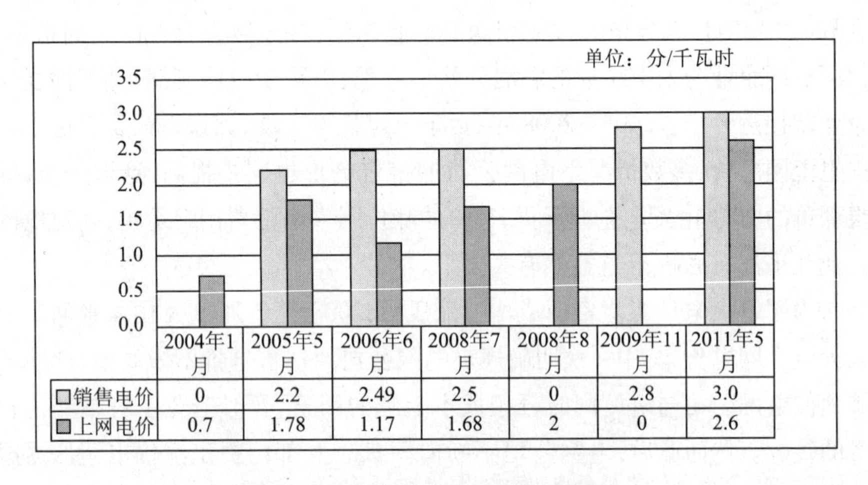

图10-1　近年我国电价历次调整情况

注:图表数据根据国家发改委电价调整文件综合整理

事实上,对于每一次电价上调的“成本上涨”原因,社会公众并不接受,其根源在于垄断企业的成本构成不透明,电力公司特别是电网公司不透明的成本历来为社会公众所质疑。据广东物价部门对当地电网公司的成本监审结果,在发电企业大面积亏损的2007年,供电量稳居全国首位的广东电网公司利润高达142亿元,资产回报率达到11%,大大超过了国际上6%~8%的平均水平。电网公司的暴利引起社会广泛关注,以至于广东省物价部门

① 朱剑红. 发改委启动煤电价格调控,电价每度提高约3分钱[N]. 人民日报,2011-12-1.

2008年提出了下调广东居民电价和工业电价的方案。①

显然，电网公司的盈利空间来自于上网电价与销售电价之差。电网公司购进水电企业的上网电价平均为每千瓦时0.20～0.30元，但经过电网公司的线路，电网销售电价就升到了每千瓦时0.50～0.70元，商业用电价格更高达1.0元以上。在我国发电环节已引入部分竞争机制的条件下，售电环节仍然是"一网独大"，处于绝对垄断地位。一体化的输配电电网公司形成电力批发市场上的买方垄断，以及电力零售市场上的卖方垄断，这无法形成公平有效的竞争格局，其过高的输配电价及其垄断利润一直为电力供需各方所诟病。因此，深化电价改革的关键是，实行输配分开、多边交易，打破电网公司单一购买者的市场垄断条件，确定合理的输配电价，唯此才能使上网电价和最终售电价格能够由市场竞争形成。

第二节　相关领域的配套改革

经济制度是由各种要素构成的一个制度体系，各要素之间要相互兼容，才不会出现混乱和效率损失。要使各项改革之间相互促进、互不冲突，避免出现某种制度成为整个改革体系的"瓶颈"，或某种改革推进过于"冒进"，超出了其他体制所能承受的能力，这是改革过程中很大的一种不确定性。每项具体改革都需要或长或短的时间，因此相关领域的各项改革要"平行推进"，以减少改革的阻力，扩大改革的动力，减少不协调成本，提高各项改革的协调性。② 但我们不能因惧怕成本风险就停止改革，让"渐进"改革逐渐退化为"不进"，"积极稳妥"变成稳妥有余而积极不足。我们也要清醒地意识到，中国经济改革太慢了成本也一样会很高，也一样会承受不了（吴敬琏，2005）。③

所谓改革的成本风险，总体而论是指新旧制度转换付出的代价，主要包括两类，一类是实施成本，另一类是摩擦成本，既包含利益冲突的摩擦，也包含各种制度不相容的摩擦（樊纲，1993，2008）。国内许多经济学家认为，未

① 陈春艳．广东电网暴利的背后[J]．中国新闻周刊，2008(3)．

② 樊纲．转轨经济学与中国三十年的改革实践[A]．中国经济50人看三十年改革[M]．北京：中国经济出版社，2008．

③ 吴敬琏．改革要付成本，进度不能太快也不能太慢[N]．北京现代商报，2005－12－13．

来改革的成本风险主要来自既得利益的对抗。如吴敬琏提出,改革初期的阻力主要来自意识形态,而现在的改革阻力主要来自既得利益。改革如果不彻底,往往会形成新的既得利益,成为妨碍改革进一步推进的重要阻力。由于改革不彻底而产生的种种弊端,包括腐败、寻租、社会不公等,又必须通过深化改革才能去除。[①] 樊纲(2009)提出,真正对改革进程起约束或阻碍作用的,不是意识形态,而是旧体制下的既得利益。改革过程不可能做到帕累托改进,一定是有人受损要给他补偿。所以改革越接近帕累托改进,阻力就越小。[②]

水能资源有偿使用制度涉及的改革领域主要集中在电力市场化、电价形成机制、公共资源出让收益的全民共享机制。这些相关领域改革措施的配套跟进,是建立健全水能资源有偿使用制度的重要保障。

一、电力体制改革

20 世纪 90 年代英国开启电力市场化改革后,以放松管制、引入竞争为核心的电力行业重组和市场化改革在世界范围内广泛开展。改革开放以来,我国在经济体制方面实行了一系列市场化改革,其中也包括对电力垄断行业体制的改革。打破电力垄断,形成有效竞争是中国电力体制改革的必由之路,符合经济全球化时代世界各国电力市场化的改革潮流。

中国电力体制改革的历程,以国务院《电力体制改革方案》出台的 2002 年为时点,可以划分为两个重要阶段,第一阶段是在政企不分的计划经济体制下,实行体制外集资办电,对电力投资体制进行改革。第二阶段是在国务院《电力体制改革方案》指导下实施一系列改革步骤,其核心是打破"大一统"的电力垄断体制,实行行业分拆重组,培育市场竞争主体,并对电力定价方式进行改革试点,以便逐步向电价形成机制市场化过渡。这个阶段的改革也称为新一轮电力体制改革,[③]而贯穿改革的主线,就是打破我国长期计划经济体制下形成的电力垄断体制,通过逐步推进电力市场化,提高电力行业的经济效率,最终实现降低终端电价的根本目的。

---

① 吴敬琏. 中国改革的风险[J]. 民商,2010(3).

② 樊纲. 转轨经济学与中国三十年的改革实践[A]. 中国经济 50 人看三十年改革[M]. 北京:中国经济出版社,2008.

③ 朱成章. 新一轮电力体制改革是怎样酝酿的[N]. 中国能源报,2012-07-23(05).

(一)电力投资领域的改革开放

在传统的计划经济投资体制下,我国电力建设完全依靠政府财政投资,由于电力开发需要的资金严重不足,导致电力供给长期处于短缺状态。20世纪80年代国家提出鼓励集资办电政策,电力建设投资领域实行多渠道筹资、“多家办电”,部分开放电力投资市场,引入民营资本和外资,一些既不属于国家电力公司、也不属于省级电力公司的地方性独立电厂相继成立,从而打破了国家电力独家开发电源的传统,在垄断体制外,孕育了独立发电企业,促进了电力工业的快速发展。

以水电投资体制改革为例,1983年云南鲁布革电站建设首次引入世界银行贷款,并在引水系统工程中实施国际竞争性招标,第一次按国际惯例进行水电工程项目管理,拉开了中国水电建设管理体制改革的序幕,并引发了一场“鲁布革冲击”,水电建设投资市场竞争机制由此开始启动。1991年动工的二滩水电站建设向世界银行贷款9.3亿美元,是当时世行成立以来对单项工程最大的一笔贷款。按照世行贷款规定,主体工程的建筑和主要设备的制造,均须通过国际招标来确定承包商。建设程序必须按国际惯例规范,全面推行菲迪克[①](法文缩写FIDIC)条款管理,实行全新的业主责任制、招标承包制、工程监理制和合同管理制。二滩水电站主要工程的国际招标中,创造了“联营体投标”模式,即由外国公司与国内公司组成联营体参加招投标。如大坝施工招标,由意大利的英波吉洛和法国的托诺、中国的水电八局(占15%股份)等5家公司组成的联营体中标,英波吉洛为责任公司。中外企业组成的联营体,完全按国际通用的工程建设规范管理,从而既引进了外资,也为中国企业学习国外企业的先进管理经验创造了条件。

通过对外开放水电投资领域来“倒逼”电力垄断企业推行市场化改革,实践证明是行之有效的途径。此后全国各大型水电项目都开始改革,普遍推行了项目法人负责制为核心的招投标制、合同管理制和建设监理制,其中具有代表性的电站还有广西红水河岩滩电站、云南澜沧江漫湾电站、青海黄河李家峡电站等。西部地区这些大型水电项目建设通过实行新的投资体制和运行机制,在工期、质量、造价方面都取得了显著的市场化成果,极大地提

① 即国际咨询工程师联合会(Fédération Internationale Des Ingénieurs Conseils),法文缩写为FIDIC,中文音译为菲迪克。FIDIC下设许多专业委员会,制定了许多建设项目管理规范与合同文本,已为联合国有关组织和世行、亚行等国际金融组织以及许多国家普遍承认和广泛采用。

高了资源开发效率。1994 年总投资 1800 亿元人民币的三峡工程正式动工，其资金来源除国家通过征收三峡建设基金注入的资本金外，占总投资 60% 的资金来源是银行信贷，以及三峡公司按照"滚动开发"的开发模式实现的经济收益。三峡工程在融资模式和开发模式方面进行的一系列新探索，为水电开发的市场化运行管理积累了宝贵经验。

然而，这个时期所关注的仅仅是吸引社会投资、解决电力发展的资金来源多渠道以及提高投资效率等问题，在整个体制机制上并没有改变电力行业发输配售一体化和一家管网、一统到底的垄断本质。2000 年二滩水电站弃水事件引发了社会各界关于电力体制改革的大讨论，胡鞍钢等经济学家深入剖析我国高度垄断的电力工业体制带来的危害，提出电力体制改革的核心目标是打破垄断，并呼吁政府应当从"保护垄断"转向"打破垄断"，从"限制竞争"转向"鼓励竞争"。

（二）电力体制的分拆重组

从 1995 年制定国民经济和社会发展"九五"计划开始，我国提出了"基础性产业也要引入竞争机制"和"打破部门垄断"的任务。2002 年中共十六大做出"推进垄断行业改革"的战略部署后，以电力行业分拆重组为标志，我国新一轮电力体制改革正式全面启动。

这一阶段的改革框架、方案和目标都来自于"顶层设计"，改革的目标、阶段性任务和政策意图都十分明确。电力体制改革的"顶层设计"方案，完整地体现在 2002 年国务院 5 号文件批复的《电力体制改革方案》以及国务院办公厅 2003 年 62 号文件印发的《电价改革方案》中。以 5 号文件和 62 号文件为纲领，电力体制改革明确提出了"政企分开、厂网分开、主辅分离、输配分开和竞价上网"的五大任务。10 年来，改革的力度是巨大的、空前的，改革的成效也是显著的。

一是实行了"政企分开"，撤销了电力工业部，成立国家电力监管委员会，组建了独立经营的发电集团公司、电网公司。

二是实现了"厂网分开"，按电力产业链对电力行业体制进行纵向分拆和横向重组，将原国家电力公司管理的电力资产按发电和电网两类业务"纵向"分拆为发电公司和电网公司，实现发电企业与供电企业之间的"厂网分开"。在此基础上，将发电企业进一步"横向分拆"为五家"国字头"发电集团公司（中国电力投资集团公司、中国华能集团公司、中国国电集团公司、中国大唐集团公司、中国华电集团公司)，电网企业分拆为两家电网公司(国家电网、南方电网)。

三是完成了“主辅分离”，将电力工程设计、咨询、监理、施工、修造等业务链从电网公司中剥离出来，成立了中国电力建设集团公司(中国电建)和中国能源建设集团(中国能建)两家辅业集团公司，由此“大一统”的原国家电力公司被分拆重组为“5 +2 +2”的电力企业新格局。

随着垄断性行业结构被打破，发电环节的竞争格局初步形成。此后，我国电力市场出现了多个竞争主体，五大电力公司纷纷角逐西部地区大中型水能资源开发，一些民营资本也渗入其中，竞相争夺有限的水能资源，出现了对西部水能资源趋之若鹜的“抢地盘”现象，显示出资本逐利的强大竞争活力。水能资源开发很快就从“资源追逐资本”切换到“资本追逐资源”态势，水电建设在短期内迅速走出了资金困局，由过去的资金技术制约一举转变为资源和环境约束局面。中国水电开发彻底改变了单一的国家财政拨款建设模式，发展为集资办电、引进外资、多渠道办电，以及多个投资主体创建流域开发公司，水电开发由单一投资主体走向了多元化发展格局。2004 年我国水电总装机突破 1 亿千瓦，2010 年达到 2 亿千瓦，一跃成为世界上最大的水力发电国家，生产了世界水电的 21%，用 10 年左右的时间实现了水电装机容量比建国 50 年的总和翻两番的超越。[①] 电力生产飞跃式发展。从 2002 年到 2011 年，9 年时间全国发电装机增加了 7 亿千瓦，达到 10.56 亿千瓦，相当于 1949—2002 年 53 年全部装机容量 3.5 亿千瓦的 2 倍；年均新增容量 7778 万千瓦，是前 53 年平均新增容量的 11.6 倍。我国已成为发电量世界第一的水电、风电大国，基本实现了全社会电力供需的总平衡。

然而，由于对水能资源开发权继续实行无偿化和行政性划拨(审批)手段，面对水能资源巨大隐形价值的日益凸显，众多企业“跑马圈水”抢占资源，甚至“占而不建”，出现了资源配置权力寻租，移民利益和生态环境难以保障，水能资源开发无序等乱象，一定程度上损害了资源开发效率，加剧了水能资源配置方面的社会不公。针对电力体制改革不彻底带来的一系列矛盾，深化电力体制改革迫在眉睫。

---

① 张国宝. 神女当惊世界殊——在中国水电 100 年纪念大会上的讲话[N]. 中国能源报，2010－8－30.

(三)电力行业改革存在的问题

电力体制改革在实现电力供给的迅速增长和动态生产效率的改进上相对成功,但在价格水平与价格结构、防止垄断利润、降低运营成本和提高资本利用效率上却没有实现效率目标要求,[①]电力行业总体上仍然是高度垄断、缺乏竞争效率的行业,电价扭曲造成的全国范围内大面积“电荒”在用电高峰期频繁发生。

综观我国电力行业改革存在的问题,主要有以下几方面:

一是国有资本“一家独大”,民间资本比重有限。对电力行业的拆分,并没有改变国有电力公司“一股独大”的地位,民营资本进入电力行业仍然壁垒森严,新的市场进入者多数还是国有企业,因此这只是一种体制内的重新组合,没有真正解决市场竞争主体问题。由于行业内竞争主体的资本属性基本相同,资本构成高度同质化,这种改革就只是国有企业之间的数量增减以及利益调整,并没有产生以明晰产权为基础的更严格意义上的市场竞争主体,最终只能是预算软约束下国有企业之间的“兄弟相争”。[②] 由于只是单一国有或在国有投资占主体的结构中引入竞争,这样,任何一个企业在竞争中被淘汰都将是国有资产的巨大损失,因此对于政府主管部门来说,它表面上可能希望引入一些竞争做点缀,实际上并不愿在各个经营者之间鼓励真正的竞争。因此在国有资本“一股独大”的垄断市场下,难以开展有效竞争。

二是缺乏平等竞争的市场机制。市场经济运行的核心是价格竞争机制,价格是生产和消费行为的基本依据。然而我国“竞价上网”的电价机制至今没有建立,距离建立与电力市场目标运营模式相适应的、具有经济效率的电价形成机制和市场竞价机制的改革目标还很遥远。在目前发电环节已经具备竞争性的条件下,上网电价仍没有实行市场化,水电上网电价仍然采用“还贷成本+利润”的定价方式,价格高低还要取决于行政主管部门与发电企业之间的博弈,使上网电价既无法反映能源资源的成本,也无法反映市场需求变化。究其原因,除煤炭资源外,大部分能源资源要素没有实行市场化配置,企业无偿取得能源资源,定价上必然向下扭曲能源产品价格。如每度电0.20~0.30元的水电平均上网电价中,水资源费比重不到3%,与火电

---

① 唐要家.中国工业产业绩效影响因素的实证分析[J].中国经济问题,2004(4).

② 常修泽.关于中国垄断性待业深化改革的研究[J].宏观经济研究,2008(09).

上网电价中占70%、且不断上升的煤炭成本相比,水能资源的价值几乎没有在价格中体现。而部分民营水电企业是通过市场竞价方式有偿取得水能资源开发权的,其上网电价必然高于资源无偿化的国有企业,这种生产成本构成的迥然差异导致企业无法开展公平竞争。另一方面,在水能资源成本没有计入电价的同时,电力行业的高工资、高福利成本,以及低效率损失等都很容易计入水电价格成本中,使电价产生向上扭曲,从而不合理地推高电价。正是这种普遍存在于垄断行业的不合理成本因素,导致社会公众对资源产品价格调整产生质疑和不满,进而制约了电价作为调节电力需求、促进社会公众节约能源杠杆作用的发挥,使资源产品价格的市场化机制始终难以形成。

第三是电力输配环节的高度垄断性阻碍改革深入。输配电的自然垄断与行政权力垄断相互交织、紧密结合。国有电网公司不仅拥有买卖电力的独家特许经营权,还掌握了电力市场调度的控制力,拥有电力规划、投资、价格、市场准入等方面的决策权或影响力,电网公司借助于市场垄断地位不断扩张市场控制力,形成目前电力市场的强势地位(何勇健,2012)。在目前的电力交易中,电网企业既对电力生产企业形成批发市场上的买方垄断,又对电力消费者形成零售市场上的卖方垄断,统购统销,独买独卖,电力厂商和电力用户都没有选择权,发电企业与电力用户之间不能直接交易,根本无法形成公开交易的电力市场。在发电环节造价成本持续下降的同时,缺乏竞争压力的电网输电成本却大幅上升。2010 年 110kV ~ 500kV 工程决算单位造价相比 2006 年分别上涨了 37.12%、26.37%、25.79%、31.08%。[①] 由于输配电业务未独立核算,成本信息不透明,影响整个电力市场开展竞争。电网公司对电力市场调度的行政垄断使发电企业苦不堪言,后者要求打破电网垄断的改革呼声日益高涨。因此在"厂网分开"后,对高度垄断的电网公司实行"输配分离",是进一步破除电力垄断的关键。然而目前"输配分离"却遭到了电网公司的高调反对。国家电网公开表示"应坚持现有输配电一体化、调动和电网调度一体化的格局",[②]其客观理由是电力的自然垄断性和技术安全性,而本质上,就是要不要打破电网公司的高度垄断,要不要坚持

① 国家电监会."十一五"期间投产电力工程项目造价监管情况通报[R].

② 国家电网总经理:反对分拆输配电网[N].东方早报,2012-4-11.

市场化改革的方向问题。

(四)深化电力行业改革的对策思路

我国电力行业的市场化改革面临着诸多复杂因素,既包括电力产品特殊性带来的市场结构方面的技术性和安全性问题、电网公司经营的自然垄断性问题,这些是世界各国电力市场化改革中面临的普遍性问题,而我国根深蒂固的"政企不分"、"政资不分"、国有企业的体制性垄断等"国情"问题,与上述电力市场运行方面的问题纠结在一起,使改革面临很大的不确定性,也加大了电力市场化改革的风险和难度。

根据中国的实践,许多经济学家提出了深化电力行业改革的一些思路,最根本的方向主要集中在几点。

一是建立平等竞争的市场机制。在市场经济的框架下,按照电力行业发展的要求,在确保国家用电安全的情况下,放宽市场准入,消除体制壁垒,让更多的民营资本进入。通过建立健全能源资源有偿使用制度,用市场化手段有偿配置能源资源,提高资源开发效率。尽管我国发电侧早就对民营和外资开放,但近年来电力行业的"国进民退"趋势明显,国企已经成功将民营与外资挤出该领域,输配供电完全国有,发电国有约占95%。[①] 因此新一轮电力市场化改革,必须破除国有企业垄断格局,实行市场竞争主体多元化,逐步建立公正、公平、有序的电力市场竞争环境,建立发电企业竞价上网和电网企业竞争输、配、送、销的电力产品销售机制。

二是打破国家电网公司对电力统购包销的独家垄断经营格局,建设地区性及区域性电网。对电网公司实行输配电分离,扩大电力用户的选择权,引入适当竞争,以更好地对垄断业务进行有效监管。近期应加快推行大用户同发电企业的直接交易试点,通过买卖双方的自主选择,实现消费结构在行业和区域内的优化。在批发市场实现有效竞争的基础上,逐步放开电力零售市场准入,引入中小用户的选择权,并最终把配电环节与销售环节分开,实现完全的用户选择模式(林卫斌,2007)。

三是建立发电企业的竞价上网机制,使电力企业通过竞争,竞价上网,压缩可控成本,降低资源消耗,提高能源开发效率和使用效率。近年来由于

---

① 林伯强. 能源行业"国进民退"的趋势和效率风险[EB/OL]. http://www.chinavalue.net/Finance/Blog/2009-9-15/224387.aspx.

实施“标杆电价”，上网电价不再以单个机组发电成本为依据，而是以平均成本为“标杆价”，使得各发电集团之间以及发电集团内部各电厂之间，形成了一定的竞争，目前水电“标杆电价”已暂停执行，对此需要继续研究完善方案，为电价逐步向市场化过渡创造条件。

二、电价形成机制改革

（一）电力产品定价理论

在经济学标准理论中，竞争市场的商品最优定价方式是边际成本定价。然而对于具有自然垄断技术特征的电力市场，许多经济学家都反对按边际成本定价。其理由，一是电力产品不可储存具有电力市场实时平衡特性，如果采用边际成本定价的话，电价的峰尖值将非常高，甚至可能超过用户承受能力；二是边际定价可能影响电力系统的长期稳定性和容量充足性（夏大慰，范斌，2002），因为自然垄断产业巨大的沉没成本使得在一定范围内平均成本高于边际成本，如果按边际成本定价将使企业面临亏损，企业会减少供给造成短缺。为保证企业回收成本，其定价必然高于边际成本。在实践中经常采用完全成本分摊定价（Fully Distributed Cost Pricing，FDC）方式，将企业的所有成本费用完全分摊给消费者。完全成本分摊定价只考虑了成本弥补，没有考虑效率问题。

拉姆士定价（Ramsey Pricing）是在收支平衡基础上实现经济福利最大化的一种次优理论模型。拉姆士定价原则是，在边际成本之上的价格加成与需求弹性成反比，即需求弹性越小，价格偏离边际成本的程度越大，从而根据需求弹性大小在不同用户间分摊经济福利损失。这种定价模型因缺乏足够的定价信息往往难以操作。

为了使垄断定价更为合理，李特查尔设计了 RPI－X 定价模型，也称为价格上限规制模型。这种定价模型同时考虑零售价格指数 RPI，也就是通货膨胀率，以及垄断企业的效率提升因素 X（用百分比表示），将垄断企业的产品价格变动控制在 RPI 指数和 X 的相对差值之间，RPI－X 值越大，企业利润越大，如果 RPI－X 为负值，则企业必须降价。RPI－X 定价方式有利于激励垄断企业提高生产率。因为在这种定价方式下，X 是明确为归消费者的部分，而超过 X 的则归企业所有。因此企业生产效率超过政府预先设定的 X 的部分越大，企业可获得的利润就越多，只要不超过平均价格上限，企业完全可以在限定范围内自由变动其产品的价格，从而赋予垄断企业更多的利润支配权,以激励垄断企业不断降低成本,提高效率。

(二)"标杆电价"改革

为了克服垄断定价方式的缺陷,2004 年后我国对新建成投产的电厂实行统一的标杆电价,以此作为向市场化"竞价上网"改革的过渡。"标杆电价"的制定,是在经营期电价核定的基础上,对新建发电项目实行按区域或省平均成本统一定价。

"标杆电价"的推行实现了两大突破,一是突破了国家高度集中的行政审批模式,实现了电价从计划定价逐步向市场定价的过渡。二是突破了"一厂一价"的电价定价方法,实现了从个别成本定价过渡到社会平均成本定价的跨越。上网标杆电价根据区域内发电企业的平均成本(投资成本和生产成本)制定,改变了以往还本付息电价和经营期电价机制下"高来高去、电价找齐"的成本无约束状态,遏制了电力造价成本的上升,"十一五"期间我国火电造价出现明显下降。

尽管"标杆电价"仍然是一种行政定价,但它改变了过去的"个别成本"定价和"事后定价"机制,通过提前向社会公布标杆电价,为投资者提供明确的电价水平,稳定了投资者预期,为投资决策提供了价格信号,因此"标杆电价"作为我国电力体制改革过渡期的电价机制,具有一定的合理性。

(三)煤电联动机制试水

"煤电联动"机制是指上网电价随发电燃料成本上涨进行动态调整的机制,它是反映我国电力市场供需和能源资源成本变化、有利于形成电价市场化的一种过渡机制。2004 年 12 月,国家发改委出台煤电价格联动机制,规定以不少于 6 个月为一个煤电价格联动周期,若周期内平均煤价较前一个周期变化幅度达到或超过 5%,便相应调整电价。然而此后电煤价格一路飙涨,电价在"联动"了几次后不得不停止,从而使"标杆电价"失去了调整依据。由于电价的调整幅度低于煤价成本的上涨,火电企业出现亏损,发电越多亏损越大,最终导致全国多省市频繁发生电力企业发电不足的"软缺电"现象,电力产业的可持续发展受到了较大影响。

(四)"阶梯电价"改革

在销售电价改革方面,四川等部分省多年前就开始实行"阶梯电价",针对城乡居民家庭不同的用电量水平,制定"阶梯递增型"电价,其核心是区分居民用电需求中的基本和非基本部分,对居民基本用电需求实行较低电价,而对非基本用电部分，按市场机制实行较高电价。从2012年7月起，“阶梯电价”改革试点在全国各省市全面推行。

目前全国城乡居民用电量仅占全社会用电量的10%左右，因此对这部分销售电价的改革绝非电价改革重点。事实上，我国各地区现行目录销售电价共有八类，即居民生活电价、非居民照明电价、普通工业电价、大工业电价、商业电价、生产电价、贫困县农业排灌电价和趸售电价。问题是，在电网公司输配售一体化高度垄断的现状下，输电、配电成本根本无法核清，政府每一次对销售电价的上调都会触动社会敏感神经，引发社会公众关于电价高低的质疑和误解。

（五）电价改革的目标和任务

电价改革是一场涉及电力竞争最核心环节的改革，从市场交易主体到交易模式，都面临根本性的变化。根据2005年国家发改委颁布的《上网电价管理暂行办法》《输配电价管理暂行办法》和《销售电价管理暂行办法》，我国的电价改革的总体目标是，发电、售电价格由市场竞争形成，输电价格、配电价格由政府制定。在发电环节全面引入竞争机制，形成“竞价上网”。销售电价在环节允许全部用户自由选择供电商的基础上，由市场定价，输配电价由政府价格主管部门按“合理成本、合理盈利、依法计税、公平负担”原则制定，并逐步实现政府定价的规范化、科学化。

电价改革的根本目的，是建立能够动态反映资源环境成本和市场供求关系的电价形成机制，这是一种市场化机制。而实行水能资源有偿使用应是电价市场化改革的前提和基础。垄断企业不能一边免费享用国有水能资源，一边幻想期待资源品涨价带来更大收益。煤炭资源开发权已实行有偿出让，而水能资源仍无偿取得，水电价格形成机制根本无法建立。当前“市场煤”与“计划电”之间的矛盾日益尖锐，倒逼电价形成机制加快市场化改革步伐。在这种紧迫形势下，对水能资源征收资源价款和水能资源税费，将水能资源成本计入水电价格成本，是合理的、必然的。当水能资源成本稀缺、开发环境成本加大、市场电力需求增加过快时，水电价格将随之上涨，从而在电价与资源环境成本、市场供求之间建立起某种函数关系，使电价高低能够及时动态地反映资源环境成本和市场供求关系的变化。否则，等到电力价格形成机制市场化了，水电价格成本关系还没有理顺，再倒过来解决“市场电价”与“计划水能”之间的矛盾，政府将再次陷于被动，影响电价市场化改革进程。

(六)电价联动机制的完善

电价联动机制的本质是使电价能够及时反映资源成本和市场供求关系的变化,即上网电价随发电燃料成本上涨进行动态调整。然而,由于我国煤炭市场价格的持续剧烈飙涨难以完全执行,从2005年5月到2011年12月,上网电价调整共实施了8次,但业界认为,为控制通胀,煤电联动机制没有完全实现市场化,导致火电企业亏损,而民众仍对电价上涨难以理解。因此,未来的电价改革中,需要改进完善电价联动机制。

完善电价联动机制的重要措施,是区分电力的可控成本和不可控成本。对于发电企业面临的资源价格(包括水能资源、煤炭资源)上涨,以及生态环境、移民成本上涨,均应视为资源环境的成本性上涨,是企业经营的不可控成本,这部分直接反映了化石能源、水能资源的稀缺状况,对这些涨价因素应当实行电价联动机制进行有效传导,通过调价全额疏导。而对于企业可控成本,则要定期进行公开性审核,并根据审核结果做出相应的决定。近年来火力发电机组造价大幅下降,由原来的每千瓦6000多元降到每千瓦4000元以下,降幅达到30%以上,使火电企业能够消化以往煤价上涨的30%以上。[①] 这充分说明随着技术进步,电力企业的可控成本总体上是下降的,同时也意味着在竞争性市场环境下,整体电价水平并非一定与燃料等资源价格变动的方向和幅度相同。因此只有在电力企业监管中引入"可控成本"与"不可控成本"概念,并分别采取相应的管控措施,才能使电价改革走出涨价的误区,使改革能够得到广大群众的拥护和支持,使改革成果能够让人民群众受益。

需要强调指出,在"同网同质同价"的电力市场中,如果实行"电价联动"机制,势必造成运行成本低廉的水电与火电的上网电价联动,从而使水电获得更大收益。这部分新增收益是水能资源价值的增值性收益,应当通过一定的转移机制将其归于水能资源的产权所有者,这种机制就是征收水能资源税。水能资源税的定位本质上是当水电价格超过一定的上限后,对水电企业征收的特别收益金(暴利税),使水能资源的增值成为社会公共财富而不是企业的超额垄断利润。

① 刘树杰. 基于可持续发展的电价政策体系研究[J]. 经济纵横,2009(6):29.

三、建立公共资源收益全民共享机制

建立水能资源有偿使用制度，有偿出让水能资源开发权后，在企业取得经营权的有效期内，水能资源这种公共性资源就转化成了水电企业的经营性资产。而出让水能资源开发经营权取得的收益，即水能资源价款（开发权出让金）收益就属于公共资源出让的收益，与土地出让金、矿产资源出让金、水资源费一样，属于全体国民，因此应当对这些公共资源出让收益实行全民共享。

只有建立公共资源出让收益的全民共享机制，才能激发改革的动力，消除“市场化改革等于涨价”的心理预期，使改革得到社会公众更充分的理解，更广泛的拥护和支持。在广大群众为资源产品价格上涨买单，支付改革的成本后，更要让改革的收益全民共享，这是扭转收入分配严重失衡的关键，是建立公平、和谐社会的根本。要避免改革沦为垄断企业的“盛宴”，沦为公共资源（包括国有资产）收益流失的挡箭牌，沦为官商腐败的温床，对公共资源出让就必须公正公平，公共资源出让金收益及其使用必须公开透明，并将其纳入公共财政范畴，实行统一预算管理。

（一）公共资源使用权出让必须公平

长期以来，公共资源的经营权大多是无偿划拨给国有垄断企业，这些资源成为垄断企业的经营性资产，而民营企业要进入这些垄断领域，往往会遭遇“玻璃门”和“弹簧门”，前者是指表面看来没什么政策障碍，实际上却门槛森严难以进入，后者是指即使侥幸进入，也因不能公平竞争不得不退出。近年经济领域出现的“国进民退”现象主要集中在公共资源领域。因此，要让公共资源收益全民共享，首先是要公平出让公共资源经营权，采用公开拍卖竞标方式，规范公共资源出让程序。

对公共资源的使用权实行公开拍卖竞标，也称为特许经营权招标，是在公共资源领域引入竞争机制的一种重要方式。自 1968 年德姆塞茨（H. Demsetz）提出特许经营权竞争理论以来，发达国家已普遍将其运用于垄断行业的规制改革实践中。特许经营权竞争理论提出，通过招标拍卖的形式让更多企业参与竞争，在相同的质量要求下，可以由成本报价最低（或资源出价最高）的企业取得独家经营权。通过市场公开竞价，用“市场的竞争”代替“市场内的竞争”，提高垄断市场的可竞争性。由于这种特许经营权通常都有一定的年限规定，潜在的竞争者将促使垄断企业不断提高经营效率，同时也使政府获得更多的成本监管信息,从而使定价建立在市场竞争基础上,而不再是行政定价。

BOT特许经营方式是公共资源开发权竞标出让的一种重要方式,即建设—经营—转让方式,这种方式要求政府通过招标等方式寻找公共资源开发最佳投资商,在协定的经营合同期内,特许授权该项目公司负责设计、建设和经营管理,允许其通过经营所得回收投资成本。当协议的特许经营期满后,再将项目无偿转交给政府。BOT方式在我国市政供水、交通建设等方面已有较多的实践,在能源建设方面也应当积极推行。梁武湖等(2004)提出,水电资源开发特许权经营是市场经济发展的需要,是水电发展的制度创新,能够充分体现公共资源出让的公开、公正、公平原则,有利于提高资源配置效率。我国在其他领域实施特许权经营方面积累了宝贵的经验,相比而言,实行水电资源开发特许权经营已经具备了条件。[①] 钟姗姗(2011)等分析了水电BOT项目特许权期的影响因素,研究了水电BOT特许经营权期限的决策问题,为在实施水电BOT项目中政府规避合同风险提供了思路。

浙江省、四川省等部分省探索的中小流域水能资源开发权出让,虽然不是BOT方式,但本质上属于特许经营权招标方式。实践证明,只要加强水能资源开发市场的监督和管理,公开竞标是加快水能资源开发效率最有效的重要方式。这种方式的实施对象不应再局限于民营企业之间的角逐,对国有垄断企业之间、民营企业与国有企业之间的角逐也同样适用,这必然打破现有的水能资源开发权垄断格局,对过去行政性"圈水"至今"圈而不建"的大型水能资源开发权进行调整,以特许经营权竞标方式重新配置资源。

(二)让资源地和本土居民参与资源开发收益初次分配

自然资源国家所有并不意味着仅仅是中央所有,资源地政府和人民作为国家的一部分,也应当分享资源开发的收益。资源国有是一种人为的法权关系,不能改变当地居民和身边自然资源与生俱来的天然依赖关系,他们对本土资源开发的利益也寄予了更多的期望,同时又是开发带来的生态环境成本和代际利益受损的直接承受者。因此,在资源与当地居民的权益关系中,习惯法权的约束强于制度法权,当地人应参与开发利益初次分配,如此才能调动当地居民对大型资源开发工程的支持。

① 梁武湖,马光文,王黎.关于水电开发特许经营的探讨[J].水力发电学报,2004(3).

自然资源开发利用与当地居民有极密切的环境和经济利益关系，在自然资源开发过程中，不仅应考虑当地居民的各种利益，也应赋予当地政府更多的本地区自然资源使用权。可将资源产权按照中央国有产权、地方国有产权、企业产权和自然人产权分解开来，经过科学计算，使各方均获得一定比例的产权。由中央政府、地方政府、开发企业、当地居民和移民，按照各自在资源产权中所占的比例入股，并根据需要吸收社会资本参股，按照现代企业制度在资源开发地成立规范的股份制公司，各自根据其所占股份的多少获得收益。

（三）将公共资源收益纳入公共财政预算

对土地资源、矿产资源、水能资源等公共资源的出让金收益，应当全额收归财政，纳入财政预算管理中，这是实现公共资源收益全民共享的前提。不能继续将资源价款（出让金收益）以及各种资源费的使用局限于部门“专款专用”范围，或仅仅用于垄断行业内部的扩大再生产、资本金投入。公共资源的出让收益，除用于对资源补偿、生态补偿以及对利益受损群体（如移民）的经济补偿外，其余部分都应当用于公共财政的民生性支出、公益性支出，如社保支出、教育支出、公共医疗支出等，并将各项收支情况定期审计公布。

结　论

改革开放特别是电力体制改革以来,市场竞争机制在能源生产领域开始发挥重要作用。进入21世纪后,中国水能资源开发加速推进,为资源开发权和使用权的市场化、有偿化带来了机遇。这个时期是政府改变水能资源配置方式,发挥市场配置资源的基础作用,调整完善资源收益分配关系的有利时机。

本书对我国水能资源开发现状和国内外水能资源管理制度进行深度剖析,在此基础上提出了建立健全水能资源有偿使用制度的一系列政策建议。

一、发挥市场配置资源作用,调整资源收益分配关系

由于长期不合理的资源配置方式和管理制度,导致围绕水能资源开发产生的各种社会矛盾,特别是移民安置、生态影响、资源收益分配等方面问题十分突出,而“水能资源无价”和“水电低价”的普遍现实制约着这些问题的根本解决。大型水电央企对水能资源开发权的无偿垄断,是公共资源分配的极大不公平,备受资源所在地政府和群众诟病。

建议国家在西部地区率先建立水能资源有偿使用制度,发挥市场机制在水能资源配置中的基础作用。加快政策探索,首先将四川、云南省境内的金沙江、雅砻江、大渡河、怒江干流作为试点流域,实行开发权有偿出让,再逐步扩展到澜沧江、红水河、乌江、黄河上游等其他西部流域省区,最后在全国十三大水电基地普遍推行。

二、完善水能资源有偿使用的财税制度体系

水能资源有偿使用的财税制度体系由水能资源费、水能资源价款、水能资源税三项相互配套的税费征收制度构成,要形成与国家能源资源有偿使

用制度相呼应,与资源管理的税费制度相衔接,能够充分体现水能资源经济租的完整制度体系。其中一项税费制度的设计会牵制另一项税费制度的相应调整,各项税费制度之间要相互协调,使税费功能互补,以充分体现水能资源的所有权权益,实现水能资源经济租收益。同时要兼顾制度的执行成本,制定资源税费的合理分配和使用管理制度。

(一)全面征收水能资源价款

水能资源价款是水能资源开发权有偿出让的一次性权利金,是国家作为水能资源所有者出让开发权取得的资源租金。应在总结各省市试点经验的基础上,通过科学评估水能资源开发权出让价值,在西部地区全面推行开发权有偿出让制度,使其实施范围逐步覆盖所有水电开发流域。征收资源价款对象应从民营水电企业逐步扩大到国有垄断电力企业,从单个电源点开发权出让逐步推向整条流域梯级出让,使水能资源价款征收制度从地方性小水电法规尽快上升到国家水能资源管理制度的层面,从而为建立充分反映水能资源稀缺价值、市场供求关系和生态环境成本的水电价格形成机制,为建立"竞价上网"的电力市场竞争机制奠定良好基础。

(二)将水电水资源费更名为"水能资源费"

目前对水电企业征收的水资源费存在"名不符实"的问题,且每千度发电量仅征收3~8元的费率标准过低。建议将水能资源费单列,从水资源费中分离出来,仍然由水资源行政管理部门负责征收,并适当提高费率标准。水能资源费的使用范围应限定在大规模开发水电的西部流域所属行政区内,主要用于流域生态建设、鱼类资源保护、水电移民后期生产生活扶持等,以体现对水能资源的补偿、对河流生态的补偿以及对库区移民的补偿,从而在水能资源开发中建立资源—生态—移民三大补偿机制。

(三)按累进税率设立水能资源税

税收是国家调节收益分配的重要手段。建议根据水能资源的优劣条件对水电站的超额利润征收水能资源税,即当水电站收益达到一定的累进率后实行分级征收。水能资源税应作为地方税入库地方财政,以体现地方政府对水能资源的权益。也可按国外的"跨州税"性质设计水能资源税,即只针对输出外省的电量销价部分,按固定税率实行"从价定率"征收,以此实现对水能资源地生态环境和经济利益的补偿。

三、加快推进相关配套改革措施

(一)准确把握改革时机

要综合考虑国内通胀控制形势,能源市场供需变化,以及宏观经济运行周期,把握水电上网电价和销售电价上调的有利时机,果断推出能源资源管理财税制度的改革举措,以降低改革风险和阻力。

(二)深化电力体制改革

建立平等竞争的市场机制,在确保国家用电安全的情况下,放宽市场准入,消除体制壁垒,让更多的民营资本进入,打破电力市场的垄断格局,建立发电企业竞价上网、电网企业竞争输、配、送、销的电力产品销售机制,推进电价形成机制改革。在发电环节全面引入市场竞争,逐步形成"竞价上网"机制。

(三)建立水能资源收益共享机制

建立公共资源出让收益的全民共享机制,激发改革的动力,消除"市场化改革等于涨价"的心理预期,使改革得到社会公众更充分的理解,更广泛的拥护和支持。在广大群众为资源产品价格上涨买单、支付改革成本后,更要让改革的收益全民共享,这是扭转资源分配失衡的关键,是建立公平、和谐社会的根本。水能资源开发权出让要公平、公正,政府对水能资源收益及其分配使用必须公开透明,将其纳入公共财政范畴,实行统一预算管理。

(四)科学评估水能资源开发权价值

水能资源开发权价值不等于资源价值本身,对两者的评估分别适用不同的模型和测算方法。在水能资源开发权出让价值评估以及资源价款制定中,既要以水能资源价值为依据,充分维护资源所有者的资产权益,避免国有资产流失,又要综合考虑影响水能资源价值发挥的各方面因素和不确定性风险,切实保障投资者获得合理的投资收益。本书运用替代成本法对西部20座特大水电站进行了评估,其结论是,水能资源开发权出让底价平均值为160元/千瓦,占单位电能开发投资额的2.2%,占单位电能50年发电收益的0.73%。因此全面征收水能资源开发权价款对水电开发成本的影响,对水电价格的影响都是十分有限的。

附录　中央和地方水能资源有偿使用制度的主要法律法规

附 1

取水许可和水资源费征收管理条例

中华人民共和国令第 460 号

第一章　总则

第一条　为加强水资源管理和保护，促进水资源的节约与合理开发利用，根据《中华人民共和国水法》，制定本条例。

第二条　本条例所称取水，是指利用取水工程或者设施直接从江河、湖泊或者地下取用水资源。

取用水资源的单位和个人，除本条例第四条规定的情形外，都应当申请领取取水许可证，并缴纳水资源费。

本条例所称取水工程或者设施，是指闸、坝、渠道、人工河道、虹吸管、水泵、水井以及水电站等。

第三条　县级以上人民政府水行政主管部门按照分级管理权限，负责取水许可制度的组织实施和监督管理。

国务院水行政主管部门在国家确定的重要江河、湖泊设立的流域管理机构（以下简称流域管理机构），依照本条例规定和国务院水行政主管部门授权，负责所管辖范围内取水许可制度的组织实施和监督管理。

县级以上人民政府水行政主管部门、财政部门和价格主管部门依照本条例规定和管理权限，负责水资源费的征收、管理和监督。

第四条　下列情形不需要申请领取取水许可证：

（一）农村集体经济组织及其成员使用本集体经济组织的水塘、水库中的水的；

（二）家庭生活和零星散养、圈养畜禽饮用等少量取水的；

（三）为保障矿井等地下工程施工安全和生产安全必须进行临时应急取（排）水的；

（四）为消除对公共安全或者公共利益的危害临时应急取水的；

（五）为农业抗旱和维护生态与环境必须临时应急取水的。

前款第（二）项规定的少量取水的限额，由省、自治区、直辖市人民政府规定；第（三）项、第（四）项规定的取水，应当及时报县级以上地方人民政府水行政主管部门或者流域管理机构备案；第（五）项规定的取水，应当经县级以上人民政府水行政主管部门或者流域管理机构同意。

第五条　取水许可应当首先满足城乡居民生活用水，并兼顾农业、工业、生态与环境用水以及航运等需要。

省、自治区、直辖市人民政府可以依照本条例规定的职责权限，在同一流域或者区域内，根据实际情况对前款各项用水规定具体的先后顺序。

第六条　实施取水许可必须符合水资源综合规划、流域综合规划、水中长期供求规划和水功能区划，遵守依照《中华人民共和国水法》规定批准的水量分配方案；尚未制定水量分配方案的，应当遵守有关地方人民政府间签订的协议。

第七条　实施取水许可应当坚持地表水与地下水统筹考虑，开源与节流相结合、节流优先的原则，实行总量控制与定额管理相结合。

流域内批准取水的总耗水量不得超过本流域水资源可利用量。

行政区域内批准取水的总水量，不得超过流域管理机构或者上一级水行政主管部门下达的可供本行政区域取用的水量；其中，批准取用地下水的总水量，不得超过本行政区域地下水可开采量，并应当符合地下水开发利用规划的要求。制定地下水开发利用规划应当征求国土资源主管部门的意见。

第八条　取水许可和水资源费征收管理制度的实施应当遵循公开、公平、公正、高效和便民的原则。

第九条　任何单位和个人都有节约和保护水资源的义务。

对节约和保护水资源有突出贡献的单位和个人，由县级以上人民政府给予表彰和奖励。

第二章　取水的申请和受理

第十条　申请取水的单位或者个人（以下简称申请人），应当向具有审批权限的审批机关提出申请。申请利用多种水源，且各种水源的取水许可审批机关不同的，应当向其中最高一级审批机关提出申请。

取水许可权限属于流域管理机构的，应当向取水口所在地的省、自治区、直辖市人民政府水行政主管部门提出申请。省、自治区、直辖市人民政府水行政主管部门，应当自收到申请之日起20个工作日内提出意见，并连同全部申请材料转报流域管理机构；流域管理机构收到后，应当依照本条例第十三条的规定作出处理。

第十一条　申请取水应当提交下列材料：

（一）申请书；

（二）与第三者利害关系的相关说明；

（三）属于备案项目的，提供有关备案材料；

（四）国务院水行政主管部门规定的其他材料。

建设项目需要取水的，申请人还应当提交由具备建设项目水资源论证资质的单位编制的建设项目水资源论证报告书。论证报告书应当包括取水水源、用水合理性以及对生态与环境的影响等内容。

第十二条　申请书应当包括下列事项：

（一）申请人的名称（姓名）、地址；

（二）申请理由；

（三）取水的起始时间及期限；

（四）取水目的、取水量、年内各月的用水量等；

（五）水源及取水地点；

（六）取水方式、计量方式和节水措施；

（七）退水地点和退水中所含主要污染物以及污水处理措施；

（八）国务院水行政主管部门规定的其他事项。

第十三条　县级以上地方人民政府水行政主管部门或者流域管理机构，应当自收到取水申请之日起5个工作日内对申请材料进行审查，并根据下列不同情形分别作出处理：

（一）申请材料齐全、符合法定形式、属于本机关受理范围的，予以受理；

（二）提交的材料不完备或者申请书内容填注不明的，通知申请人补正；

（三）不属于本机关受理范围的，告知申请人向有受理权限的机关提出申请。

第三章　取水许可的审查和决定

第十四条　取水许可实行分级审批。

下列取水由流域管理机构审批：

（一）长江、黄河、淮河、海河、滦河、珠江、松花江、辽河、金沙江、汉江的干流和太湖以及其他跨省、自治区、直辖市河流、湖泊的指定河段限额以上的取水；

（二）国际跨界河流的指定河段和国际边界河流限额以上的取水；

（三）省际边界河流、湖泊限额以上的取水；

（四）跨省、自治区、直辖市行政区域的取水；

（五）由国务院或者国务院投资主管部门审批、核准的大型建设项目的取水；

（六）流域管理机构直接管理的河道（河段）、湖泊内的取水。

前款所称的指定河段和限额以及流域管理机构直接管理的河道（河段）、湖泊，由国务院水行政主管部门规定。

其他取水由县级以上地方人民政府水行政主管部门按照省、自治区、直辖市人民政府规定的审批权限审批。

第十五条　批准的水量分配方案或者签订的协议是确定流域与行政区域取水许可总量控制的依据。

跨省、自治区、直辖市的江河、湖泊，尚未制定水量分配方案或者尚未签订协议的，有关省、自治区、直辖市的取水许可总量控制指标，由流域管理机构根据流域水资源条件，依据水资源综合规划、流域综合规划和水中长期供求规划，结合各省、自治区、直辖市取水现状及供需情况，商有关省、自治区、直辖市人民政府水行政主管部门提出，报国务院水行政主管部门批准；设区的市、县（市）行政区域的取水许可总量控制指标，由省、自治区、直辖市人民政府水行政主管部门依据本省、自治区、直辖市取水许可总量控制指标，结合各地取水现状及供需情况制定，并报流域管理机构备案。

第十六条　按照行业用水定额核定的用水量是取水量审批的主要依据。

省、自治区、直辖市人民政府水行政主管部门和质量监督检验管理部门对本行政区域行业用水定额的制定负责指导并组织实施。

尚未制定本行政区域行业用水定额的，可以参照国务院有关行业主管部门制定的行业用水定额执行。

第十七条　审批机关受理取水申请后，应当对取水申请材料进行全面审查，并综合考虑取水可能对水资源的节约保护和经济社会发展带来的影响，决定是否批准取水申请。

第十八条　审批机关认为取水涉及社会公共利益需要听证的，应当向社会公告，并举行听证。

取水涉及申请人与他人之间重大利害关系的，审批机关在作出是否批准取水申请的决定前，应当告知申请人、利害关系人。申请人、利害关系人要求听证的，审批机关应当组织听证。

因取水申请引起争议或者诉讼的，审批机关应当书面通知申请人中止审批程序；争议解决或者诉讼终止后，恢复审批程序。

第十九条　审批机关应当自受理取水申请之日起45个工作日内决定批准或者不批准。决定批准的，应当同时签发取水申请批准文件。

对取用城市规划区地下水的取水申请，审批机关应当征求城市建设主管部门的意见，城市建设主管部门应当自收到征求意见材料之日起5个工作日内提出意见并转送取水审批机关。

本条第一款规定的审批期限，不包括举行听证和征求有关部门意见所需的时间。

第二十条　有下列情形之一的，审批机关不予批准，并在作出不批准的决定时，书面告知申请人不批准的理由和依据：

（一）在地下水禁采区取用地下水的；

（二）在取水许可总量已经达到取水许可控制总量的地区增加取水量的；

（三）可能对水功能区水域使用功能造成重大损害的；

（四）取水、退水布局不合理的；

（五）城市公共供水管网能够满足用水需要时，建设项目自备取水设施取用地下水的；

（六）可能对第三者或者社会公共利益产生重大损害的；

（七）属于备案项目，未报送备案的；

（八）法律、行政法规规定的其他情形。

审批的取水量不得超过取水工程或者设施设计的取水量。

第二十一条　取水申请经审批机关批准，申请人方可兴建取水工程或者设施。需由国家审批、核准的建设项目，未取得取水申请批准文件的，项目主管部门不得审批、核准该建设项目。

第二十二条　取水申请批准后3年内，取水工程或者设施未开工建设，或者需由国家审批、核准的建设项目未取得国家审批、核准的，取水申请批准文件自行失效。

建设项目中取水事项有较大变更的，建设单位应当重新进行建设项目水资源论证，并重新申请取水。

第二十三条　取水工程或者设施竣工后，申请人应当按照国务院水行政主管部门的规定，向取水审批机关报送取水工程或者设施试运行情况等相关材料；经验收合格的，由审批机关核发取水许可证。

直接利用已有的取水工程或者设施取水的，经审批机关审查合格，发给取水许可证。

审批机关应当将发放取水许可证的情况及时通知取水口所在地县级人民政府水行政主管部门，并定期对取水许可证的发放情况予以公告。

第二十四条　取水许可证应当包括下列内容：

（一）取水单位或者个人的名称（姓名）；

（二）取水期限；

（三）取水量和取水用途；

（四）水源类型；

（五）取水、退水地点及退水方式、退水量。

前款第（三）项规定的取水量是在江河、湖泊、地下水多年平均水量情况下允许的取水单位或者个人的最大取水量。

取水许可证由国务院水行政主管部门统一制作，审批机关核发取水许可证只能收取工本费。

第二十五条　取水许可证有效期限一般为5年，最长不超过10年。有效期届满，需要延续的，取水单位或者个人应当在有效期届满45日前向原审批机关提出申请，原审批机关应当在有效期届满前，作出是否延续的决定。

第二十六条　取水单位或者个人要求变更取水许可证载明的事项的，应当依照本条例的规定向原审批机关申请，经原审批机关批准，办理有关变更手续。

第二十七条　依法获得取水权的单位或者个人，通过调整产品和产业结构、改革工艺、节水等措施节约水资源的，在取水许可的有效期和取水限额内，经原审批机关批准，可以依法有偿转让其节约的水资源，并到原审批机关办理取水权变更手续。具体办法由国务院水行政主管部门制定。

第四章　水资源费的征收和使用管理

第二十八条　取水单位或者个人应当缴纳水资源费。

取水单位或者个人应当按照经批准的年度取水计划取水。超计划或者超定额取水的，对超计划或者超定额部分累进收取水资源费。

水资源费征收标准由省、自治区、直辖市人民政府价格主管部门会同同级财政部门、水行政主管部门制定，报本级人民政府批准，并报国务院价格主管部门、财政部门和水行政主管部门备案。其中，由流域管理机构审批取水的中央直属和跨省、自治区、直辖市水利工程的水资源费征收标准，由国务院价格主管部门会同国务院财政部门、水行政主管部门制定。

第二十九条　制定水资源费征收标准，应当遵循下列原则：

（一）促进水资源的合理开发、利用、节约和保护；

（二）与当地水资源条件和经济社会发展水平相适应；

（三）统筹地表水和地下水的合理开发利用，防止地下水过量开采；

（四）充分考虑不同产业和行业的差别。

第三十条　各级地方人民政府应当采取措施，提高农业用水效率，发展节水型农业。

农业生产取水的水资源费征收标准应当根据当地水资源条件、农村经济发展状况和促进农业节约用水需要制定。农业生产取水的水资源费征收标准应当低于其他用水的水资源费征收标准，粮食作物的水资源费征收标准应当低于经济作物的水资源费征收标准。农业生产取水的水资源费征收的步骤和范围由省、自治区、直辖市人民政府规定。

第三十一条　水资源费由取水审批机关负责征收；其中，流域管理机构审批的，水资源费由取水口所在地省、自治区、直辖市人民政府水行政主管部门代为征收。

第三十二条　水资源费缴纳数额根据取水口所在地水资源费征收标准和实际取水量确定。

水力发电用水和火力发电贯流式冷却用水可以根据取水口所在地水资源费征收标准和实际发电量确定缴纳数额。

第三十三条　取水审批机关确定水资源费缴纳数额后，应当向取水单位或者个人送达水资源费缴纳通知单，取水单位或者个人应当自收到缴纳通知单之日起7日内办理缴纳手续。

直接从江河、湖泊或者地下取用水资源从事农业生产的，对超过省、自治区、直辖市规定的农业生产用水限额部分的水资源，由取水单位或者个人根据取水口所在地水资源费征收标准和实际取水量缴纳水资源费；符合规定的农业生产用水限额的取水，不缴纳水资源费。取用供水工程的水从事农业生产的，由用水单位或者个人按照实际用水量向供水工程单位缴纳水费，由供水工程单位统一缴纳水资源费；水资源费计入供水成本。

为了公共利益需要，按照国家批准的跨行政区域水量分配方案实施的临时应急调水，由调入区域的取用水的单位或者个人，根据所在地水资源费征收标准和实际取水量缴纳水资源费。

第三十四条　取水单位或者个人因特殊困难不能按期缴纳水资源费的，可以自收到水资源费缴纳通知单之日起7日内向发出缴纳通知单的水行政主管部门申请缓缴；发出缴纳通知单的水行政主管部门应当自收到缓缴申请之日起5个工作日内作出书面决定并通知申请人；期满未作决定的，视为同意。水资源费的缓缴期限最长不得超过90日。

第三十五条　征收的水资源费应当按照国务院财政部门的规定分别解缴中央和地方国库。因筹集水利工程基金，国务院对水资源费的提取、解缴另有规定的，从其规定。

第三十六条　征收的水资源费应当全额纳入财政预算，由财政部门按照批准的部门财政预算统筹安排，主要用于水资源的节约、保护和管理，也可以用于水资源的合理开发。

第三十七条　任何单位和个人不得截留、侵占或者挪用水资源费。

审计机关应当加强对水资源费使用和管理的审计监督。

第五章　监督管理

第三十八条　县级以上人民政府水行政主管部门或者流域管理机构应当依照本条例规定,加强对取水许可制度实施的监督管理。

县级以上人民政府水行政主管部门、财政部门和价格主管部门应当加强对水资源费征收、使用情况的监督管理。

第三十九条　年度水量分配方案和年度取水计划是年度取水总量控制的依据,应当根据批准的水量分配方案或者签订的协议,结合实际用水状况、行业用水定额、下一年度预测来水量等制定。

国家确定的重要江河、湖泊的流域年度水量分配方案和年度取水计划,由流域管理机构会同有关省、自治区、直辖市人民政府水行政主管部门制定。

县级以上各地方行政区域的年度水量分配方案和年度取水计划,由县级以上地方人民政府水行政主管部门根据上一级地方人民政府水行政主管部门或者流域管理机构下达的年度水量分配方案和年度取水计划制定。

第四十条　取水审批机关依照本地区下一年度取水计划、取水单位或者个人提出的下一年度取水计划建议,按照统筹协调、综合平衡、留有余地的原则,向取水单位或者个人下达下一年度取水计划。

取水单位或者个人因特殊原因需要调整年度取水计划的,应当经原审批机关同意。

第四十一条　有下列情形之一的,审批机关可以对取水单位或者个人的年度取水量予以限制:

(一)因自然原因,水资源不能满足本地区正常供水的;

(二)取水、退水对水功能区水域使用功能、生态与环境造成严重影响的;

(三)地下水严重超采或者因地下水开采引起地面沉降等地质灾害的;

(四)出现需要限制取水量的其他特殊情况的。

发生重大旱情时,审批机关可以对取水单位或者个人的取水量予以紧急限制。

第四十二条　取水单位或者个人应当在每年的 12 月 31 日前向审批机关报送本年度的取水情况和下一年度取水计划建议。

审批机关应当按年度将取用地下水的情况抄送同级国土资源主管部

门,将取用城市规划区地下水的情况抄送同级城市建设主管部门。

审批机关依照本条例第四十一条第一款的规定,需要对取水单位或者个人的年度取水量予以限制的,应当在采取限制措施前及时书面通知取水单位或者个人。

第四十三条　取水单位或者个人应当依照国家技术标准安装计量设施,保证计量设施正常运行,并按照规定填报取水统计报表。

第四十四条　连续停止取水满 2 年的,由原审批机关注销取水许可证。由于不可抗力或者进行重大技术改造等原因造成停止取水满 2 年的,经原审批机关同意,可以保留取水许可证。

第四十五条　县级以上人民政府水行政主管部门或者流域管理机构在进行监督检查时,有权采取下列措施:

(一)要求被检查单位或者个人提供有关文件、证照、资料;

(二)要求被检查单位或者个人就执行本条例的有关问题作出说明;

(三)进入被检查单位或者个人的生产场所进行调查;

(四)责令被检查单位或者个人停止违反本条例的行为,履行法定义务。

监督检查人员在进行监督检查时,应当出示合法有效的行政执法证件。有关单位和个人对监督检查工作应当给予配合,不得拒绝或者阻碍监督检查人员依法执行公务。

第四十六条　县级以上地方人民政府水行政主管部门应当按照国务院水行政主管部门的规定,及时向上一级水行政主管部门或者所在流域的流域管理机构报送本行政区域上一年度取水许可证发放情况。

流域管理机构应当按照国务院水行政主管部门的规定,及时向国务院水行政主管部门报送其上一年度取水许可证发放情况,并同时抄送取水口所在地省、自治区、直辖市人民政府水行政主管部门。

上一级水行政主管部门或者流域管理机构发现越权审批、取水许可证核准的总取水量超过水量分配方案或者协议规定的数量、年度实际取水总量超过下达的年度水量分配方案和年度取水计划的,应当及时要求有关水行政主管部门或者流域管理机构纠正。

第六章　法律责任

第四十七条　县级以上地方人民政府水行政主管部门、流域管理机构或者其他有关部门及其工作人员,有下列行为之一的,由其上级行政机关或者监察机关责令改正；情节严重的，对直接负责的主管人员和其他直接责任人员依法给予行政处分；构成犯罪的，依法追究刑事责任：

（一）对符合法定条件的取水申请不予受理或者不在法定期限内批准的；

（二）对不符合法定条件的申请人签发取水申请批准文件或者发放取水许可证的；

（三）违反审批权限签发取水申请批准文件或者发放取水许可证的；

（四）对未取得取水申请批准文件的建设项目，擅自审批、核准的；

（五）不按照规定征收水资源费，或者对不符合缓缴条件而批准缓缴水资源费的；

（六）侵占、截留、挪用水资源费的；

（七）不履行监督职责，发现违法行为不予查处的；

（八）其他滥用职权、玩忽职守、徇私舞弊的行为。

前款第（六）项规定的被侵占、截留、挪用的水资源费，应当依法予以追缴。

第四十八条　未经批准擅自取水，或者未依照批准的取水许可规定条件取水的，依照《中华人民共和国水法》第六十九条规定处罚；给他人造成妨碍或者损失的，应当排除妨碍、赔偿损失。

第四十九条　未取得取水申请批准文件擅自建设取水工程或者设施的，责令停止违法行为，限期补办有关手续；逾期不补办或者补办未被批准的，责令限期拆除或者封闭其取水工程或者设施；逾期不拆除或者不封闭其取水工程或者设施的，由县级以上地方人民政府水行政主管部门或者流域管理机构组织拆除或者封闭，所需费用由违法行为人承担，可以处 5 万元以下罚款。

第五十条　申请人隐瞒有关情况或者提供虚假材料骗取取水申请批准文件或者取水许可证的，取水申请批准文件或者取水许可证无效，对申请人给予警告，责令其限期补缴应当缴纳的水资源费，处 2 万元以上 10 万元以下罚款；构成犯罪的，依法追究刑事责任。

第五十一条　拒不执行审批机关作出的取水量限制决定，或者未经批准擅自转让取水权的，责令停止违法行为，限期改正，处 2 万元以上 10 万元以下罚款；逾期拒不改正或者情节严重的，吊销取水许可证。

第五十二条　有下列行为之一的，责令停止违法行为，限期改正，处5000元以上2万元以下罚款；情节严重的，吊销取水许可证：

（一）不按照规定报送年度取水情况的；

（二）拒绝接受监督检查或者弄虚作假的。

第五十三条　未安装计量设施的，责令限期安装，并按照日最大取水能力计算的取水量和水资源费征收标准计征水资源费，处5000元以上2万元以下罚款；情节严重的，吊销取水许可证。

计量设施不合格或者运行不正常的，责令限期更换或者修复；逾期不更换或者不修复的，按照日最大取水能力计算的取水量和水资源费征收标准计征水资源费，可以处1万元以下罚款；情节严重的，吊销取水许可证。

第五十四条　取水单位或者个人拒不缴纳、拖延缴纳或者拖欠水资源费的，依照《中华人民共和国水法》第七十条规定处罚。

第五十五条　对违反规定征收水资源费、取水许可证照费的，由价格主管部门依法予以行政处罚。

第五十六条　伪造、涂改、冒用取水申请批准文件、取水许可证的，责令改正，没收违法所得和非法财物，并处2万元以上10万元以下罚款；构成犯罪的，依法追究刑事责任。

第五十七条　本条例规定的行政处罚，由县级以上人民政府水行政主管部门或者流域管理机构按照规定的权限决定。

第七章　附则

第五十八条　本条例自2006年4月15日起施行。1993年8月1日国务院发布的《取水许可制度实施办法》同时废止。

附2

水资源费征收使用管理办法

财综[2008]79号

第一章　总则

第一条　为加强水资源费征收使用管理，促进水资源节约、保护和合理利用，根据《中华人民共和国水法》和《取水许可和水资源费征收管理条例》（国务院令第460号以下简称《条例》）的规定，制定本办法。

第二条　水资源费属于政府非税收入，全额纳入财政预算管理。

第三条　水资源费征收、使用和管理应当接受财政、价格、审计部门和上级水行政主管部门的监督检查。

第二章　征收

第四条　直接从江河、湖泊或者地下取用水资源的单位（包括中央直属水电厂和火电厂）和个人，除按《条例》第四条规定不需要申请领取水许可证的情形外，均应按照本办法规定缴纳水资源费。

对从事农业生产取水征收水资源费，按照《条例》有关规定执行。

第五条　水资源费由县级以上的地方水行政主管部门按照取水审批权限负责征收。其中，由流域管理机构审批取水的，水资源费由取水口所在地省、自治区、直辖市水行政主管部门代为征收。

第六条　按照国务院或其授权部门批准的跨省、自治区、直辖市水量分配方案调度的水资源，由调入区域水行政主管部门按照取水审批权限负责征收水资源费。

其他跨省、自治区、直辖市实施的调水，水资源费的征收机关和资金分配，由相关省、自治区、直辖市人民政府协商确定，并报财政部、国家发展改革委、水利部审核同意后执行。相关省、自治区、直辖市不能协商一致的，由流域管理机构提出意见，报财政部、国家发展改革委、水利部审批确定。

第七条　上级水行政主管部门可以委托下级水行政主管部门征收水资源费。委托征收应当以书面形式授权。

流域管理机构审批取水并由省、自治区、直辖市水行政主管部门代为征收水资源费的，不得再委托下级水行政主管部门征收。

第八条　水资源费征收标准，由各省、自治区、直辖市价格主管部门会同同级财政部门、水行政主管部门制定，报本级人民政府批准，并报国家发展改革委、财政部和水利部备案。其中，由流域管理机构审批取水的中央直属和跨省、自治区、直辖市水利工程的水资源费征收标准，由国家发展改革委会同财政部、水利部制定。

第九条　水资源费缴纳数额根据取水口所在地水资源费征收标准和实际取水量确定。

水力发电用水和火力发电贯流式冷却用水的水资源费缴纳数额，可以根据取水口所在地水资源费征收标准和实际发电量确定。

对开采矿产资源用水，不得按矿产品开采量计征水资源费。

第十条　所有取水单位和个人均应安装取水计量设施。因取水单位和个人原因未安装取水计量设施或者计量设施不能准确计量取水量的，由水行政主管部门按照其最大取水能力核定取水量，并按核定的取水量确定水资源费征收数额。

第十一条　本办法第五条、第九条规定的取水口跨省、自治区、直辖市界的，其取水口所在地由流域管理机构与相关省、自治区、直辖市水行政主管部门协商确定，并报水利部备案；不能协商一致的，由流域管理机构提出意见报水利部审批确定。

第十二条　水资源费按月征收。

取水单位和个人应按月向负责征收水资源费的水行政主管部门报送取水量（或发电量）。

负责征收水资源费的水行政主管部门按照核定的取水量（或发电量）和规定的征收标准，确定水资源费征收数额，并按月向取水单位和个人送达水资源费缴纳通知单。缴纳通知单应载明缴费标准、取水量（或发电量）、缴费数额、缴费时间和地点等事项。其中，流域管理机构审批取水的，取水量（或发电量）由取水口所在地省、自治区、直辖市水行政主管部门商流域管理机构核定。

取水单位和个人应当自收到缴纳通知单之日起7日内办理缴款手续。

第十三条　取水单位和个人申请缓缴水资源费，按照《条例》第三十四条的规定执行。

第十四条　县级以上地方水行政主管部门征收水资源费，应到指定的价格主管部门申领《收费许可证》，并使用省、自治区、直辖市财政部门统一印制的财政票据。

第三章　缴库

第十五条　除南水北调受水区外，县级以上地方水行政主管部门征收的水资源费，按照1∶9的比例分别上缴中央和地方国库。

南水北调受水区的北京市、天津市、河北省、江苏省、山东省、河南省因筹集南水北调工程基金，其水资源费在中央与地方之间的划分，按照《国务院办公厅关于印发的通知》(国办发[2004]86号)的规定执行。

省、自治区、直辖市以下各级之间水资源费的分配比例,由各省、自治区、直辖市财政部门确定。

第十六条　对跨省、自治区、直辖市水利水电工程,水资源费在相关省、自治区、直辖市之间的分配比例,由相关省、自治区、直辖市人民政府协商确定,并报财政部、水利部审核同意后执行。相关省、自治区、直辖市不能协商一致的,由流域管理机构综合考虑水利水电工程上下游、左右岸关系等情况,商相关省、自治区、直辖市人民政府提出分配比例的意见,报财政部、水利部审批确定。

对三峡电站水资源费的资金解缴和分配,由财政部会同水利部提出意见,报请国务院确定。

第十七条　水资源费实行就地缴库。

负责征收水资源费的水行政主管部门填写"一般缴款书",随水资源费缴纳通知单一并送达取水单位或个人,由取水单位或个人持"一般缴款书"在规定时限内到商业银行办理缴款。在填写"一般缴款书"时,上缴中央国库收入部分,"财政机关"栏填写"财政部","预算级次"栏填写"中央级","收款国库"栏填写实际收纳款项的国库名称;上缴地方国库收入部分,按照各省,自治区、直辖市确定的地方各级水资源费分配比例,分别填写相应的财政机关、预算级次和国库名称。

第十八条　水资源费收入在"政府收支分类科目"列第103类"非税收入"02款"专项收入"02项"水资源费收入",作为中央和地方共用收入科目。

第十九条　各省、自治区、直辖市财政部门和水行政主管部门要确保将中央分成的水资源费及时足额上缴中央国库。

财政部驻各省、自治区、直辖市财政监察专员办事处负责监缴上缴中央国库的水资源费。

第四章　使用管理

第二十条　水资源费全额纳入财政预算管理,由财政部门按照批准的部门预算统筹安排。其中,中央分成的水资源费纳入中央财政预算管理,省、自治区、直辖市以下各级分成的水资源费纳入地方同级财政预算管理。

第二十一条　资源费专项用于水资源的节约、保护和管理,也可以用于水资源的合理开发。任何单位和个人不得平调、截留或挪作他用。使用范围包括：

（一）水资源调查评价、规划、分配及相关标准制定；

（二）取水许可的监督实施和水资源调度；

（三）江河湖库及水源地保护和管理；

（四）水资源管理信息系统建设和水资源信息采集与发布；

（五）节约用水的政策法规、标准体系建设以及科研、新技术和产品开发推广；

（六）节水示范项目和推广应用试点工程的拨款补助和贷款贴息；

（七）水资源应急事件处置工作补助；

（八）节约、保护水资源的宣传和奖励；

（九）水资源的合理开发。

第二十二条　县级以上水行政主管部门会同有关部门按规定编制水资源费收支预算，并纳入部门预算报同级财政部门审核。

财政部门按照县级以上水行政主管部门会同有关部门履行水资源节约、保护、管理职能以及水资源合理开发等需要，核定预算支出。其中，用于水资源开发涉及固定资产投资的，要纳入固定资产投资计划统筹安排使用。

资金支付按照财政国库管理制度有关规定执行。

第二十三条　水资源费支出在“政府收支分类科目”列第213类“农林水事务”03款“水利”31项“水资源费支出”。

第五章　违规处理

第二十四条　取水单位和个人违反本办法规定，拒不缴纳、拖延缴纳或者拖欠水资源费的，依照《中华人民共和国水法》第七十条规定处罚。取水单位和个人对处罚决定不服的，可以依法申请行政复议或提起行政诉讼。

第二十五条　水资源费的征收、使用及管理部门和单位违反本办法规定，多征、减征、缓征、停征，或者侵占、截留、挪用、坐收坐支水资源费的，由财政部门、价格主管部门和审计部门按照各自职责依照相关法律、法规进行处罚，对直接负责的主管人员和其他直接责任人员依照《违反行政事业性收费和罚没收入收支两条线管理规定行政处分暂行规定》（国务院令第281号），给予行政处分。构成犯罪的，依法追究刑事责任。

第六章　附则

第二十六条　各省、自治区、直辖市根据本办法制定具体实施办法，并报财政部、国家发展改革委、水利部备案。

第二十七条　本办法由财政部、国家发展改革委、水利部负责解释。

第二十八条　本办法自2009年1月1日起执行。

附3

国家发展改革委、财政部、水利部

关于中央直属和跨省水利工程水资源费征收标准及有关问题的通知

发改价格[2009]1779号

各省、自治区、直辖市发展改革委、物价局、财政厅(局)、水利(水务)厅(局),各流域机构:

为推进水价改革,促进水资源节约和保护,根据《取水许可和水资源费征收管理条例》(国务院令第460号)有关规定,现就中央直属和跨省、自治区、直辖市水利工程的水资源费征收标准及有关问题通知如下:

一、制定水资源费征收标准的基本原则;

(一)促进水资源的合理开发、利用、节约和保护;

(二)与水资源条件和经济社会发展水平相适应,并充分考虑不同产业和行业的差别;

(三)保持同类性质用水水资源费征收标准的统一性,维护公平的市场环境。

二、由流域管理机构审批取水的中央直属和跨省、自治区、直辖市水利工程的水资源费征收标准,由国家发展改革委会同财政部、水利部制定和调整。

其他水利工程的水资源费征收标准,由省、自治区、直辖市价格主管部门会同同级财政、水行政主管部门制定和调整,报本级人民政府批准,并报国家发展改革委、财政部、水利部备案。

三、由流域管理机构审批取水的中央直属和跨省、自治区、直辖市水利工程的水资源费征收标准为:

（一）供农业生产用水暂免征收水资源费。

（二）供非农业用水（不含供水力发电用水）暂按取水口所在地现行标准执行。

（三）水力发电用水为每千瓦时0.3～0.8分钱，其中，取水口所在地省、自治区、直辖市制定的同类水力发电用水水资源费征收标准低于每千瓦时0.3分钱的，按0.3分钱执行；高于0.8分钱的，按0.8分钱执行；在0.3～0.8分钱之间的，维持不变。抽水蓄能发电用水暂免征收水资源费。

四、中央直属和跨省、自治区、直辖市水利工程单位（企业）缴纳的水资源费计入生产成本。

五、各地不得越权出台涉及中央直属和跨省、自治区、直辖市水电企业的新的行政事业性收费项目。

六、中央直属和跨省、自治区、直辖市水利工程名录，由水利部商国家发展改革委、财政部确定并公布。

七、上述规定自2009年9月1日起执行。

国家发展改革委

财政部

水利部

二〇〇九年七月六日

附4

贵州省水能资源使用权有偿出让办法

贵州省人民政府令第100号

第一条　为了加强水资源管理，合理开发、利用和保护水能资源，根据《中华人民共和国水法》《贵州省实施〈中华人民共和国水法〉办法》和有关法律、法规，结合本省实际，制定本办法。

第二条　本省行政区域内水能资源使用权有偿出让，适用本办法。

本办法所称水能资源，是指利用江河、湖泊等水体的能量进行水力发电的水资源。

第三条　水能资源使用权实行有偿出让，遵循公开、公平、公正的原则，采取招标、拍卖、挂牌等方式进行。

第四条　水能资源属于国家所有。单位或个人开发、利用水能资源，应当依法取得水能资源使用权，缴纳水能资源使用权出让金。

鼓励单位、个人依法开发利用水能资源，其合法权益受法律保护。

第五条　水能资源开发、利用应当符合水资源规划、水利发展中长期规划以及土地利用总体规划等规划，并与国民经济和社会发展总体规划相协调；应当保护生态环境，兼顾防洪、供水、灌溉、航运、竹木流放和渔业需要。

第六条　县级以上人民政府水行政主管部门按照规定的权限，负责本行政区域内水能资源使用权有偿出让的管理和监督工作。

第七条　水能资源使用权有偿出让，按照下列管理权限实行分级负责：

（一）长江流域的乌江、三岔河、六冲河、清水河、芙蓉江、赤水河、清水江、㵲阳河以及珠江流域的黄泥河、北盘江、濛江、都柳江、南盘江、红水河干流，由省人民政府水行政主管部门负责；

（二）跨行政区域河流，由其共同的上一级人民政府水行政主管部门负责；

（三）其他河流，由所在地县级人民政府水行政主管部门负责。

国家规定由流域管理机构管理的，从其规定。

第八条　县级以上人民政府水行政主管部门应当组织有关部门拟定水能资源使用权有偿出让实施方案，经同级人民政府同意后，报上一级人民政府水行政主管部门备案。

实施方案包括下列内容：

（一）项目名称；

（二）工程规模、初步选址、开发方式；

（三）项目基本经济技术条件；

（四）使用年限；

（五）使用权有偿出让金；

（六）投标人、竞买人（以下简称竞投者）应当具备的条件；

（七）保障措施；

（八）其他规划、建设条件。

第九条　县级以上人民政府水行政主管部门应当委托有资质的中介机

构，按照下列规定对水能资源使用权出让进行评估论证后编制底价。底价及其编制过程必须严格保密。

（一）单位电能投资不足1元/千瓦时的项目，出让底价不得低于项目总投资的5%；

（二）单位电能投资在1元/千瓦时以上、不足1.5元/千瓦时的项目，出让底价不得低于项目总投资的3%；

（三）单位电能投资在1.5元/千瓦时以上、不足2元/千瓦时的项目，出让底价不得低于项目总投资的2%；

（四）单位电能投资在2元/千瓦时以上的项目，出让底价不得低于项目总投资的1%。

单位电能投资，是指项目总投资与项目设计多年平均年发电量的比值。

第十条　县级以上人民政府水行政主管部门应当在水能资源有偿出让30日前，通过媒体向社会发布招标、拍卖或者挂牌公告。

公告包括下列内容：

（一）项目情况简介；

（二）出让方式；

（三）竞投者条件要求；

（四）索取出让文件的时间、地点、方式；

（五）招标拍卖挂牌时间、地点，投标和竞价方式等；

（六）确定中标人、竞买人的标准和方法；

（七）投标、竞买保证金；

（八）其他需要公告的事项。

第十一条　竞投者应当在公告规定的时间内，到有管理权的县级以上人民政府水行政主管部门进行登记。

有3家以上竞投者登记的，采取公开招标或者拍卖出让方式；少于3家的，采取挂牌出让方式。

第十二条　采取招标方式出让水能资源使用权的，按照招标投标法规定的程序进行。

采取拍卖方式出让水能资源使用权的，按照拍卖法规定的程序进行。

采取挂牌方式出让水能资源使用权的，按照省人民政府水行政主管部门的规定进行。

第十三条 中标人或者拍卖、挂牌买受人，应当自出让结果确定之日起30日内，与县级以上人民政府水行政主管部门签订水能资源使用权有偿出让合同，缴纳水能资源使用权出让金；县级以上人民政府水行政主管部门应当自收到水能资源使用权出让金之日起20日内，办结相关手续并颁发水能资源使用权证。

县级以上人民政府有关部门应当为取得水能资源使用权证的单位和个人依法办理水能资源开发、利用有关手续。

水能资源使用权的年限为50年，从取得水能资源使用权证之日起计算。

水能资源使用权证由省人民政府水行政主管部门统一印制。

第十四条 县级以上人民政府水行政主管部门应当在水能资源使用权招标、拍卖或者挂牌出让结束后15日内，向同级人民政府和上一级人民政府水行政主管部门提交招标、拍卖或者挂牌情况的书面报告。

第十五条 水能资源使用权出让金，由县级以上人民政府水行政主管部门收取，并按照下列比例分别缴交各级国库：

（一）省人民政府水行政主管部门收取的，按照省40%、市（州、地）30%、县（市、区）30%的比例缴交；

（二）市（州、地）人民政府（行署）水行政主管部门收取的，按照省30%、市（州、地）40%、县（市、区）30%的比例缴交；

（三）县（市、区）人民政府水行政主管部门收取的，按照省30%、市（州、地）30%、县（市、区）40%的比例缴交。

跨行政区域河流的，由其共同的上一级人民政府水行政主管部门按照前款第（一）项、第（二）项规定的比例缴交。

第十六条 水能资源使用权出让金作为水利专项资金，主要用于水资源的节约、保护管理和水利基础设施建设，也可以用于水资源的合理开发，不得挪作他用，并接受财政、审计等部门的监督检查。

第十七条 水能资源使用权有偿出让合同文本，由省人民政府水行政主管部门制定。

合同文本应当包括下列内容：

（一）水能资源使用权出让范围和使用权年限；

（二）使用权出让金数额和缴纳方式；

（三）开发、利用条件和双方的权利义务；

（四）开工时间和建成投产时间；

（五）使用权的转让和终止；

（六）争议的解决办法；

（七）违约责任；

（八）双方约定的其他事项。

第十八条　水能资源使用权人不按照合同规定的时间开工和建成投产，或者建成投产后连续闲置2年以上的，县级以上人民政府水行政主管部门应当无偿收回使用权。

第十九条　水能资源使用权人已开工建设并且投资额达到总投资额25%以上，需要转让水能资源使用权的，应当向县级以上人民政府水行政主管部门提出申请，说明原因和工程已经实施的状况，经批准后方可办理转让手续。

水能资源使用权转让时，原出让合同中规定的权利和义务随之转移，转让后的使用年限为原使用权人已使用年限后的剩余年限。

第二十条　水能资源使用权人需要延续依法取得的水能资源使用权有效期的，应当在该水能资源使用权有效期届满3个月前，向与之签订有偿出让合同的水行政主管部门提出申请。

有关水行政主管部门应当自收到申请之日起20日内，根据期满时的水资源规划、水利发展中长期规划以及土地利用总体规划等规划的要求进行审查。对符合条件的，作出准予延续使用的书面决定；对不符合条件的，作出不准予延续使用的书面决定并说明理由。

获准延续水能资源使用权的使用权人，应当自接到批准决定之日起30日内，到有管理权的县级以上人民政府水行政主管部门重新签订出让合同，缴纳水能资源使用权出让金。有关水行政主管部门应当在收到水能资源使用权出让金之日起20日内颁发水能资源使用权证。

第二十一条　水能资源使用权期满3个月前，使用权人不申请延续或者申请延续未获准的，有关水行政主管部门应当在期满后无偿收回使用权，并依照本办法的规定有偿出让水能资源使用权。

因公共利益需要提前收回水能资源使用权的，应当依法对使用权人给予补偿。

第二十二条　水能资源使用权人应当服从县级以上人民政府水行政主

管部门以及防汛抗旱指挥机构在防汛、抗旱时期的统一调度、指挥，定期对生产设施、设备进行运行维护和更新改造，保证生产设施、设备良好运转。

第二十三条　未取得水能资源使用权开发、利用水能资源或者违反本办法规定，擅自转让水能资源使用权的，由县级以上人民政府水行政主管部门依照《贵州省实施〈中华人民共和国水法〉办法》第三十条的规定给予行政处罚。

第二十四条　县级以上人民政府水行政主管部门和其他有关部门及其工作人员，在水能资源使用权有偿出让工作中，有下列行为之一，尚不构成犯罪的，对直接负责的主管人员和其他直接责任人员依法给予行政处分：

（一）不按照规定的招标、拍卖、挂牌结果作出水能资源使用权决定的；

（二）不按照规定收取、缴交、使用水能资源使用权出让金的；

（三）不在规定的期限内发放水能资源使用权证的；

（四）不依法办理水能资源开发、利用有关手续的；

（五）不依法履行监督管理职责，造成严重后果的；

（六）索取、收受他人财物的；

（七）其他滥用职权、玩忽职守、徇私舞弊的。

第二十五条　本办法施行前已依法取得水能资源使用权并开发、利用水能资源的单位和个人，应当自本办法施行之日起6个月内按照本办法的有关规定，与县级以上人民政府水行政主管部门签订水能资源使用权有偿出让合同，领取水能资源使用权证，并按照本办法第九条规定的出让底价，缴纳自本办法施行之日起至水能资源使用权期满时止的水能资源使用权出让金。未缴纳的，按照《贵州省实施（中华人民共和国水法）办法》第三十条的规定处理。

第二十六条　本办法自2007年4月15日起施行。

附5

河北省水能资源开发利用管理规定

河北省人民政府令[2011]第13号

第一条　为合理开发利用水能资源,实现水能资源可持续利用,根据《中华人民共和国水法》《河北省实施〈中华人民共和国水法〉办法》和其他有关法律、法规的规定,结合本省实际,制定本规定。

第二条　本省行政区域内装机容量五万千瓦及以下的水能资源开发利用及其监督管理活动,适用本规定。

本规定所称水能资源,是指蕴藏在水中,可以用于水力发电的能量资源。

第三条　水能资源的开发利用,应当在保护生态环境的基础上,遵循统筹规划、合理开发、统一管理、有偿使用的原则。

第四条　县级以上人民政府应当加强水能资源的节约、保护和配置,加大财政投入力度,强化监督管理,提高水能资源利用率,保障水能资源科学有序开发利用。

鼓励单位、个人依法开发利用水能资源,其合法权益受法律保护。

支持水能资源开发利用项目就近供电、自发自用、余电上网。

第五条　县级以上人民政府水行政主管部门负责本行政区域内水能资源开发利用的监督管理工作。

县级以上人民政府发展和改革、环境保护、国土资源、财政、规划、建设、农业、林业、地震等有关部门在各自的职责范围内负责水能资源的相关管理工作。

第六条　县级以上人民政府水行政主管部门负责水能资源的普查和调查评价工作,会同同级人民政府发展和改革等有关部门编制水能资源开发利用规划,报同级人民政府批准后组织实施,并报上一级人民政府水行政主管部门、发展和改革部门备案。

经批准的水能资源开发利用规划需要调整和修改时,应当按规划编制程序经原批准机关批准。

水能资源开发利用规划一经批准,应当向社会公布。

第七条　水能资源开发利用规划的编制，按下列管理权限负责：

（一）省主要河流水能资源开发利用规划，由省人民政府水行政主管部门会同同级有关部门编制；

（二）省内跨行政区域河流或者边界河流的水能资源开发利用规划，由共同的上一级人民政府水行政主管部门会同同级有关部门编制；

（三）其他河流的水能资源开发利用规划，由所在地的县级人民政府水行政主管部门会同同级有关部门编制。

第八条　编制水能资源开发利用规划应当综合考虑经济效益、社会效益、生态效益，经过科学论证，征求有关单位和公众的意见，服从流域综合规划、区域综合规划，与能源发展规划、城乡规划、土地利用总体规划、环境保护规划相协调，并兼顾防洪、供水、灌溉、生态用水和水土保持等方面的需要。

第九条　开发利用水能资源应当严格按水能资源开发利用规划进行。

不符合水能资源开发利用规划的水能资源开发利用项目，有关部门不得审批或者核准。

第十条　开发利用水能资源应当取得开发利用权。新建水能资源开发利用项目的开发利用权，应当遵循公开、公平、公正的原则，通过招标、拍卖、挂牌等方式出让。

水能资源开发利用权的年限不得超过50年。已经开发利用水能资源的项目，开发利用年限自项目取得立项批准文件之日起计算；新建水能资源开发利用项目，开发利用年限自获得水能资源开发利用权之日起计算。

第十一条　省人民政府财政部门应当会同省发展和改革、水利等部门依照国家有关规定，拟定水能资源开发利用权有偿出让管理办法，并按规定报批后执行。

第十二条　水能资源开发利用中，扩大装机容量的，应当提出申请，经批准后方可实施。

第十三条　水能资源开发利用权的确定，按下列管理权限负责：

（一）装机容量在一千千瓦以上（含一千千瓦）或者在省主要河流上开发的，由省人民政府水行政主管部门负责；

（二）装机容量五百千瓦（含五百千瓦）以上、一千千瓦以下的，由设区的市人民政府水行政主管部门负责，报省人民政府水行政主管部门备案；

（三）装机容量五百千瓦以下的，由县级人民政府水行政主管部门负责，报省、设区的市人民政府水行政主管部门备案。

省内跨行政区域河流或者边界河流的水能资源开发利用权的确定，由共同的上级人民政府水行政主管部门负责，报省人民政府水行政主管部门备案。

第十四条　水能资源开发利用权可以转让。取得水能资源开发利用权的单位和个人转让水能资源开发利用权，应当自签订转让合同之日起 30 日内到原出让机关备案。转让后的使用年限为原取得水能资源开发利用权的单位和个人已使用年限后的剩余年限。

未动工或者虽已动工但投入资金未达到建设项目投资总额百分之二十五的，不得转让。

第十五条　水能资源开发利用建设项目应当依法实行法人责任制、工程招标投标制、工程监理制和合同制，其勘测、设计、施工、监理，应当由具备相应资质的单位承担。

第十六条　取得水能资源开发利用权的单位和个人在水能资源开发利用建设项目开工前，应当向有管辖权的人民政府水行政主管部门提交开工申请，经批准后方可开工。

建设项目施工时，应当遵守技术规程，接受水行政主管部门的监督，确保工程质量与安全。

建设项目的竣工验收，应当由有管辖权的人民政府水行政主管部门组织有关部门进行验收，验收合格的方可投入运行。建设项目未经验收或者验收不合格的，不得投入使用。

第十七条　取得水能资源开发利用权的单位和个人有下列情形之一的，由原出让机关依法收回水能资源开发利用权：

（一）自取得水能资源开发利用权之日起，2 年未提交开工申请或经批准开工但 2 年未进行建设的；

（二）工程开工建设后，非因不可抗力停工 1 年或者超过批准竣工期限 3 年未竣工的；

（三）已运行电站停产 3 年未恢复生产的。

第十八条　县级以上人民政府水行政主管部门应当加强对水能资源开发利用项目的建设、安全生产情况的监督检查，及时受理社会公众对水能资源开发利用过程中违法行为的举报，依法查处违法行为，维护水能资源开发利用和防洪、灌溉、供水、生态环境的安全。

第十九条　县级以上人民政府水行政主管部门或者其他有关部门及其工作人员，在水能资源开发利用管理工作中有下列行为之一的，由其上级行政机关或者监察机关责令改正；情节严重的，对直接负责的主管人员和其他直接责任人员依法给予处分；构成犯罪的，依法追究刑事责任：

（一）未按规定编制、调整或者修改水能资源开发利用规划的；

（二）审批或者核准不符合水能资源开发利用规划的水能资源开发利用项目的；

（三）不按规定确定水能资源开发利用权的；

（四）不依法履行水能资源开发利用建设项目开工许可和竣工验收职责的；

（五）有其他玩忽职守、徇私舞弊、滥用职权行为的。

第二十条　违反本规定第十条的规定，未取得水能资源开发利用权擅自开发利用水能资源的，由水行政主管部门依照《中华人民共和国水法》第六十五条的规定予以处罚。

第二十一条　违反本规定第十四条第二款规定的，由水行政主管部门依法收回开发利用权，并处一万元以上三万元以下罚款。

第二十二条　违反本规定第十六条规定的，由水行政主管部门责令停止施工或者运行，限期整改，并处一万元以上三万元以下罚款；造成损失的，依法承担赔偿责任。

第二十三条　本规定自2012年1月1日起施行。

附6

浙江省水电资源开发使用权出让管理暂行办法

第一条　为加强我省水电资源管理，规范水电资源开发使用权的出让，建立公正、公平、公开的投资环境，根据《中华人民共和国水法》和国家的有关法律、法规，结合本省实际，制定本办法。

第二条　水电资源是水资源的重要组成部分,其权属为国家所有。凡在我省境内进行水电资源开发使用权出让,适用本办法。

本办法所称"出让"是指政府将水电资源开发使用权在一定期限内让渡投资开发者的行为。

第三条　水行政主管部门组织实施水电资源开发使用权的出让工作。

水电资源开发使用权出让必须符合规划,并在出让前根据水电建设项目报批管理权限,报经相应的水行政主管部门从规划、取水许可等方面进行核准。涉及其他地区用水权益的,地区之间要达成用水协议,并报共同上级水行政主管部门批准。未经批准的,不得出让水电资源开发使用权。

第四条　积极推行水电资源开发使用权有偿出让,有偿出让采取公开招标、拍卖或协议出让方式。

水电资源开发使用权出让项目,应当充分考虑防洪等公益性要求,对防洪等公益性部分,政府可采取公开竞价方式给予政策性补贴。

第五条　水电资源开发使用权出让前,组织者应当向社会发布公告。

第六条　拟出让的水电资源开发使用权底价和使用年限应当合理确认,作为确定该开发使用权保留价的基本依据。

第七条　水电资源开发使用权的使用年限为30～50年,从获得开发使用权之日起计算。具体期限由各地根据电站性质确定。

第八条　获得水电资源开发使用权的单位和个人,应按下列要求执行:

(一)在获得开发使用权后须在两年内开工建设,五年内建成投产。无正当理由逾期不开发的,由出让者无偿收回开发使用权;

(二)严格执行国家和省有关建设项目报批、建设管理和安全生产的规定;

(三)依法向水行政主管部门办理取水许可申请和换证手续,并按规定缴纳水资源费和小水电管理费等有关规费。

(四)项目建成后,涉及防洪安全、抗旱需要时,必须服从水行政主管部门统一调度和监管。

第九条　依法获得的水电资源开发使用权受法律保护。如因政策变化或规划调整,需提前收回开发使用权的,应给予受让人适当补偿。

第十条　依法获得的水电资源开发使用权,经水行政主管部门批准可在有效期限内进行转让。经批准转让的水电资源开发权使用年限仍从出让的时间算起。

第十一条 水电资源开发使用权有偿出让金是国家资源所有权的体现,应作为专项资金,用于水资源保护、管理、水利工程的建设等,专款专用,不得挪作他用。

第十二条 市、县(市、区)水行政主管部门可结合本地实际,制定本辖区内的水电资源出让和转让管理具体实施办法,报当地人民政府批准。

第十三条 本办法自二〇〇二年十月一日起试行。

第十四条 本办法由省水行政主管部门负责解释。

附 7

吉林省水能资源开发利用权有偿出让若干规定

吉政发[2009]7号

第一条 根据《吉林省水能资源开发利用条例》(以下简称《条例》),结合本省实际,制定本规定。

第二条 水能资源开发利用权有偿出让金的收取主体、收取范围、收取方式、收取标准等,《条例》有规定的,依据《条例》执行;无规定的,按照本规定执行。

第三条 新建水能资源开发利用项目的开发利用权,应当通过招标、拍卖、挂牌方式出让。

县级以上人民政府水行政主管部门或水电管理机构应委托有资质的单位,按照下列规定对列入水能资源开发利用规划的新建项目,进行水能资源开发利用权出让评估论证,并编制底价:

(一)单位电能投资在2.5元/千瓦时及以下的项目,出让底价不低于项目总投资的1.1%;

(二)单位电能投资在2.5元/千瓦时以上的项目,出让底价不低于项目总投资的1%。底价及其编制过程必须严格保密。

单位电能投资,是指项目总投资与项目设计多年平均年发电量的比值。对挂牌出让的水能资源开发利用项目,水能资源开发利用权有偿出让金按最低出让底价收取。

第四条　中标人或拍卖、挂牌买受人，应当自出让结果确定之日起30日内，与县级以上人民政府水行政主管部门或水电管理机构签订水能资源开发利用权有偿出让合同，一次性足额缴纳水能资源开发利用权有偿出让金；县级以上人民政府水行政主管部门或水电管理机构应当自收到水能资源开发利用权有偿出让金之日起20日内，办结相关手续并颁发水能资源开发利用权证。水能资源开发利用权证由省水行政主管部门统一印制。

第五条　水能资源开发利用权的年限为50年，已经开发利用水能资源的项目，开发利用年限自项目建成投产发电之日算起。新建水能资源开发利用项目，开发利用年限自获得水能资源开发利用权之日算起。

第六条　本规定施行前已开发利用水能资源的单位和个人，应当自本规定施行之日起6个月内，与县级以上人民政府水行政主管部门或水电管理机构签订水能资源开发利用权有偿出让合同。并按规定自2008年11月1日开始一次性足额缴纳剩余年限的水能资源开发利用权有偿出让金，领取水能资源开发利用权证。企业一次性缴纳确有困难的，可以提出分期缴纳申请，经水行政主管部门确认并与该企业签订缴纳合同后，按资金增值的原则分期缴纳，具体规定详见下表。

方案	分　期	年　限	每年缴纳出让金
一	一次性缴纳	2009年11月1日前	应缴出让金总额
二	5年	2008年11月1日至2013年11月1日	应缴出让金总额×(1+5‰)÷5
三	10年	2008年11月1日至2018年11月1日	应缴出让金总额×(1+10‰)÷10
四	20年	2008年11月1日至2028年11月1日	应缴出让金总额×(1+15‰)÷20
五	30年	2008年11月1日至2038年11月1日	应缴出让金总额×(1+20‰)÷30
六	40年	2008年11月1日至2048年11月1日	应缴出让金总额×(1+25‰)÷40
七	50年	2008年11月1日至2058年11月1日	应缴出让金总额×(1+30‰)÷50

备注：1. 分期缴纳水能资源开发利用权有偿出让金年限不能大于企业剩余年限。剩余年限为50年减去水电站开始投产发电的年份到2008年年数的差值。

2. 应缴水能资源开发利用权有偿出让金总额为已开发利用水能的企业剩余年限应缴纳的水能资源开发利用权有偿出让金总额。

前款规定的水能资源开发利用权有偿出让金计算公式为：

水能资源开发利用权有偿出让金总额＝装机容量×100元/千瓦×系数。

系数标准:①水电站年均利用小时在2500及以下的取0.9;

②水电站年均利用小时在2500~3500的取1;

③水电站年均利用小时在3500以上的取1.1。

新建水库附属电站及水电站扩大装机容量部分按照前款规定执行。

本规定实施前开发利用水能资源已超过50年的水电站,按本条第二款规定的标准,每年缴纳水能资源开发利用权有偿出让金总额的1/50。

对于抽水蓄能电站在扣除抽水蓄能发电部分后按本条第二款规定计算收取水能资源开发利用权有偿出让金。

对于国际界河上的水电站暂不执行本规定。

第七条　水能资源开发利用权证失效前1个月内,受让人应到原发证机关重新办理水能资源开发利用权证。

第八条　水能资源开发利用权有偿出让金由省、市(州)、县(市、区)水行政主管部门或水电管理机构收取,并按照下列比例分别缴交各级财政:

(一)省人民政府水行政主管部门收取的,按照省40%、市(州)20%、县(市、区)40%的比例缴交;

(二)市(州)人民政府水行政主管部门收取的,按照省20%、市(州)40%、县(市、区)40%的比例缴交;

(三)县(市、区)人民政府水行政主管部门收取的,按照省20%、市(州)20%、县(市、区)60%的比例缴交。

第九条　水能资源开发利用权有偿出让金作为水利专项资金应专款专用。主要用于水能资源管理、调查评价、规划、项目前期准备、新技术推广等,并按照非税收入、票据管理等相关法律、法规的规定执行。

第十条　水能资源开发利用权人需要延续依法取得的水能资源开发利用权有效期的,应当在该水能资源开发利用权有效期届满3个月前,向与之签订有偿出让合同的部门提出申请。

第十一条　水能资源开发利用权人需要转让水能资源开发利用权的,应当向县级以上人民政府水行政主管部门或水电管理机构提出申请,说明原因和工程已经实施的状况。水能资源开发利用权转让时,原出让合同中规定的权利和义务随之转移。

第十二条　本规定由省人民政府水行政主管部门负责解释。

第十三条　本规定自公布之日起生效。

附 8

湖南省人民政府办公厅

关于加强水能资源开发利用管理工作的意见

湘政办发[2009]41 号

各市州、县市区人民政府，省政府各厅委、各直属机构：

为了进一步贯彻落实《湖南省水能资源开发利用管理条例》，经省人民政府同意，现就加强全省水能资源开发利用管理工作提出如下意见：

一、提高认识，依法管理水能资源

水能资源是一种清洁可再生绿色能源。科学开发利用水能资源，对节能减排，促进生态文明建设具有十分重要的意义。各级各有关部门要充分认识加强水能资源开发利用管理工作的重要性。各级政府要立足于水生态平衡的保护，在保护的前提下，科学开发、持续利用，相关部门要各司其职，密切配合，共同做好水能资源开发利用管理工作，确保水能资源科学、合理、有序开发。

二、科学规划，合理开发水能资源

编制水能资源开发利用规划，要以科学发展观为指导，坚持以人为本、全面规划、统筹兼顾、综合利用的原则，要服从流域综合规划、区域综合规划，并与能源发展规划、土地利用总体规划、城市总体规划和环境保护规划等相协调，与防洪、供水、灌溉、生态用水、航运和渔业需要相适应。各级人民政府要加强水能资源开发利用规划管理，确保水能资源开发利用严格依照规划进行，不符合规划的，有关部门不得审批或者核准，任何单位和个人不得擅自开发。

三、严格程序，持续利用水能资源

开发利用水能资源应当依法取得开发利用权（农村集体经济组织的水塘和由其组织修建管理的水库的微水能开发利用除外）。

水能资源开发利用权的确定，应当遵循公开、公平、公正的原则，采取招标、拍卖等方式。总装机 5000 千瓦（湘西地区 10000 千瓦）以上的招标、拍卖方案由省人民政府水行政主管部门制订；总装机 2000 千瓦以上至 5000 千瓦（湘西地区10000千瓦）以下的招标、拍卖方案由市州人民政府水行政主管部门制订，报省人民政府水行政主管部门备案；总装机2000千瓦以下的招标、拍卖方案由县市区人民政府水行政主管部门制订，报市州人民政府水行政主管部门备案；跨行政区的招标、拍卖方案由共同的上一级人民政府水行政主管部门制订；国家规定由流域管理机构管理的，从其规定。招标或拍卖的底价由县级以上人民政府（含县级，下同）水行政主管部门委托有资质的中介机构进行评估确定。

水能资源开发利用权的利用年限为50年。2008年1月1日以后开工建设的项目，其利用年限从开发利用权取得之日起计算。2008年1月1日以前开工建设的项目，其利用年限从2008年1月1日开始计算，但应在本《意见》发布实施之日起半年内到项目所在地县级以上人民政府水行政主管部门登记，免费补办水能资源开发利用权证。水能资源开发利用权证由省人民政府水行政主管部门统一印制。

水能资源开发利用项目在取得水能资源开发利用权后两年内未开工建设，或非因不可抗拒因素影响，开工建设后停工一年以上的，由县级以上人民政府水行政主管部门无偿收回开发利用权。已取得水能资源开发利用权的项目，需要改变开发利用权主体的，应报原批准机关办理变更手续。2008年1月1日以前开工建设的水能资源开发利用项目未通过招标、拍卖方式取得开发利用权的，当水能资源开发利用权实际使用人需要变更时，由县级以上人民政府水行政主管部门按照管理权限采取招标、拍卖等公开方式，重新确定水能资源开发利用权，并重新核定利用年限。禁止擅自转让水能资源开发利用权。水能资源开发利用权招标或拍卖所得属国有资源有偿使用收入，纳入财政预算管理，主要用于水能资源的规划、节约、保护、管理、合理开发和水电基础设施建设，并接受财政、监察、审计等部门的监督检查。

四、规范管理，有效调配水能资源

各级各有关部门要按照有关法律法规规定，进一步规范水能资源开发利用行政许可工作，加强对工程质量和安全的监督管理。水能资源开发利用必须满足防汛抗旱和生产、生活、生态用水的需要，服从水行政主管部门的统一调度。水能资源开发利用项目的经营者要按照有关规定建立健全各项管理制度，定期进行安全检查并按照规定上报相关数据，服从防汛抗旱统一指挥，保证工程安全和公共安全。汛期前必须按照要求制订汛期控制运用方案和防洪抢险应急预案，并报有管辖权的防汛指挥机构审批。水库的防洪调度及旱期水资源调度，按工程等级及影响范围由相应的防汛抗旱指挥机构负责。凡违反《湖南省水能资源开发利用管理条例》有关规定的，应依法追究责任，给予处罚。

五、明确职责，统一管理水能资源

水能资源开发利用管理工作是一个复杂的系统工程，水能资源开发利用涉及发展和改革、国土资源、环境保护、交通、农业、移民、林业等方面，各部门应当在各自的职责范围内对水能资源开发利用活动中所涉及的相关行为，履行管理职能。水行政主管部门负责水能资源开发利用的统一监督管理。水能资源开发利用项目法人以及勘测、设计、施工、监理单位依法对建设项目质量负责。各级各有关部门要建立健全工作责任制度和责任追究制度，国家机关工作人员在水能资源开发利用监督管理工作和建设过程中滥用职权、玩忽职守、徇私舞弊，违反行政法规和规程规范的，依法给予处分；构成犯罪的，依法追究刑事责任。

二〇〇九年六月十一日

附9

重庆市水电开发权出让实施细则

第一条　为了规范我市水电开发权的出让，根据《重庆市水电开发权出让管理办法》（以下简称《办法》）的有关规定，制定本实施细则。

第二条　凡在我市行政区域内除长江、嘉陵江、乌江干流以外的河流开发水电，且总装机在25万千瓦以下的水电开发权出让，适用本细则。

第三条　本细则由各级发展改革、水利、财政主管部门共同组织实施，按水电装机规模实行分级管理，具体按照《办法》中的规定执行。

第四条　依法批准的规划是水电开发权出让的基本依据。水电开发应当符合流域开发规划、区域经济社会发展规划及水电开发规划等有关规划，并与土地利用总体规划、城乡规划相协调。

第五条　水电开发权出让计划由市发展改革行政主管部门会同市水行

政主管部门,依据全市电力发展规划、水电开发规划和年度计划编制。

第六条　由各级发展改革、水行政主管部门根据批准的流域水电开发规划和开发权出让计划,对拟出让的水电开发项目组织编制开发方案。项目开发方案应委托有资质的水电勘测、咨询、设计单位编制。

开发方案主要包括下列内容:

(一)项目名称;

(二)初步选址;

(三)建设环境及条件;

(四)开发方式、建设规模;

(五)项目基本经济技术条件及主要技术指标;

(六)使用年限;

(七)保障措施;

(八)水资源综合利用开发要求;

(九)生态与环境保护措施。

第七条　水电开发权采取招标和竞卖方式出让。采取招标的,由项目出让实施单位委托招标代理机构进行招标。

第八条　招标(竞买)按照下列程序进行:

(一)发布公告。水电开发权出让45日前,由项目出让实施单位在指定媒体《重庆时报》或“重庆市建设项目及招标”网站上发布出让公告。

公告包括下列内容:

1. 项目情况简介;

2. 出让方式;

3. 投标人、竞买人的条件要求;

4. 索取出让文件的时间、地点、方式;

5. 招标、拍卖或挂牌的时间、地点,投标和竞价方式等;

6. 确定中标人、竞买人的标准和方法;

7. 投标、竞买保证金;

8. 其他需要公告的事项。

(二)报名和保证金。投标人、竞买人应在招标或拍卖公告规定的时间和地点办理报名手续,并按出让公告的要求预交投标、竞买保证金。未获得开发权的,其交纳的投标、竞买保证金由出让实施部门在投标、竞卖结束后5

日内全额退还;获得开发权的企业,其缴纳的投标、竞买保证金不再退还,转为水电开发权出让金。投标、竞买保证金不计利息。

(三)准入条件。水电开发权出让实行准入制,按装机规模设置准入条件:

1. 总装机在10000千瓦以下的水电开发权出让,银行提供的资信证明自有资金不低于项目总投资30%、银行资信等级为(A)。

2. 总装机在10000~50000千瓦的水电开发权出让,投标人或竞买人应当具有水电开发经验、银行提供的资信证明自有资金不低于项目总投资25%、银行资信等级为(AA)。

3. 总装机在50000~250000千瓦的水电开发权出让,投标人或竞买人应当具有水电开发经验、银行提供的资信证明自有资金不低于项目总投资20%、银行资信等级为(AAA)。

(四)资格审查。由项目出让实施部门根据企业的信誉、财力、经验等条件进行资格审查。

(五)重新招标、竞卖。当通过资格审查的投标人或竞买人不足三家时,应当重新招标或竞卖。重新招标或竞卖再次失败的,出让实施部门报经同级人民政府同意后,可以协商出让。

(六)低价和成交价。对出让的开发权标的应设最低限价。招标采取最低限价并最高报价中标法;竞买采取从最低限价开始,以最高应价为成交价。

(七)评标委员会。评标委员会的专家在市级综合评标专家库中随机抽取产生,且不少于评标委员会成员总数的三分之二。

(八)公布出让结果。出让活动结束后,出让实施部门应在10个工作日内在发布出让公告的指定媒体上公布出让结果。

(九)签订协议书。水电开发权出让人在公布出让结果起7个工作日内,向中标人或成功竞买人发出中标或竞买成功通知书。中标人或成功竞买人在收到中标通知书后应在15个工作日内,将开发权出让金一次性缴入项目出让实施部门指定的财政专户,出让实施部门在收到出让金后5个工作日内应与中标人或成功竞买人签订《水电开发权出让协议书》。

协议书中应明确双方权利和义务。

第九条　水电开发项目出让后,如项目审批或核准的装机规模与开发权确认证书载明的装机规模不一致，按出让人与受让人签订的《水电开发权出让协议书》中的规定办理。

第十条 水电开发权出让标底或底价，由出让人委托有资质的中介机构评估论证后确定，但应当符合以下规定：

（一）单位电能投资在1.00元/千瓦时以下的项目，出让底价在项目总投资的3%~5%范围内确定；

（二）单位电能投资在1.00元/千瓦时以上、1.50元/千瓦时以下的项目，出让底价在项目总投资的2%~3%范围内确定；

（三）单位电能投资在1.50元/千瓦时以上、2.0元/千瓦时以下的项目，出让底价在项目总投资的1%~2%范围内确定；

（四）单位电能投资在2.0元/千瓦时以上的项目，出让底价在项目总投资的0.5%~1%范围内确定。

标底或底价由出让实施部门根据国家产业政策和当地经济发展水平，在规定范围内确定。对承担重要的防洪、灌溉、供水等公益任务的项目可按最低标准确定标价或底价。

第十一条 出让实施部门所获得的水电开发权出让金，交同级财政，纳入财政预算，主要用于流域水电开发规划、开发权出让计划、开发权出让方案等前期工作经费。

第十二条 出让协议签订后，受让人应及时向投资主管部门申报投资项目核准手续，逾期（具体时间在合同中约定）未办理投资核准手续的，出让人有权收回水电开发权，收取的开发权出让金不予退还。

除水电开发项目的申请报告未获核准或不可抗力的原因外，水电开发权受让人必须按开发协议中约定的时间开工建设、竣工。

第十三条 国家出台有关水电开发权出让法律、行政法规、规章后，按照国家的规定办理。

第十四条 本细则自印发之日起施行。

附 10

关于加强广西水能资源统一管理的暂行规定

第一条　为了全面加强和规范全区水能资源统一管理，合理开发、利用、保护我区境内水能资源，实现水能资源的可持续利用，提高水能资源开发与使用效益，以适应国民经济和社会发展需要，根据《中华人民共和国水法》《河道管理条例》和自治区机构编制委员会《关于自治区水利厅增加水能资源及地方电力农村水电管理职能的批复》（桂编[2004]103 号）及国家其他有关法律、法规、规定，制定本暂行规定。

第二条　凡在我区境内开发利用水能资源（包括新建、改建、扩建）的单位、企业和个人，均应遵守本规定。

第三条　水能资源归国家所有。水能资源的开发应统筹兼顾，强化监督管理，凡利用水能资源的单位、企业或个人，必须首先获得开发使用权，方可进行开发建设。

第四条　水能资源是水资源的重要组成部分。开发利用水能资源应当符合流域和河流规划、河流水能开发利用长期规划；同时，应当保护生态环境，兼顾防洪、灌溉、航运等方面的需要。

第五条　水能开发规划为政府行为，规划与审批权限如下：

（一）县境内河流水能规划由县水行政主管部门负责组织编制，报市水行政主管部门审批和自治区水行政主管部门备案；

（二）跨县河流水能规划由所在市水行政主管部门负责组织编制，报自治区水行政主管部门审批；

（三）跨市河流水能规划由自治区水行政主管部门指定单位编制，报自治区水行政主管部门审批。

第六条　水行政主管部门是全区水能资源统一管理的主管机关。水能资源开发授予权实行自治区、市、县分级管理，管理权限划分如下：

（一）县管工程：装机容量 <1000kW，或水库总库容 <100 万 m^3 的水电站由县（市、区）行政主管部门审批，报市和自治区水行政主管部门备案；

（二）市管工程：1000kW $\leq$ 装机容量 <4000kW，或 100 万 $m^3 \leq$ 水库总库容 <1000 万 m^3 的水电站，由县水行政主管部门初审，报市水行政主管部门

审批，报自治区水行政主管部门备案；

（三）自治区管工程：4000kW≤装机容量≤5 万 kW，或水库总库容≥1000 万 m^3 以上的水电站，由市水行政部门初审，报自治区水行政主管部门审批。

第七条　中央管理河流的水能资源开发使用权管理，按国家有关规定执行。5 万 kW＜装机容量＜25 万 kW 的其他水能资源的管理，由自治区水行政主管部门与自治区发改委负责管理。

第八条　水电站水能资源开发使用权的获得，须按下列程序：

（一）由水电站项目所在地水行政主管部门组织编制《项目水能资源开发使用报告书》，报告书内容包括：项目名称、河流规划状况、工程规模、建设条件、初步选址、开发方式、淹没搬迁情况、经济技术标准等；

（二）《项目水能资源开发使用报告书》经按水能资源管理权限的水行政主管部门核准后，由项目所在地水行政主管部门对外发布；

（三）有开发项目意向的业主应向项目所在地水行政主管部门提交申请报告，并附上业主经济实力、技术和管理水平等相关资信材料；

（四）项目所在地水行政主管部门接到业主申请报告及材料后，进行资格预审；

（五）水能资源开发使用权的授予，一般是有偿的，国家确定的公益性水电站项目（如小水电代燃料电站）除外。有偿出让可采用公开招标、拍卖或协议出让方式及国家法律法规规定的其他方式；

（六）水能资源开发使用出让金专项用于项目所在地的水能资源规划、保护和管理以及补助资源所在乡（镇）、村的水利设施建设；

（七）水能资源的开发使用权最高使用年限不超过 50 年，从获得使用权之日起计算；

（八）依据水能资源管理权限，由水行政主管部门对获得使用权的业主出具水能资源开发使用权批复文件。

第九条　取得水能资源开发使用权的项目，如有下列情形之一的，应收回开发使用权。

（一）取得水能资源开发使用权后，两年内未开工建设的或开工后停建超过一年的；

（二）擅自转让水能资源开发使用权的；

（三）不按水行政主管部门意见采取防洪措施的；

（四）不按规定进行安全生产的；

（五）不按规定采取环境保护、水土保持措施的；

（六）不按工程设计要求和有关规定解决移民搬迁、淹没补偿等有关问题的。

第十条　凡未按本规定取得项目水能资源开发使用权的在建及拟建项目，在本规定下发之日起六个月内，必须重新向项目所在地水行政部门申请复审核准。对于已开工项目拒不办理有关手续的，各级水行政主管部门应责令其停工，并根据有关法律法规进行处罚。

第十一条　不办理水能资源开发使用权的项目，各级政府水行政主管部门对项目的水资源论证、初步设计、开工许可不予以审批，不组织竣工验收，并通报金融部门和电网企业。

第十二条　本规定自下发之日起试行。

第十三条　本规定由广西壮族自治区水利厅负责解释。

广西壮族自治区人民政府办公厅

二〇〇八年四月二十二日

附 11

四川省建立水电资源有偿使用和补偿机制试点方案

川府函［2008］280 号

为贯彻落实党的十七大和省委九届四次、五次全会精神，按照省委省政府统一部署，省发展改革委会同省财政厅、省物价局、省地税局、省电力公司等有关部门和企业，在调查基础上认真研究了建立水电资源有偿使用和补偿机制的有关问题，经多次征求意见，并根据省政府第 14 次常务会议精神修改完善，形成本《试点方案》。

一、试点的必要性

我省是全国重要水能资源大省和水电开发基地。近年来在省委、省政府正确领导下，我省水电发电装机容量目前已达1985万千瓦，对保障国民经济和社会发展用电需求以及“西电东送”发挥了重要作用。但是水电开发中的环境保护和治理还有待加强，水电开发与当地产业培育和经济发展的融合度还需进一步增强，有些地方在探索水电资源有偿使用和补偿方面的工作还有待规范。落实科学发展观，探索建立水电资源有偿使用和补偿机制，是规范水电建设管理的重要内容和完善市场经济体制的内在要求，是保障国家合法权益和协调各方利益关系的有效手段，对加快资源地经济社会发展有着重要意义。因此，有必要根据我省实际，创新探索，先行试点，取得经验，逐步完善，建立健全水电资源有偿使用和补偿机制。

二、试点的指导思想、主要原则和目标

（一）指导思想

全面贯彻党的十七大和省委九届四次、五次全会精神，以科学发展观为指导，坚持以人为本和全面协调可持续发展，正确处理政府、项目法人和当地居民的利益关系，正确处理当前利益和长远发展、水电开发建设和生态环境保护等关系，逐步探索建立水电资源有偿使用和补偿政策体系和运作机制，促进地方经济和水电事业健康协调发展，实现“开发一方资源，促进一方发展，改善一方环境，造福一方百姓”。

（二）主要原则

1. 统筹兼顾，突出重点。水电资源有偿使用和补偿问题涉及面广、政策性强。因此，既要统筹兼顾现行政策、我省实际和企业现状，又要选择不同类型项目进行重点突破；既要先行试点，取得突破，又要防止一哄而上，盲目攀比；既要调动地方积极性，又要维护项目法人合法权益，做到统筹协调，共赢发展。

2. 政府主导，企业参与。充分发挥各级政府主导作用，根据国家政策和我省实际研究建立相关政策体系和协调机制，并采取切实措施为试点工作创造条件。有关企业要按照“谁开发、谁补偿”原则执行政府制定的有关规定，履行相关责任。

3. 依法行政，积极探索。在试点工作中既要依法按照国家法律法规办事，又要根据实际和新情况、新问题，积极总结借鉴国内外经验，科学论证、敢于创新，探索建立水电资源有偿使用和补偿方式，为加快推进建立水电资源有偿使用和补偿机制提供新方法、新经验。

(三)目标

通过试点工作,研究水电资源有偿使用和补偿政策体系,落实各相关方责任,探索有偿使用和补偿的内容、方法、模式和实现途径,建立水电资源有偿使用、补偿和利益共享长效机制,促进相关政策法规的制定完善,为实现"统筹规划、科学管理、有序开发、加快发展"奠定基础,为在全省逐步开展这项工作提供经验。

三、试点的主要内容

(一)征收水电资源开发补偿费。水电资源属于国有,水电开发企业必须按一定标准向省级政府缴纳水电资源开发补偿费,以获得水电资源开发利用权。

水电资源开发补偿费征收范围为我省行政区内的已建、在建和新建水电项目。

水电资源开发补偿费由容量费和电量费组成。容量费按审定装机容量每千瓦100元在项目核准前由项目法人向省财政厅缴纳。电量费按电站发电销售收入的3%征收,按照"总量测算,逐年核定,分季到位,年终结算"的方式,由地税部门按季度征收。征收的水电资源开发补偿费要及时纳入财政预算外专户。

水电资源开发补偿费属政府非税收入,纳入财政预算外专户,实行收支两条线管理。省级征收的水电资源开发补偿费按"统一征收、倾斜基层"原则在省市(州)县三级政府之间按10%、40%、50%的比例分配。主要用于改善电站建设地基础设施和当地居民生产生活条件、移民长效补偿、建设地生态恢复和环境治理、地方参股水电开发资本金和符合国家产业政策的优势特色产业的哺育扶持等。

由省发展改革委、省财政厅、省物价局、省地税局研究制定《四川省水电资源开发补偿费征收使用管理办法》并组织实施。

(二)建立水电开发生态补偿机制。按照"谁开发、谁修复"的原则,除在水电工程建设投资概算中按有关规定安排生态修复专项资金外,建设地地方政府还要在征收的水电资源开发补偿费中,安排不低于20%的资金用于修复和改善工程建设影响范围内的生态环境。

(三)建立水电开发利益共享机制。在征收的水电资源开发补偿费中,建设地地方政府要安排不低于30%的资金用于加强当地基础设施建设,改善群众生产生活条件，建立移民长效补偿机制，促进当地产业发展，拓宽移民安置方式，扩大移民安置容量。

鼓励水电开发企业安排专项资金帮助支持当地新农村建设、基础设施建设以及改善民生等项目。当前要利用好华能集团公司、华电集团公司、国电集团公司等水电开发企业提供的专项资金，按计划推进项目实施，及早建成发挥效益。

（四）支持地方依法参股水电开发。除法律、法规和国家政策有明确规定外，市（州）县地方政府自愿参股投资其境内新建水电项目的，可依照《公司法》等法律法规出资组建规范的国有水电投资公司，参股组建项目法人。

地方国有水电投资公司除企业自有资金外，经当地政府批准，每年可以动用不超过当地当年应得水电资源开发补偿费的20%作为参股资本金。

（五）合理确定当地留存电量。水电项目要留存适当电量解决当地经济社会发展用电，优先满足移民生产生活用电需求。

今后新建装机容量2.5万千瓦及以下的小型水电项目的发电量原则上在当地销售。接入省主网在全省范围销售电量的水电项目，在坚持“统一规划，统一调度，全省平衡，统筹协调”原则和确保电网安全稳定的前提下，通过电量配置平台安排年发电量10%的当地留存电量，用于满足当地用电需求。使用当地留存电量的工业用电项目，应符合国家产业政策。

逐步探索建立地方留存电量交易平台。在满足地方用电的前提下，剩余留存电量可进行交易，有关收益返回当地。

今后新建水电项目要编制电量留存方案与可行性研究报告一并报审。

水电项目当地留存电量，可通过电网经营企业供电。电网经营企业要会同水电工程项目法人科学制订水电项目留存电量具体供电方案，要加强电网建设和改造以满足留存电量的供电需求。

水电工程当地留存电量的出厂电价为该电站核定上网电价的80%。电网经营企业提供输电服务并收取过网费。过网费由有电价管理权限的物价主管部门核定；留存电量供电企业按成本加成原则核定销售电价，让当地用户在电价上切实得到实惠。

（六）支持水电资源就地转化。在符合国家产业政策、满足生态环保要求和具备建设条件的前提下，省直有关部门要支持在电站建设地规划和建设资源利用项目。对科技含量高、经济效益好、资源消耗低、环境污染小的项目，可优先安排使用留存电量。

省电力公司直属各电业局和控股电力公司既收购各县（区）水电厂（非统调电厂）上网电量，又同时向该县（区）省电力公司控股的地方电网经营企业售电的，按照“同网同质同价”的原则，在不改变现有结算关系前提下，分别按丰、平、枯不同季节和峰、平、谷不同时段，以上下网同时段对等“低来低去”原则，按批准的水电上网电价加过网费确定该部分电量下网销售价格，不作为趸售电价测算。上网电价和过网费由有电价管理权限的物价主管部门核定。

符合条件的承拉产业转移项目，按省委、省政府《关于加快承接产业转移工作的意见》办理。

（七）财税政策向资源地倾斜。除法律、法规和国家政策有明确规定外，新建水电工程项目应当在资源开发地注册并按照办理税务登记，依法缴纳有关税费。

对跨地区建设和售电的水电工程实行税收分成。省内跨市（州）建设水电工程的税收征管，执行省政府《关于省内跨市（州）水电水利项目有关税收征管问题的通知》（川府函[2007]31号）以及省政府办公厅《关于明确跨市（州）水电水利项目税收分配四因素的具体口径的通知》（川府办发电[2007]103号）。

四、有关要求

（一）加强组织领导。各级政府和有关部门要统一思想，增强责任感和紧迫感，按照政府统一部署积极稳妥地推进试点工作。各有关企业要提高认识，顾全大局，树立资源有偿使用观念，积极履行社会责任，积极主动配合做好试点工作。省发展改革委要会同有关部门加强综合协调和指导，省财政厅、省地税局要做好有关费用征收使用管理及监督工作，省级有关部门要根据职责分工，各负其责，加强协作配合，共同努力推进试点工作。

（二）严格政策规定。各级政府和有关部门要加强依法行政，自觉维护试点政策的严肃性。有关企业要严格执行试点政策，遵守试点工作秩序。各级审计、监察机关和财政部门要依法加强对有偿使用和补偿资金的征收、拨付、使用和管理的监督检查。

（三）优化投资环境。要围绕加快发展、科学发展、又好又快发展的工作取向，进一步完善水电发展规划，大力推进水电项目前期工作，加快水电建设。各级政府和各有关部门要认真贯彻落实加快水电有序协调发展的一系列政策措施，畅通政企渠道，加强协调力度，主动排忧解难，保障水电投资者的合法权益，为水电建设创造最优的政务环境。要切实解决突出问题，重点解决好水电建设的土地、环评、水保等问题和各项要素保障，特别是资源所在地政府要认真履行移民工作“三个主体”责任，切实搞好水电工程移民工作，维护库区稳定。

（四）精心组织实施。省发展改革委要会同资源所在地市（州）、县（市、区）人民政府及有关部门精心选择试点范围和试点项目，并认真学习水电资源有偿使用和补偿机制的具体政策和内容，及时研究制定试点的相关配套办法，认真测算试点项目各项指标，尽快启动并精心组织试点工作。要根据试点需要合理确定实施阶段、实施步骤和时间安排。要认真研究、协调、解决试点工作的各种情况和问题，及时评估试点情况，总结试点经验，逐步完善水电资源有偿使用和补偿的内容、方法、模式和实现途径。试点工作的重大情况，要及时向省政府报告。

附 12

四川省凉山彝族自治州
关于进一步加快中小水电资源开发的实施细则

凉府发[2006]64 号

各县市人民政府，州级有关部门：

根据州委、州政府《关于地方中小水电资源开发管理的有关规定》（凉委发[2005]33 号）和《关于进一步加快中小水电资源开发的意见》（凉委发[2006]33 号）文，为进一步加快我州水电资源开发，规范办事程序，明确责任分工，提高办事效率，现制定以下实施细则。

一、出让水电资源开发权的程序规定

（一）流域开发中其电源点的总装机之和在 1 万千瓦以下的流域开发权（不含 1 万千瓦），由项目所在县市发改局提出出让方式（招、拍、挂或政府资源入股，下同）建议报请县市人民政府批准后，由发改局按开发权出让规范性要求，在媒体（凉山日报、凉山州党政网）公示后出让开发权，将出让结果报州发改委备案；1 万千瓦以上的流域开发权（含 1 万千瓦），由项目所在县市发改局请示县市人民政府同意后提出开发权的出让方式建议报州发改委审查提出建议、意见，报请州政府批准后，由州发改委按开发权的出让规范性要求，在媒体（凉山日报、凉山州党政网）公示后出让开发权，并将出让结果报州政府备案。

（二）单座电站总装机在 1 万千瓦以下（不含 1 万千瓦）的开发权出让，由项目所在县市发改局提出开发权的出让方式建议报请县市人民政府批准后，由发改局按开发权的出让规范性要求，在媒体（凉山日报、凉山州党政网）公示后出让开发权，并将出让结果报州发改委备案；单座电站总装机在 1 万千瓦以上（含 1 万千瓦）的开发权的出让，由项目所在县市发改局请示县市人民政府同意后提出开发权的出让方式，报州发改委按有关政策审查并报州政府批准后，由州发改委按开发权的出让规范性要求，在媒体（凉山日报、凉山州党政网）公示后出让开发权，并将出让结果报州政府备案。

（三）根据凉山州委、州人民政府[2006]33 号文件第三、四条规定，各县市人民政府作为水电开发项目的责任主体。对拟出让的水电资源开发权，按照凉委发[2005]33 号文件第一条规定单座水电站装机容量 1 万千瓦以上（含 1 万千瓦）的一律由州发改委与水电开发业主签订《凉山州水电开发协议书》后确定。单座电站装机容量 1 万千瓦以下的由县市发改局与水电开发业主签订《凉山州水电开发协议书》后确定。

二、已出让开发权的水电开发项目进行清理和处置办法

（四）凡占而不建（未按水电开发协议书规定的前期工作时限开展前期工作，且超过三个月的），炒作倒卖开发权或未经审批部门同意擅自改变项目业主的项目，由出让开发权单位收回开发权，按以上（一）、（二）条办法重新确定开发业主。

（五）对无正当理由，拖延或超过约定的设计工期，前期工作进度缓慢，要由原出让开发权单位责令项目业主说明延期原因并提出整改方案，可适当延期（不得超过六个月），超过所延期限仍无力继续开展前期工作和建设的项目，由出让开发权单位收回开发权，按本实施细则（一）、（二）条的规定重新确定开发业主。

（六）对于已完成前期工作（已委托设计或已开展“三通一平”工作）并

已部分开工建设的项目，由于原开发业主无力继续建设的，由出让开发权单位依法收回开发权，与前项目业主核算确认前期实际投入，（可通过中介机构对前期投入进行清算），由重新获得开发权的项目业主负责支付原业主的前期实际投入。

（七）对已开展前期工作（已委托设计或已开展“三通一平”工作）并开工建设的项目，由于客观因素和不可抗力原因，确需延长前期工作时间或建设时限的项目，项目业主应向项目所在县市发改局和州发改委提出延期申请，经审查批准后，可适当延长时限，但最长不得超过一年。

三、水电开发项目审批程序

（八）根据国家有关基本建设核准程序要求，单座电站总装机容量0.1万千瓦以下的由县市发改局负责审批，单座电站总装机容量0.1万千瓦（含0.1万千瓦）~2.5万千瓦（不含2.5万千瓦），由县市发改局转报州发改委负责审批，单座电站总装机2.5万千瓦以上（含2.5万千瓦）的电站，由州发改委初审后报四川省发展和改革委审批。

四、水电开发企业注册登记及税收缴纳

（九）根据四川省政府205号令《四川省实施〈中华人民共和国民族区域自治法〉若干规定》中第七条，“在民族自治地方从事资源开发利用的企业应当在资源开发地注册，在当地缴纳有关税费并接受税务、工商等行政部门的监督管理”的规定，凡在凉山州境内投资开发水电资源的项目业主，必须在凉山州工商局或项目所在县市工商局办理注册登记手续并同时按照国家税务机关关于税务登记实行属地管理的原则在项目所在地税务局办理税务登记；外资独资或中外合资企业开发水电资源的项目业主的工商营业执照的审批，按国家的有关规定执行，但项目业主的工商住所和税务登记必须在项目所在地办理；电站建设期间和建成运行后所产生的税收，一律在当地税务机关解缴；对在建项目业主有继续开发能力，但超过时限半年以上的，项目所在县市人民政府可按照该电站投产后应交纳的税费额度，向业主收取相应的资源补偿费。

五、本细则由凉山州发展和改革委负责解释，从二〇〇七年一月一日起执行。

参考文献

1. [美]保罗·A. 萨缪尔森等. 经济学[M](第十二版). 北京:中国发展出版社,1992.

2. [美]斯蒂格利茨. 经济学[M](第二版). 北京:中国人民大学出版社,1996.

3. [美]马歇尔. 经济学原理[M](上卷). 北京:商务印书馆,1964.

4. [美]道格拉斯·诺思. 制度、制度变迁与经济绩效[M]. 上海:格致出版社,2008.

5. [日]青木昌彦. 沿着均衡点演进的制度变迁[A]. //科斯,诺斯等. 制度、契约与组织——从新制度经济学角度的透视[C]. 北京:经济科学出版社,2003.

6. [美]埃里克·弗鲁博顿等. 新制度经济学——一个交易费用分析范式[M]. 上海:三联书店,2006.

7. 斐丽萍. 可交易水权研究[M]. 北京:中国社会科学出版社,2008.

8. 姜文来,杨瑞珍. 资源资产论[M]. 北京:科学出版社,2003.

9. 封志明. 资源科学导论[M]. 北京:科学出版社,2004.

10. 李金昌. 资源经济新论[M]. 重庆:重庆大学出版社,1995.

11. 叶舟. 技术与制度——水能资源开发的机理研究[M]. 北京:中国水利水电出版社,2007.

12. 庄万禄. 四川民族地区水电工程移民政策研究[M]. 北京:民族出版社. 2007.

13. 世界银行项目课题组. 中国少数民族地区自然资源开发社区受益机制研究[M]. 北京:中央民族大学出版社,2009.

14. 劳承玉. 自然资源开发与区域经济发展[M]. 北京:中国经济出版社,2010.

15. 中华人民共和国国民经济和社会发展第十二个五年规划纲要[R]. 北京:人民出版社,2011.

16. 国家发展改革委. 可再生能源发展中长期规划[R]. 2007.

17. 中华人民共和国环境保护部. 2010 年环境统计年报[R].

18. 王元京,魏文彪. 未来我国水电建设应立足于国内资本[N]. 中国证券报,2007 - 10 - 24.

19. 刘骏民,李宝伟. 劳动价值论与效用价值论比较[J]. 南开经济研究,2001(5).

20. 罗丽艳:自然资源价值的理论思考——论劳动价值论中自然资源价值的缺失[J]. 中国人口·资源·环境,2003(6).

21. 丁勇,李秀萍,刘朋涛,贾晋峰. 自然资源价值新论——Ⅰ自然资源有价论[J]. 内蒙古科技与经济,2005(13).

22. 李晓西. 新世纪我国战略性资源的状况和对策[J]. 科技与企业,2001(03).

23. 成金华,吴巧生. 中国自然资源经济学研究综述[J]. 中国地质大学学报(社会科学版),2004(3):49.

24. 王明远. 我国水能资源开发利用权制度研究[J]. 中州学刊,2010(02).

25. 章铮. 边际机会成本定价——自然资源定价的理论框架[J]. 自然科学学报,1996(02).

26. The New Encyclopedia Britannica, volume 12, 15th edition, Encyclopedia Britannica, Inc. 1994:518.

27. David Gilien, Jean - Francois Wen. Taxing Hydroelectricity in Ontario [J]. Canadian Public Policy, 2000, 26(1).

28. Christian Andersen. Rent Taxes on Norwegian Hydropower Generation [J]. Energy Journal, 1992, 13(1).

29. Mitchell P. Rothman. Measuring and Apportioning Rents from Hydroelectric Power Developments[M]. World Bank, 2000 - 07 - 01.

30. Eirik S. Amundsen, Sigve Tjotta. Hydroelectric Rent and Precipitation

Variability:The Case of Norway[J]. Energy Economics,1993.

31. Silvia Banfi, Massimo Filippini, Adrian Mueller, An Estimation of the Swiss Hydropower Rent[J]. Energy Policy,2005,927—937.

32. Hotelling H. The Economics of Exhaustible Resources[J]. Journal of Political Economy,Vol. 39,No. 2,1931.

33. Norwegian Hydropower Development Process and the Problems[J]. Inter – national Water Power & Dam Construction. Wilmington Business Publishing. 2001 – 8.

34. National Hydropower Association,USA. 第三届世界水论坛报告:美国水电的发展[R]. 赵建达编译.

35. [美]Mark R. Stover,Diane Lear. 第三届水论坛国家报告——美国水电的开发[J]. 赵建达,杨柄,译. 小水电,2005(4).

36. [巴西]J. A. 索布里诺. 巴西实施新的私营水电方案[J]. 朱晓红,译. 水利水电快报,2003(9).

37. [巴西]E. 毛雷尔. 巴西水电开发的现状和前景[J]. 陈志彬,译. 水电快报,2007(18).

38. [尼泊尔]Gopal Siwakoti'Chintan'. 大型电力水坝项目利益分享的理念与方法:尼泊尔的经历[A]. 联合国水电与可持续发展论文集,2004.

39. 邓海峰,吴珊. 国外资源税制度概览[J]. 环境保护与循环经济,2010(11):12.

40. 刘奇志,凌玉标等. 挪威水电资源的开发利用[J]. 西北水电,2004(3).

41. 侯京民. 水能资源管理存在的问题和政策建议[J]. 水利经济,2008(2):40.

42. 潘田明. 水能资源管理制度创新的思考和研究[J]. 中国水能及电气化,2009(4).

43. 叶舟. 水电资源开发权有偿转让的制度研究[J]. 水利水电技术,2002(3).

44. 叶舟. 小水电产权制度演变:从单一产权到混合产权[J]. 中国农村水电及电气化,2006(7).

45. 叶舟,马瑞. 水能资源开发权有偿出让制度的实践[J]. 中国水能及电气化,2006(10).

46. 张瑞恒,侯瑞山. 关于水资源地租若干问题的研究[J]. 当代经济研究,2003(10):29 - 32.

47. 袁汝华,毛春梅,陆桂华. 水能资源价值理论与测算方法探索[J]. 水电能源科学,2003(1):12 - 14.

48. 高登奎,沈满洪. 水能资源产权租金的必然分解形式:开发权出让金和水资源费[J]. 云南社会科学,2010(1).

49. 沈菊琴,万祖勇,傅江蕴等. 基于能源可持续发展的水能资产流失及对策探析[J]. 水电能源科学,2008(6).

50. 袁俊,唐娅兰. 水能资源招标拍卖中存在的问题及监管对策[J]. 经济师,2007(12):23 - 24.

51. 李梅. 水能资产价值及其量化的收益法研究[D]. 海河大学 2006 年硕士学位论文。

52. 王左权. 我国水电站水资源费定价机制研究[D]. 华北电力大学, 2008 硕士学位论文。

53. 王彧杲. 吉林省水能资源依法管理问题研究[D]. 大连理工大学, 2009 年硕士学位论文。

54. 樊新中,程回洲等. 赴美国加拿大水能资源开发利用管理考察报告[J]. 中国水能及电气化,2008(4).

55. 贾金生. 国外水电发展概况及对我国水电发展的启示[J]. 中国水能及电气化,2010(4).

56. 劳承玉,张序. 水能资源应有偿使用[N]. 光明日报,2009 - 4 - 8.

57. 何学民. 我所看到的美国水电——从格伦峡谷协会等反坝组织看美国的拆坝运动[J]. 四川水力发电,2007(S1).

58. 何学民. 我所看到的美国水电——美国田纳西流域水电梯级开发布局及借鉴意义[J]. 四川水力发电,2008(1).

59. 陆启洲. 电力改革正逢其时[N]. 南方周末,2009 - 3 - 12(20).

60. 于华鹏. 火电企业经营成本调查[N]. 经济观察报,2011 - 12 - 16.

61. 潘家铮. 在更高层次上解决好水电移民问题[A]. 中国水电可持续发展高峰论坛会刊.

62. 上官章仕. 水电资源配置市场化在遂昌的实践与研究[J]. 中国农

村水电及电气化,2006(8).

63. 侯京民. 水能资源管理存在的问题和政策建议[J]. 水利经济,2008(2).

64. 吴靖平. 民族地区资源开发新模式——以四川省凉山彝族自治州的科学发展为例[J]. 西南民族大学学报(人文社科版),2008(10).

65. 黄锡生,梁伟. 自然资源物权法律关系理论探析[J]. 西南政法大学学报,2007(6).

66. 方正. 新物权法与自然资源产权制度[J]. 法制与社会,2007(12).

67. 张倩. 水能资源产权法律问题研究[J]. 企业技术开发,2005(7).

68. 王文长. 论自然资源存在及开发与当地居民的权益关系[J]. 中央民族大学学报(哲学社会科学版),2004(1):42-43.

69. 杨军,衷华. 论水权的优先权[J]. 黑龙江省政法干部管理学院学报,2004(4):33.

70. 刘斌,高建恩,王仰仁. 浅议我国水权优先权的原则[J]. 水利发展研究,2002(10).

71. 雷玉琼,胡文期. 刍议混合产权制度—— 一种公共池塘资源治理的视角[J]. 中国行政管理,2009(10).

72. 王明远. 我国水能资源开发利用权制度研究[J]. 中州学刊,2010(2).

73. 孙钢. 我国资源税费制度存在的问题及改革思路[J]. 税务研究,2007(11).

74. 杨晓萌. 论资源税、资源补偿费与权利金的关系[J]. 煤炭经济研究,2007(12).

75. 康伟,袭燕燕. 我国矿产资源有偿使用制度体系的改革思考[J]. 地质与资源,2007(3).

76. 张炳淳. 论自然资源费制度[J]. 环境科学与技术,2006(8).

77. 胡远群. 我国矿业权市场浅析[J]. 资源·产业,2002(3).

78. 沈菊琴,李梅. 水能资源资产价值核算影响因素分析[J]. 水利经济,2006(5).

79. 唐春胜. 水电资源开发权评估[J]. 中国资产评估,2009(1).

80. 孙春艳. 电网公司暴利的背后[J]. 中国新闻周刊,2008(3).

81. 梁武湖,马光文,王黎. 关于水电开发特许经营的探讨[J]. 水力发电学报,2004(3).

82. 樊纲. 转轨经济学与中国三十年的改革实践[A]. 中国经济50人看三十年改革[C]. 北京:中国经济出版社,2008.

83. 吴敬琏. 中国改革的风险[J]. 民商,2010(3).

84. 唐要家. 中国工业产业绩效影响因素的实证分析[J]. 中国经济问题,2004(4).

85. 常修泽. 关于中国垄断性待业深化改革的研究[J]. 宏观经济研究,2008(9).

86. 林伯强. 能源行业"国进民退"的趋势和效率风险[EB/OL]. http://www.chinavalue.net/Finance/Blog/2009-9-15/224387.aspx.

87. 李虹. 中国电价改革研究[J]. 财贸经济,2005(3).

88. 张晓春. 新一轮电价改革面临的问题[J]. 中国物价,2004(8).

89. 刘树杰. 基于可持续发展的电价政策体系研究[J]. 经济纵横,2009(6).

90. 何勇健. 打破电力体制改革僵局的几点思考——兼论消除电网垄断权力的路径选择[J]. 价格理论与实践,2012(5):12-14.

索　引

B

边际机会成本理论　P29

庇古税　P30

标杆电价　P70、P192

D

单主体统一开发　P58

多主体分段开发　P58

多主体协作开发　P59

单位电能投资　P158

电价形成机制　P66、P191

G

共享资源　P30

J

经济地租　P27

绝对地租　P26

级差地租　P26

阶梯电价　P192

俱乐部产品　P128

H

霍特林定律　P28

河岸权原则　P123

混合产权　P128

K
科斯定理 P30
卡尔多—希克斯改进 P31
矿产资源权利金 P148
L
路径依赖 P114
拉姆式定价 P191
M
马歇尔困境 P56
煤电联动机制 P192
P
帕累托标准 P31
R
RPI—X 定价模型 P191
S
水资源 P15
水能资源 P16
水力资源 P17
水能资源有偿使用制度 P1
水电开发许可证 P48
“三原”补偿原则 P78
水能资源价款 P90、P149
水资源费 P139
水权优先权 P123
T
替代措施法 P160
特别收益金 P143
特许经营权招标 P195
W
外部性理论 P29

X

效用价值论 P25

先占用原则 P123

Y

优先受惠权 P123

Z

资源价值理论 P24

自然资源所有权 P116

自然资源使用权 P117

资源税 P133

资源费 P137

资源价款 P142